煤炭院校特色应用型本科系列教材
MEITAN YUANXIAO TESE YINGYONGXING BENKE XILIE JIAOCAI

矿井水文地质学

张博 王勇 主编

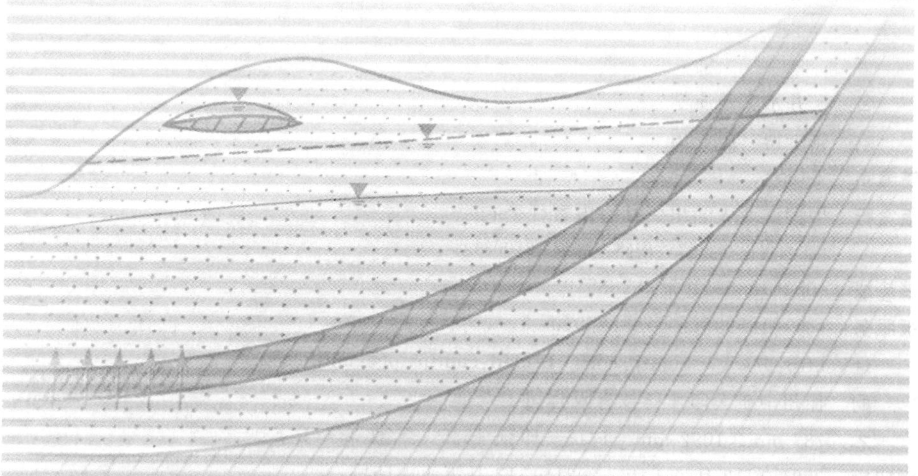

中国矿业大学出版社
·徐州·

内容简介

矿井水文地质学课程着重阐述矿井开采中的水文地质理论、水文地质勘探、涌水量分析及水灾害防治，具有很强的综合性和应用性。本书以水文地质学理论为基础，结合矿山开采实例，全面系统地将上述内容汇聚在一起，包括八章内容，即地下水基础知识、地下水系统与地下水动态、矿井水文地质勘查、矿井充水条件分析、矿井涌水量预测、矿井水害及其防治技术、矿井水资源化、矿井水害应急救援等。

本书可作为高等院校资源勘查工程、采矿工程、地质工程、安全工程、岩土工程等矿山地质类专业的教材或参考书，也可供从事矿业相关工作的工程技术人员和管理人员使用。

图书在版编目(CIP)数据

矿井水文地质学 / 张博，王勇主编. — 徐州 ：中国矿业大学出版社，2021.12

ISBN 978 - 7 - 5646 - 5269 - 2

Ⅰ. ①矿… Ⅱ. ①张… ②王… Ⅲ. ①矿井—水文地质 Ⅳ. ①TD163

中国版本图书馆 CIP 数据核字(2021)第 257137 号

书　　名　矿井水文地质学
主　　编　张　博　王　勇
责任编辑　王美柱
出版发行　中国矿业大学出版社有限责任公司
（江苏省徐州市解放南路　邮编 221008）
营销热线　(0516)83884103　83885105
出版服务　(0516)83995789　83884920
网　　址　http://www.cumtp.com　**E-mail**:cumtpvip@cumtp.com
印　　刷　徐州中矿大印发科技有限公司
开　　本　787 mm×1092 mm　1/16　**印张** 15.5　**字数** 387 千字
版次印次　2021 年 12 月第 1 版　2021 年 12 月第 1 次印刷
定　　价　38.00 元

《矿井水文地质学》

编写人员名单

主　编　张　博　王　勇

副主编　王立媛　吕继龙

参　编　王建峰　代英浩

前 言

矿井水文地质学是水文地质学的一个分支，是地质工程、资源勘查工程、采矿工程等矿业相关专业的一门重要的专业课程，主要研究在矿井生产过程中出现的水文地质问题，集理论性、实践性于一体，具有较强的应用性。本教材力求由浅入深，由理论走向实践，在水文地质学理论的基础上，介绍了矿井充水条件，对多种矿井涌水量计算方法进行了详细讲解，最后以实际案例综合分析矿井水害及其防治措施与应急救援。

本教材的特色是，在介绍了矿井水文地质基本知识的基础上，进行了地下水相关知识以及水文地质勘查方法的介绍，同时增加了被污染矿井水的处理方法，融入矿井水环保理念，使矿井水文地质知识体系更加全面、有内涵。作为矿业相关专业的一门综合性课程，矿井水文地质学包含了系统的地质基础知识，重点突出与矿井生产紧密相关的水文地质知识，以培养专业技术人才为目标，达到为矿井生产服务的目的。

随着煤炭开发已逐渐走向深部、走向成煤模式与开采条件复杂区，矿井水害问题日益突出，已成为威胁煤矿安全生产的主要因素。为满足矿井安全生产的需要和考虑煤炭行业的自身特点，迫切需要加强对矿井水专业型技术人员的培养。本教材以煤矿专业型人才培养计划为指导，依据《煤矿安全规程》《煤矿防治水细则》等相关专业技术规范的要求，将矿井实际案例与理论内容相结合，以能力培养为中心，使学生能够“举一反三，以少胜多”。教材编写过程中以项目引导理论知识的应用，力求以加强学生对生产实践技能的掌握为目标，提高学生分析和解决实际工程问题的能力，从而培养出在矿井水文地质一线的高素质、应用型人才。

本教材由张博、王勇任主编，王立媛、吕继龙任副主编，王建峰、代英浩参编。具体编写分工如下：黑龙江科技大学王立媛编写第 1 章、第 2 章和第 3 章，黑龙江科技大学张博编写第 4 章、第 5 章以及第 6 章的 6.1 节至 6.4 节，黑龙江龙煤矿业控股集团有限责任公司吕继龙编写第 6 章的 6.5 节至 6.8 节，黑龙江龙煤矿业控股集团有限责任公司王勇编写第7章，黑龙江龙煤矿业控股集团有限责任公司王建峰和代英浩共同编写第8章。最后的统稿工作由张博完成。

本教材在编写过程中，吸收和借鉴了其他矿井水文地质相关教材和专著的精华，书后所附参考文献是本书重点参考的文献。在此，谨向本教材所引用和参考文献的作者表达诚挚的谢意。

由于编者水平所限，书中难免会有不妥之处，恳请有关专家和广大读者提出宝贵意见。

编　者

2021年7月

目 录

第 1 章 地下水基础知识 …… 1

1.1 地下水的形成与赋存 …… 1

1.2 含水层、隔水层和弱透水层 …… 10

1.3 地下水的类型及其特征 …… 11

1.4 地下水的化学成分与性质 …… 16

1.5 地下水运动的基本规律 …… 21

思考与练习 …… 25

第 2 章 地下水系统与地下水动态 …… 26

2.1 地下水系统组成与划分 …… 26

2.2 地下水动态与均衡 …… 28

思考与练习 …… 35

第 3 章 矿井水文地质勘查 …… 36

3.1 矿井水文地质调查 …… 36

3.2 矿井水文地质勘探 …… 42

3.3 矿井水文地质观测 …… 51

思考与练习 …… 69

第 4 章 矿井充水条件分析 …… 70

4.1 矿床与矿床开采 …… 70

4.2 矿井充水条件 …… 75

4.3 矿井水文地质类型 …… 92

思考与练习 …… 96

第 5 章 矿井涌水量预测 …… 98

5.1 概述 …… 98

5.2 解析法 …… 101

5.3 数值法 …… 112

5.4 水文地质比拟法 …… 119

5.5 相关分析法 …… 121

5.6 *Q-S* 曲线外推法 …… 126

5.7 水均衡法 …… 131
思考与练习 …… 136

第6章 矿井水害及其防治技术 …… 138
6.1 矿井水害类型 …… 138
6.2 地面防治水 …… 142
6.3 井下探放水技术 …… 148
6.4 矿井疏放排水 …… 163
6.5 注浆堵水技术 …… 173
6.6 防水煤(岩)柱留设的方法 …… 183
6.7 矿井水闸墙和防水闸门设计 …… 190
6.8 矿井突水事故预测与处理 …… 192
思考与练习 …… 199

第7章 矿井水资源化 …… 201
7.1 矿井水的类型 …… 201
7.2 高悬浮物矿井水的处理 …… 203
7.3 高矿化度矿井水的处理 …… 206
7.4 酸性矿井水的处理 …… 209
7.5 含有毒有害元素矿井水的处理 …… 215
7.6 矿井水资源综合利用 …… 219
思考与练习 …… 222

第8章 矿井水害应急救援 …… 224
8.1 矿井水害危险源的辨识 …… 224
8.2 矿井水害应急救援预案的编制 …… 226
8.3 矿井水害应急救援预案的内容 …… 230
8.4 矿井水害应急救援技术实施 …… 234
思考与练习 …… 236

参考文献 …… 237

第 1 章　地下水基础知识

1.1　地下水的形成与赋存

1.1.1　地球上的水及其循环

地球是一个富水的行星。地球上的水不仅存在于大气圈、地球表面、岩石圈和生物圈中，也存在于地球深部的地幔乃至地核中。

关于地球上水的起源，曾有多种假说。目前普遍接受的观点是：组成地球水圈的水（包括地表水与地下水）是在原始地壳形成以后，在整个地质时期内从地球内部不断逸出而起源的。

地球各个层圈水的分布情况及存在状态都有很大差别，可以分为浅部层圈水与深部层圈水两大部分。其中，从大气圈到地壳上半部，属浅部层圈水，这是本门课程的主要研究对象。自大气圈到地幔的地球各个层圈中的水构成一个系统，这一系统内的水相互联系、相互转化的过程即自然界的水循环（图 1-1）。

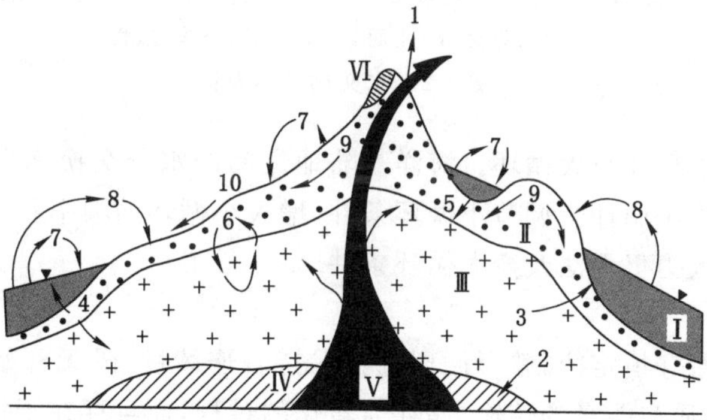

Ⅰ—海洋水；Ⅱ—沉积盖层；Ⅲ—地壳的晶质岩；Ⅳ—岩浆源；Ⅴ—地幔岩；Ⅵ—大陆冰盖；
1—来自地幔源的初生水；2—返回地幔的水；3—岩石重结晶脱出水（再生水）；4—沉积成岩时排出的水；
5—和沉积物一起形成的埋藏水；6—与热重力和化学对流有关的地内循环；7—蒸发和降水（小循环）；
8—蒸发和降水（大循环）；9—地下径流；10—地表径流。

图 1-1　自然界的水循环

〔原图据阿勃拉莫夫，1985 年经沈照理等修改〕

1. 水循环的过程

狭义的水循环是水文循环的简称，是在太阳辐射和重力的共同作用下，以蒸发、降水和径流等方式周而复始进行的。平均每年有 577 000 km^3 的水通过蒸发进入大气，通过降水又返回海洋和陆地。

水文循环是发生于大气水、地表水和地壳岩石空隙中的地下水之间的水循环，水文循环的速度较快，途径较短，转换交替比较迅速。

地表水、包气带水及饱水带中浅层水通过蒸发和植物蒸腾而变为水蒸气进入大气圈。水蒸气随风飘移，在适宜条件下形成降水。落到陆地的降水，部分汇集于江河湖沼形成地表水，部分渗入地下。渗入地下的水，部分滞留于包气带中（其中的土壤水为植物提供了生长所需的水分），其余部分渗入饱水带岩石空隙之中，成为地下水。地表水与地下水有的重新蒸发返回大气圈，有的通过地表径流或地下径流返回海洋。水文循环的过程参见图 1-1 中的 7—10 以及图 1-2。

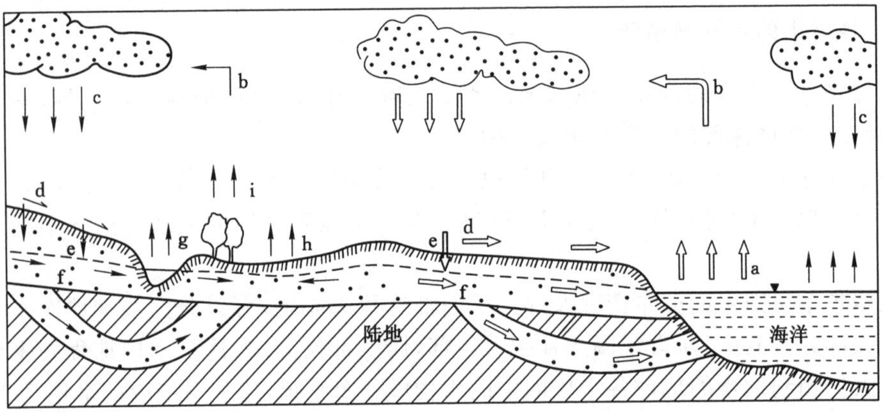

a—海洋蒸发；b—大气中水汽转移；c—降水；d—地表径流；e—入渗；f—地下径流；
g—水面蒸发；h—土面蒸发；i—叶面蒸发（蒸腾）。

图 1-2 水文循环示意图

水文循环分为小循环与大循环。海洋与陆地之间的水分交换称为大循环，海洋或陆地内部的水分交换称为小循环。调节小循环条件，增大小循环的频率和强度，可以改善局部性的干旱气候。目前人力仍无法改变大循环条件。

2. 水循环的机理

水循环服从质量守恒定律，整个循环过程保持着连续性，既无开始，也没有终结。从实质上讲，水循环是物质与能量的传输、储存与转化的过程，而且存在于每一个环节。有时候，水循环遍及整个水圈，并深入大气圈、岩石圈及生物圈。

地壳浅表部水分如此不停地循环转化，乃是维持生命繁衍与人类社会发展的必要前提。一方面，水通过不断转化得以净化；另一方面，水通过不断循环得以更新再生。水作为资源不断净化和再生，可以保证在其质量和再生速度水平上的永续利用。

1.1.2 岩石中的空隙

岩石空隙是地下水的储存场所和运移通道。岩石空隙的多少、大小、形状、连通情况和分布规律，对地下水的分布和运移具有重要影响。

作为地下水的储存场所和运移通道，岩石空隙可分为三类：松散岩石中的孔隙、坚硬岩石中的裂隙和可溶岩石中的溶隙(或溶穴或岩溶)。

1. 孔隙

松散岩石是由大小不等的颗粒组成的,颗粒或颗粒集合体之间的空隙,称为孔隙(参见图1-3中的1—6)。岩石中孔隙体积的多少是影响其储容地下水能力大小的重要因素。孔隙体积可用孔隙率表示。若以 n 表示岩石的孔隙率,V 表示包括孔隙在内的岩石体积,V_n 表示岩石中孔隙的体积,则:

$$n=\frac{V_n}{V}\text{ 或 }n=\frac{V_n}{V}\times 100\% \tag{1-1}$$

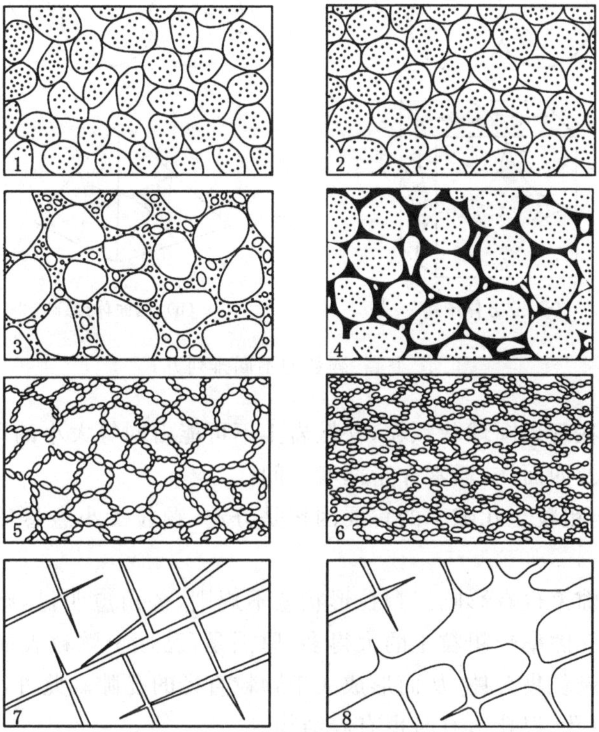

1—分选良好,排列疏松的砂;2—分选良好,排列紧密的砂;3—分选不良,含泥、砂的砾石;4—经过部分胶结的砂岩;5—具有结构性孔隙的黏土;6—经过压缩的黏土;7和8—具有溶隙及溶穴的可溶岩。

图1-3　岩石中的各种空隙

〔据 Meinzer 并修改补充〕

孔隙率是一个比值,通常用百分比表示,也可用小数表示。松散岩土孔隙率常见的参考值见表1-1。

表1-1　松散岩土孔隙率常见的参考值(据弗里泽等,1987)

岩石名称	砾石	砂	粉砂	黏土
孔隙率变化区间	25%~40%	25%~50%	35%~50%	40%~70%

孔隙率主要取决于分选程度及颗粒排列情况,另外颗粒形状及胶结充填情况也影响孔

隙率。对于黏性土,结构及次生孔隙常是影响孔隙率的重要因素。

下面,利用理想等粒圆球说明粗粒土孔隙率的影响因素。当颗粒为等粒圆球,且呈立方体排列时,计算得出的孔隙率为 47.62%[图 1-4(a)];呈四面体排列时,孔隙率为 25.95%[图 1-4(b)]。前者为粗粒土理论最大孔隙率,后者则并非粗粒土最小孔隙率。

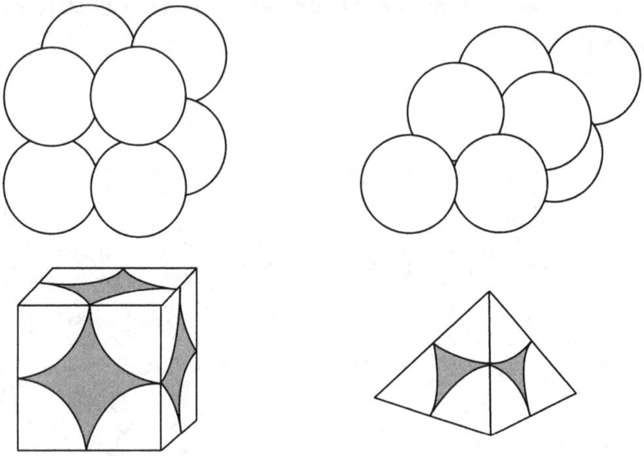

(a) 立方体排列　　(b) 四面体排列

图 1-4　颗粒的不同排列方式

自然界中不存在理想圆球状颗粒,松散岩土不可能由同等大小的颗粒组成,颗粒排列方式往往不是立方体及四面体,通常介于两者之间。

自然界中,影响粗粒土孔隙率的首要因素是分选,颗粒大小愈悬殊的松散岩土,孔隙率愈小。

颗粒形状对孔隙率也有影响。颗粒形状愈不规则,棱角愈明显,则排列愈不紧密,孔隙率愈大。黏性土的孔隙率较粗粒土的大得多,原因是:黏性土颗粒表面带有电荷,沉积时颗粒聚合形成架空的颗粒集合体,从而形成大于颗粒直径的孔隙。此外,黏性土通常存在次生空隙(节理、裂缝、虫孔、根孔),有时也有胶结物。

孔隙对岩土滞留、释出及传输水的能力影响很大。孔隙是形状复杂的网络,最宽大部分称为孔腹,最狭窄部分称为孔喉(图 1-5)。孔喉对岩土滞留、释出及传输水的能力影响更大。

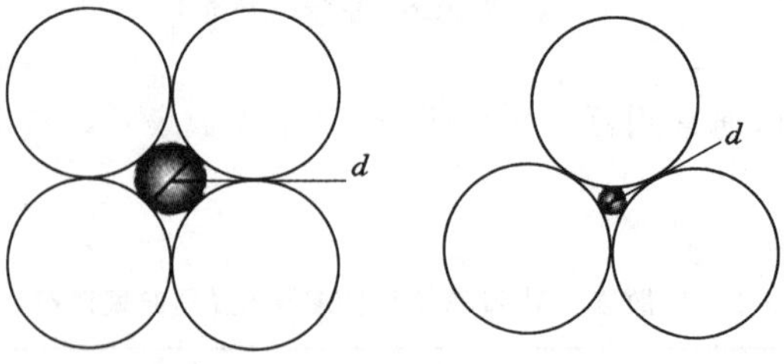

(a) 立方体排列下的孔喉　　(b) 四面体排列下的孔喉

图 1-5　不同颗粒排列方式下的孔喉

对于粗粒土，仍然以理想等粒圆球为例，若设颗粒直径为 D，孔喉直径为 d，孔腹直径为 d'，则：立方体排列时，$d=0.414D$，$d'=0.732D$；四面体排列时，$d=0.155D$。

黏性土的孔隙大小更加悬殊，难以通过简单的计算进行比较；较大的结构孔隙及次生孔隙，对于水的滞留、释出和传输影响极大。

2. 裂隙

固结的坚硬岩石，包括沉积岩、岩浆岩和变质岩，一般不存在或只保留一部分颗粒之间的孔隙，而主要发育各种应力作用下岩石破裂变形产生的裂隙。裂隙按成因可分以下几种：成岩过程中形成的成岩裂隙，经历构造变动产生的构造裂隙，经历风化作用形成的风化裂隙。

坚硬基岩的裂隙是宽窄不等、长度有限的线状缝隙，往往具有一定的方向性。只有当不同方向的裂隙相互穿切连通时，才在某一范围内构成彼此连通的裂隙网络。裂隙的连通性远较孔隙的差。因此，赋存于基岩裂隙中的地下水相互联系较差，且分布与流动往往是不均匀的。

裂隙的多少可用裂隙率的大小表示。裂隙率（K_r）是裂隙体积（V_r）与包括裂隙在内的岩石体积（V）的比值，即

$$K_r=V_r/V \text{ 或 } K_r=(V_r/V)\times 100\% \tag{1-2}$$

除了这种体积裂隙率，还可用面裂隙率或线裂隙率的大小说明裂隙的多少。在野外研究裂隙时，应注意测定或记录裂隙的方向、宽度、延伸长度、充填情况等，因为这些都对水的运动具有重要影响。

3. 溶穴

可溶的沉积岩，如岩盐、石膏、石灰岩和白云岩等，在地下水的溶蚀下会产生空洞，这种空洞称为溶穴（隙）。溶穴的体积（V_k）与包括溶穴在内的岩石体积（V）的比值即岩溶率（K_k），即

$$K_k=V_k/V \text{ 或 } K_k=(V_k/V)\times 100\% \tag{1-3}$$

溶穴的规模悬殊，大的溶穴（溶洞）的宽可达数十米，高可达数十乃至百余米，长可达几至几十千米，而小的溶穴（溶孔）直径仅为几毫米。可溶岩石的溶穴是由一部分原有裂隙与原生孔缝溶蚀扩大而成的，空隙大小悬殊且分布极不均匀。因此，赋存于可溶岩石中的地下水分布与流动通常也极不均匀。

赋存于不同岩层中的地下水由于其含水介质特征不同，具有不同的分布与运动特点。因此，地下水按岩层的空隙类型可分为三种类型——孔隙水、裂隙水和岩溶水。

1.1.3　岩石空隙中的水

地壳岩石中的水主要指岩石空隙中的水。根据水与岩石不同的相互作用及物理状态，地壳岩石中的水可分为结合水（矿物结合水、矿物表面结合水）、液态水（又称“自由水”，包括重力水、毛细水）、气态水和固态水等（图 1-6）。矿井水文地质学重点研究的对象是岩石空隙中的水。

1. 结合水

颗粒表面都带有电荷，而水分子是偶极体，因此，固相表面能够吸附水分子。根据库仑定律，电场强度与距离平方成反比，因此，距固相表面越近的水分子，受静电引力的吸引越强烈；随着距离加大，吸引力降低。固相表面引力大于自身重力的水，便是结合水，如图 1-7 所示；内层为强结合水，外层是弱结合水。

- 地壳岩石中的水
  - 岩石“骨架”中的水（矿物结合水）
    - 沸石水
    - 结晶水
    - 结构水
  - 岩石空隙中的水
    - 结合水（矿物表面结合水）
      - 强结合水
      - 弱结合水
    - 液态水（自由水）
      - 重力水
      - 毛细水
    - 气态水
    - 固态水

图 1-6　地壳岩石中水的分类

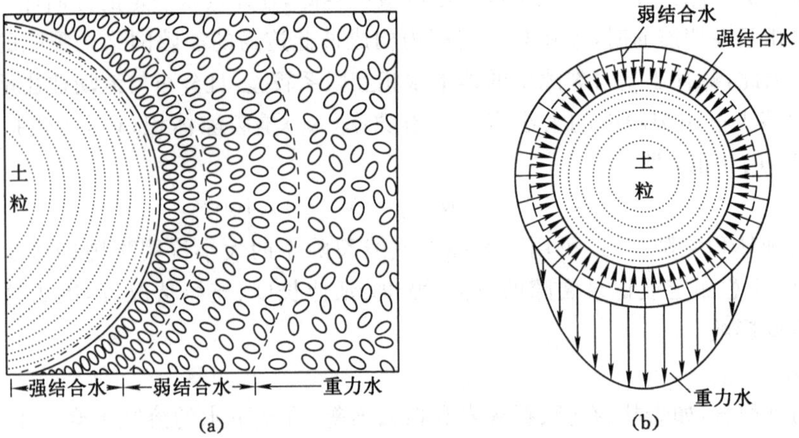

(a) 图中椭圆形代表水分子，结合水带正电荷一端朝向固相表面；(b) 图中箭头代表水分子受力方向。

图 1-7　结合水与重力水分布示意图

〔部分参照列别杰夫，1963〕

与自由水（重力水、毛细水）相比，结合水具有一定的抗剪强度（距固相表面愈近，抗剪强度愈大），不能在自身重力作用下运移，随着施加外力由小到大变化，发生运移的结合水厚度也愈大。

结合水的许多方面，迄今仍不清楚。结合水的厚度，有的认为只有几个水分子，有的认为可达几百个水分子。结合水的形成机制与运移规律，其迄今看法也不一致。有一个观点是可以肯定的：黏性土中存在结合水，结合水对黏性土一系列水文地质和工程地质特性都有重要影响。

2. 重力水

固体表面结合水层以外的水分子，受重力的影响程度大于受固体表面吸引力的，在重力作用下可发生运移，这便是重力水。

靠近固体表面的重力水，依然受固体表面吸引力的作用，分子排列较为整齐，流动时呈层流运动。距离固体表面更远的水分子，单纯受重力作用，当流速达到一定程度时，将转为紊流状态。

流溢的泉水、从井孔中汲取的水，都是重力水。长期以来，重力水是水文地质学研究的主要对象。

3. 毛细水

将一根玻璃毛细管插入水中，管中呈现下凹的弯液面，并上升到一定高度，这是我们熟知的毛细现象。

当岩土中存在细小空隙时，通过毛细作用，在地下水面以上形成毛细水带——支持毛细水带[图1-8(a)]。细粒、粗粒岩土交互成层，当地下水位持续下降时，细粒层中的毛细水并不随着水位继续下降，而在上细下粗的界面以上保持一定高度——悬挂毛细水带[图1-8(b)]。即使在粗粒层中，当地下水位下降时，在颗粒接触处仍然会保留孔角毛细水，如图1-9所示。

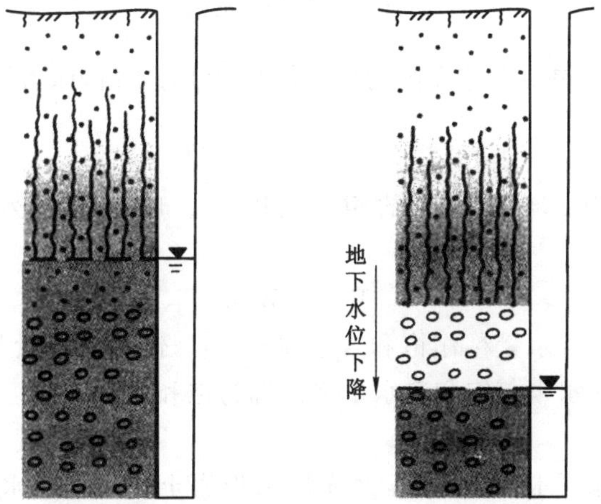

(a) 支持毛细水带　　(b) 悬挂毛细水带

图1-8　支持毛细水带和悬挂毛细水带示意图

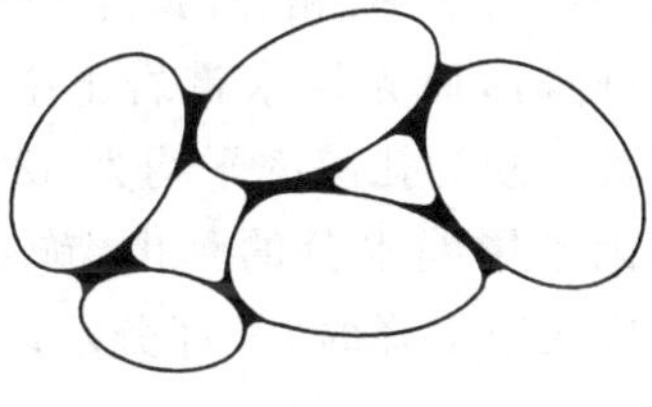

图1-9　孔角毛细水示意图

4. 气态水和固态水

在含未饱和水的岩石空隙中存在着气态水，气态水可以随空气的流动而流动。另外，即使空气不流动，它也能从水汽压力(绝对湿度)大的地方向小的地方迁移。在一定的温度、压力条件下，气态水与液态水可相互转化，两者之间保持动平衡。当岩石空隙的温度低于0 ℃时，空隙中的液态水可转为固态水。我国北方部分地区的浅部岩土层在冬季常形成冻土。在东北及青藏高原地区，有一部分岩石空隙赋存多年保持固态的地下水，这就是多年冻土。

1.1.4　岩石的水理性质

与水的储容及运移有关的岩石性质，如岩石空隙大小、多少、连通程度及分布的均匀程度等，都对其储容、滞留、释出以及透水性有影响。

1. 容水度

容水度是指岩石完全饱水时所能容纳最大的水的体积与岩石总体积的比值，可用小数或百分数表示。一般说来，容水度在数值上与孔隙率(裂隙率、岩溶率)n相当。但是对于具有膨胀性的黏土，充水后体积扩大，容水度可大于孔隙率。

2. 含水量

含水量可说明松散岩石实际保留水分的状况。松散岩石孔隙中所含水的质量(G_w)与干燥岩石质量(G_s)的比值，称为质量含水量(W_g)，即

$$W_g = \frac{G_w}{G_s} \times 100\% \tag{1-4}$$

含水的体积(V_w)与包括孔隙在内的岩石体积(V)的比值，称为体积含水量(W_v)，即

$$W_v = \frac{V_w}{V} \times 100\% \tag{1-5}$$

当水的相对密度为1，干燥岩石的相对密度为ρ时，质量含水量与体积含水量的关系为：

$$W_v = W_g \rho \tag{1-6}$$

孔隙充分饱水时的含水量称作饱和含水量(W_s)。饱和含水量与实际含水量之间的差值称为饱和差。实际含水量与饱和含水量之比称为饱和度。

3. 给水度

当开采地下水使地下水位下降时，原先饱水带岩土空隙中的水可在重力作用下释出。如果下一个简明但不严格的定义，给水度是指地下水位下降单位体积时，释出水的体积和疏干体积的比值，记为μ，用小数表示。

我们也许会认为：当地下水位下降时，原先饱水带岩土空隙中的水，将全部或几乎全部释出，给水度大体与孔隙率(裂隙率、岩溶率)相等，其实不然。

实际情况下，当地下水位下降时，原先饱水带岩土空隙中的水，只能释出一部分，有时仅仅释出很小一部分(例如，粉细砂的孔隙率平均为32%左右，释出水量一般仅为孔隙率的1/10～1/3)。一系列复杂因素影响水分的释出：首先，结合水不释出；其次，孔角毛细水也不会释出；第三，地下水位快速下降时，一部分水以悬挂毛细水的形式滞留于非饱和带。

松散岩土的给水度取决于颗粒直径、分选程度、粗细颗粒成层分布状况以及地下水位下降速度，松散岩土给水度的经验值见表1-2。发育裂隙和岩溶的岩层，其给水度接近于裂隙率及岩溶率。

表1-2　松散岩土给水度的经验值

岩土类型	给水度的经验值	岩土类型	给水度的经验值
粉砂与黏土	0.1～0.15	粗砂与砂粒岩	0.25～0.30
细砂与泥质岩	0.15～2.0	黏土胶结的砂岩	0.05～0.03
中砂岩	2.0～0.25	裂隙灰岩	0.008～0.10

4. 持水度

当地下水位下降时，结合水及各类毛细水常滞留于非饱和带。持水度记为S_r，是地下

水位下降时，滞留于非饱和带中而不释出的水的体积与单位疏干体积的比值，用小数表示。

给水度、持水度与孔隙率的关系是：$\mu + S_r = n$。

5. 透水性

岩土的透水性，是指岩体传输水或其他流体（如油气）的性能。无论是开发利用地下水或油气，还是防治地下水的危害（如矿井涌水、水库渗漏等），岩土的透水性对此都具有重要意义。

岩土的透水性需要从微观和宏观角度考察，这里只涉及微观角度。

下面以松散岩土为例，讨论理想孔隙通道中流体的渗流机制。图 1-10 为孔隙通道的理想圆管模型，图 1-11 为不同直径理想圆管孔隙通道纵剖面中水的流速分布示意图。由图 1-11可知，孔隙边缘分布结合水层，中间为重力水。结合水一般不流动，邻接结合水层的重力水因隙壁吸引流动缓慢。越接近圆管中心，水质点的运动速度越快；孔隙直径愈小，水质点平均流速就愈小，渗透性愈差。当孔隙直径等于或小于结合水厚度的两倍时，寻常条件下，岩土不透水。

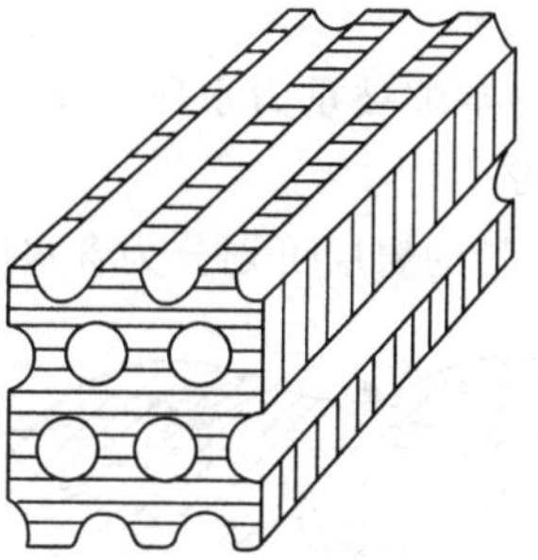

图 1-10　孔隙通道的理想圆管模型

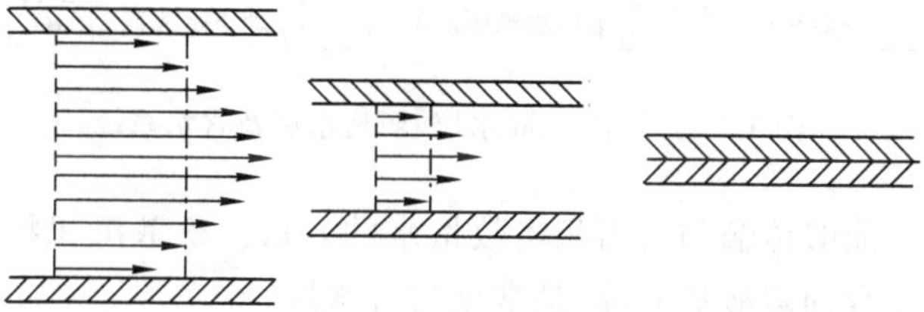

图 1-11　不同直径理想圆管孔隙通道纵剖面中水的流速分布示意图
〔斜线代表结合水，箭头代表重力水流速，点画线代表平均速度〕

从图 1-11 中可以看出，水分子运动需要克服隙壁吸引力以及流速不等的水分子之间的黏滞摩擦力，因而需要消耗能量；通道愈细小，流动愈迅速，需要消耗的能量就愈大。

实际孔隙通道不可能是等径圆管通道，而是沿程孔径不断变化的管道，水流也不可能呈直线运动，而呈曲折运动[图 1-12(a)]。沿着流程，实际孔隙通道可以概化为等效不等径的圆管模型[图1-12(b)]，再进一步概化为等效等径圆管模型[图 1-12(c)]。根据水流连续性原理，孔隙的渗透能力主要取决于沿程最小管径，而不是平均管径。

真正的孔隙通道是管径变化复杂的孔隙网络系统，按照最小能耗率原理，水流会选择最优的方式流动。

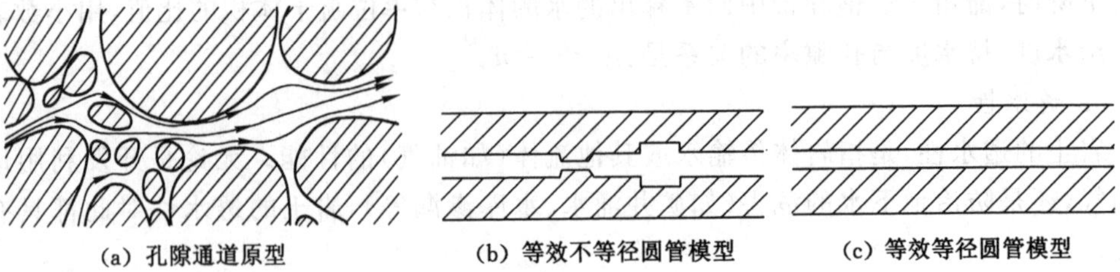

图 1-12 实际孔隙通道及其概化模型示意图

由此可见，影响松散岩土渗透性的因素，首先是孔隙大小，孔隙愈大，渗透性愈好。通常条件下，孔隙细小时，岩土不透水或微弱透水。当孔隙大到能够透水时，孔隙率愈大，渗透性愈好。

1.2 含水层、隔水层和弱透水层

地表以下一定深度，岩石中的空隙被重力水所充满，形成地下水面。地下水面以上称为包气带，地下水面以下称为饱水带。

按传输与给出水的性质，饱水带的岩层可划分为含水层、隔水层和弱透水层(图 1-13)。

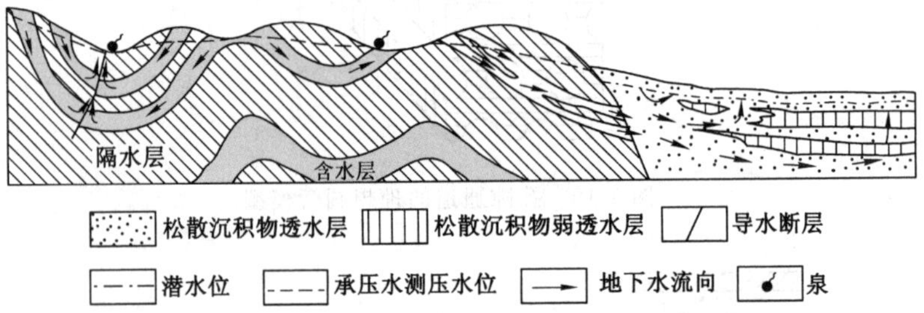

图 1-13 含水层、隔水层、弱透水层及含水系统

含水层是饱水并能够传输和给出相当数量水的岩层。松散沉积物中的砂砾层、裂隙发育的砂岩以及岩溶发育的碳酸盐岩等，是常见的含水层。

隔水层是不能传输和给出相当数量水的岩层。裂隙不发育的岩浆岩及泥质沉积岩，是常见的隔水层。

弱透水层是本身不能给出水量，但垂直层面方向能够传输水的岩层。黏土、重亚黏土等，是典型的弱透水层。

上述定义中并没有给出区分含水层与隔水层的定量指标，这是因为它们的定义具有相对性。当采取各种与地下水有关的兴利除害措施(如为供水而抽汲地下水，或者排出地下水以降低地下水位)时，或者对各种水文地质过程进行理论分析时，人们经常要用到含水层与隔水层的概念。然而，在各种不同情况下，人们所称的含水层与隔水层在涵义上有所不同。岩性相同、渗透性完全一样的岩层，很可能在有些地方被当作含水层，在另一些地方却被当作隔水层。即使在同一个地方且渗透性相同的某一岩层，在涉及某些问题时被看作透水层，在涉及另一些问题时则可能被看作隔水层。含水层、隔水层和透水层的定义取决于运用它们时的具体条件。在利用与排出地下水的实际工作中区分含水层与隔水层，应当考虑岩层所能给出水的数量是否具有实际意义。例如，在水源丰沛、需水量很大的地区，当利用地下水供水时，某一岩层能够给出的水量较小，远不能满足供水需求，因此该岩层被视作隔水层。但在水源匮乏、需水量小的地区，同一岩层便能在一定程度上满足甚至充分满足实际需要，此时这种岩层便可看作含水层。再如，某种岩层的渗透性比较低，从供水的角度，它可能被看作隔水层，而从水库渗漏的角度看，由于水库的周界长，渗漏时间长，此类岩层的渗漏水量不能被忽视，这时又必须将它看作含水层。

1.3　地下水的类型及其特征

1.3.1　地下水的分类

地下水这一名词有广义与狭义之分。广义的地下水是指赋存于地面以下岩石(土)空隙中的水；包气带及饱水带中所有岩石空隙中的水均属之。狭义的地下水仅指赋存于饱水带岩土空隙中的水。长期以来，水文地质学着重研究饱水带岩土空隙中的重力水。随着学科的发展，人们认识到饱水带水与包气带水有着不可分割的联系，不研究包气带水，许多重大的水文地质问题是无法解决的。因此，本书从广义地下水角度进行分类。有些水文地质学家注意到，地球深部层圈中的水与地壳表层中的水是有联系的，他们把视野从地壳浅部的水扩展到地球深部层圈中的水，并且认为，将水文地质学理解为研究地下水的科学就过于狭窄了，应该把它看作研究地下水圈的科学。这种看法不无道理。但是鉴于目前有关地球深部层圈水的情况知之不多，因此下述的地下水分类只是地壳浅层地下水分类。地下水的赋存特征对其水量、水质的时空分布有决定意义，其中最重要的是埋藏条件与含水介质类型。所谓地下水的埋藏条件，是指含水岩层在地质剖面中所处的部位及受隔水层(弱透水层)限制的情况，据此可将地下水分为包气带水、潜水及承压水。按含水介质(空隙)类型，可将地下水分为孔隙水、裂隙水及岩溶水 3 种(表 1-3)。

表 1-3　地下水分类表

按埋藏条件	按含水介质类型		
	孔隙水	裂隙水	岩溶水
包气带水	局部黏性土隔水层上季节性存在的重力水(上层滞水)、悬挂毛细水及过路重力水，还包括土壤水	裂隙岩层浅部季节性存在的重力水及毛细水	裸露的岩溶化岩层上部岩溶通道中季节性存在的重力水
潜水	各类松散沉积物浅部的水	裸露于地表的各类裂隙岩层中的水	裸露于地表的岩溶化岩层中的水
承压水	山间盆地及平原松散沉积物深部的水	组成构造盆地、向斜构造或单斜断块的被掩覆的各类裂隙岩层中的水	组成构造盆地、向斜构造或单斜断块的被掩覆的岩溶化岩层中的水

1.3.2 潜水、承压水和上层滞水

饱水带的地下水，按其埋藏条件，可以划分为潜水、承压水和上层滞水（即主要的包气带水），如图 1-14 所示。

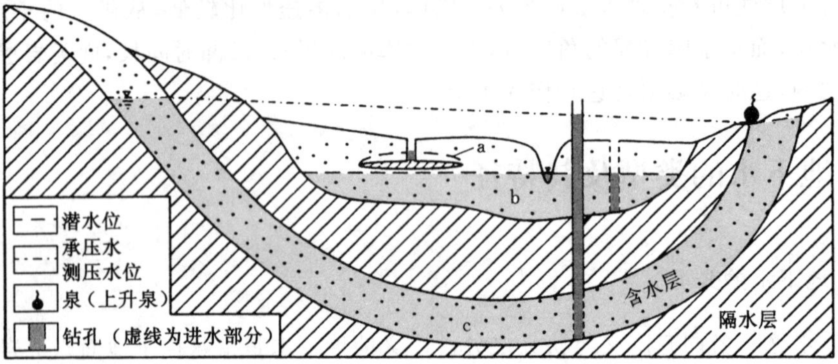

a—上层滞水；b—潜水；c—承压水。

图 1-14 潜水、承压水和上层滞水

1. 潜水

饱水带中第一个具有自由表面且有一定规模的含水层中的重力水，称为潜水。

潜水面（地下水面）到第一个隔水底板的垂直距离为潜水含水层厚度（M）。潜水面到地表的垂直距离为潜水埋藏深度（D）。潜水含水层厚度和潜水埋藏深度，随着潜水面的升降而变化（图 1-15）。

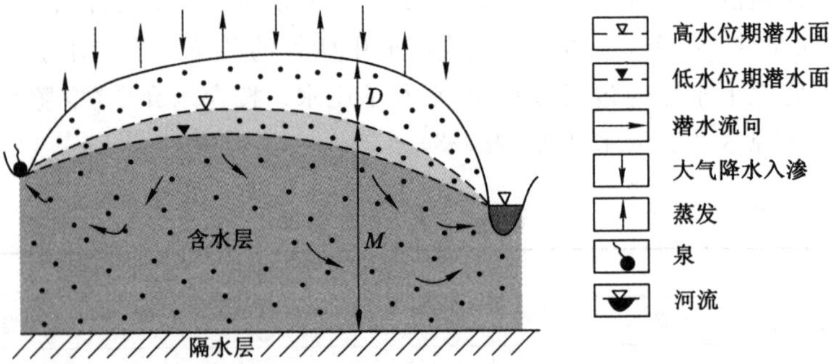

图 1-15 潜水剖面示意图

潜水面以上不存在（连续性）隔水层，因此，潜水与大气降水及地表水联系紧密，会积极参与水文循环，对气象、水文因素响应敏感，其水位、水量和水质可发生季节性和多年性变化。

潜水含水层上方不存在完整的隔水或弱透水岩层而与包气带直接连通，因而它在潜水的全部分布范围都可以通过包气带接受大气降水、地表水的补给。潜水在重力作用下由水位高的地方向水位低的地方径流。潜水的排泄，除了流入其他含水层外，泄入大气圈与地表水圈的方式有两类：一类是径流到地形低洼处，以泉、泄流等形式向地表或地表水体排泄，这便是径流排泄；另一类是通过土面蒸发或植物蒸腾的形式进入大气，这便是蒸发排泄。潜水

与大气圈及地表水圈联系密切,变动的气象、水文因素对潜水的影响显著。在丰水季节或年份,潜水接受的补给量大于排泄量,潜水面上升,含水层厚度增大,埋藏深度变小。而干旱季节潜水的排泄量大于补给量,潜水面下降,含水层厚度变小,埋藏深度变大。潜水的动态变化有明显的季节性变化特点。潜水积极参与水循环,资源易于补充恢复,但受气候影响,且含水层厚度一般不大,其资源通常缺乏多年调节性。潜水的水质主要取决于气候、地形及岩性条件。湿润气候及地形切割强烈的地区条件,有利于潜水的径流排泄,往往可形成含盐量不高的淡水。干旱气候下由细颗粒组成的盆地平原,潜水以蒸发排泄为主,常形成含盐分高的咸水。潜水容易受到污染,对潜水水源应注意卫生防护。

图 1-16 为潜水等水位线图,该图能反映潜水面形状。一般情况下,潜水面是向排泄区倾斜的曲面,起伏大体与地形一致而较缓和。潜水面上任一点的高程称为该点的潜水位,将潜水位相等的各点连线,即可得潜水等水位线。垂直等水位线由高到低的系列箭头指向为潜水流向(严格地说,这是潜水流向的水平投影)。相邻两条等水位线的水位差除以其水平距离即潜水面坡度。当潜水面坡度不大时,即可视为潜水水力梯度。利用同一地方的潜水等水位线图与地形图可以求取各处的潜水埋藏深度,并判断沼泽、泉的出露与潜水面的关系以及潜水与地表水体的相互补给关系等。潜水面的陡缓有时也能反映潜水含水层厚度与渗透性的变化。

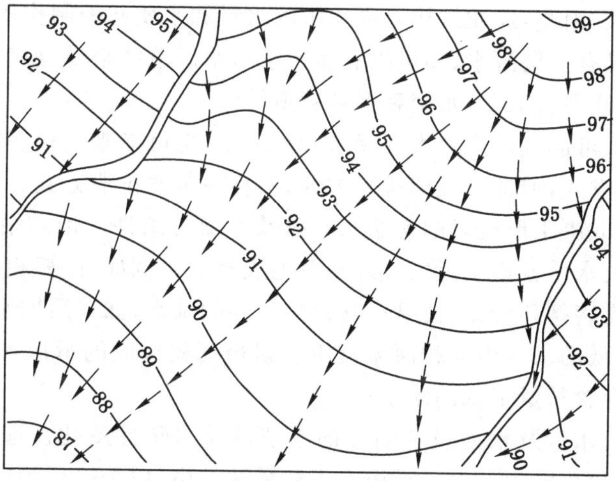

图 1-16 潜水等水位线图

〔图中线条为等水位线,数字为潜水位标高(m),箭头为潜水流向〕

综上所述,潜水的基本特点是与大气圈、地表水圈联系密切,可积极参与水循环,决定这一特点的根本原因是其埋藏特征——位置浅且上面没有连续的隔水层。

2. 承压水

充满于两个隔水层(弱透水层)之间的含水层中的水,叫作承压水。承压含水层上部的隔水层(弱透水层)称作隔水顶板,下部的隔水层(弱透水层)称作隔水底板。隔水顶底板之间的距离为承压含水层厚度,见图 1-17。

井孔揭露承压含水层隔水顶板的底面时,瞬间测得的是初见水位,随后水位升到顶板底面以上一定高度后稳定,此时测得的水位称为稳定水位。稳定水位的高程便是该点承压水

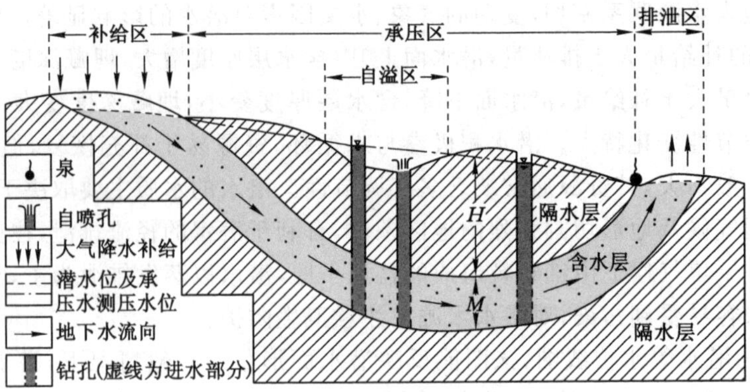

H—承压高度;M—含水层厚度。

图 1-17　基层自流盆地中的承压水剖面示意图

的测压水位。稳定水位与隔水顶板底面高程之间的差,称为承压高度,即该点承压水的测压高度。

隔水顶板的存在不仅使承压水具有承压性,还可限制其补给和排泄范围,阻碍承压水与大气及地表水的联系。承压含水层的地质结构愈封闭,承压水参与水文循环的程度愈低,水交替循环就愈缓慢。因此,地质结构对承压水的水量和水质起控制作用。

在同一区域,只有一层潜水,却可以有多层承压水。总体来说,愈是深部的承压水,与大气降水及地表水的联系就愈差,水交替循环就愈缓慢。

承压水的补给,可能直接来自大气降水和地表水,也可能来自相邻的潜水或承压水。承压水也有多种排泄方式,但都是径流排泄方式,不存在蒸发排泄方式。

承压水的水质取决于形成时的初始水质以及水交替条件。地质结构愈开放,水交替循环愈充分,承压水的水质就愈接近大气降水及地表水的。例如,由海相沉积物构成的承压含水层,如果后期水交替循环较差,便赋存含盐量很高的咸水;如果后期水交替循环较好,便赋存含盐量中等到较低的水。由陆相河流及淡水湖相沉积构成的承压含水层,即使后期水交替缓慢,也可以赋存含盐量很低的淡水。

承压水的水位、水量及水质没有明显的季节性及多年性变化。通常,承压水水交替缓慢,补给资源贫乏,再生能力较差。承压水不容易被污染,但是一经污染就难以自净修复。

将某一承压含水层测压水位相等的各点连线,可得到等测压水位线(图 1-18)。等测压水位线表示的是一个虚拟水面,只有当井孔揭穿某点隔水顶板,井孔水位才能达到所示高程位置。因此,为了实际应用,还需要编绘承压含水层顶板等高线。

开采承压水时,承压含水层的测压水位会显著下降。其原因在于:开采潜水时,随着地下水面水位下降,含水层厚度减小,释出的是孔隙中的重力水;开采承压水时,只要水位没有降低到隔水顶板底面以下,含水层厚度并不减小,只是测压水位下降。开采承压含水层时,释出水的体积由于减压而发生弹性膨胀,有效应力增大导致含水层被微量压密。当单位面积单位水位(测压水位)下降时,承压含水层释出的水量要比潜水含水层的小1～3 个数量级。

由弱透水层和含水层组成的承压含水系统,含水层之间可通过越流发生联系,外文文献中将其称为越流含水层或半承压含水层。“半承压”这一术语很合适:一方面,此类含水层具

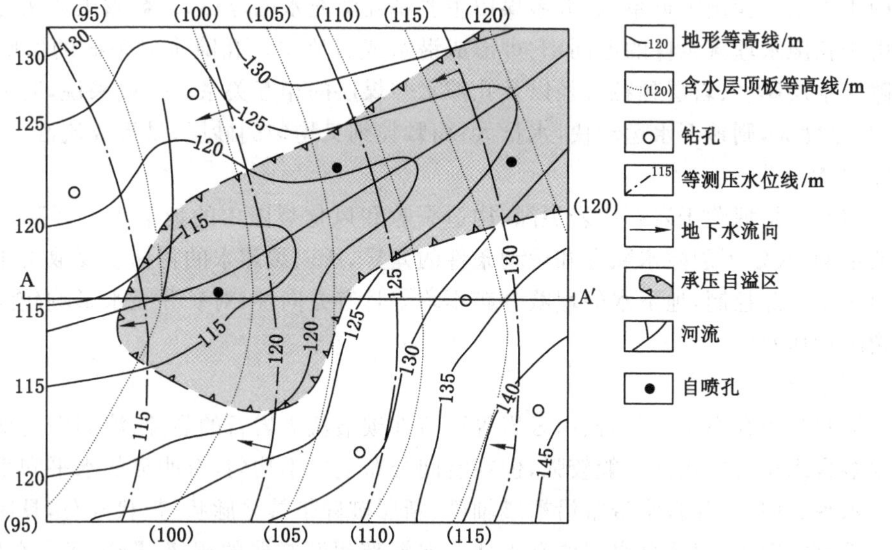

(a) 承压水等测压水位线图

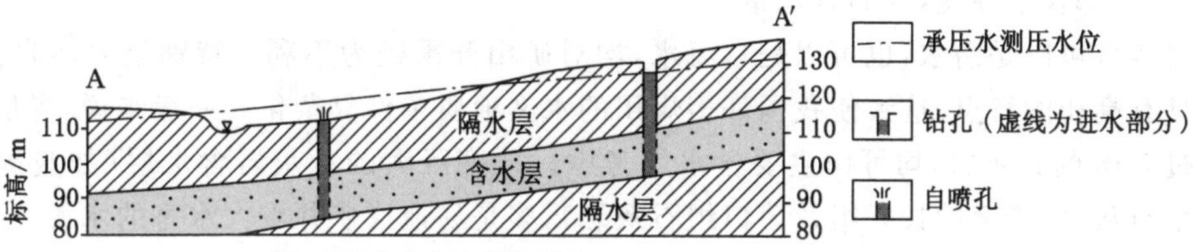

(b) 承压水水文地质剖面图

图 1-18　承压水等测压水位线及水文地质剖面图

有承压性；另一方面，此类含水层通过弱透水层能够与相邻含水层以及外界水源（大气降水、地表水）发生联系。

当开采半承压含水层时，释出的水来自这几个方面：① 水体积弹性膨胀；② 含水层压密释水；③ 相邻弱透水层（黏性土层）压密释水；④ 相邻含水层通过弱透水层越流补给；⑤ 含水层接受侧向补给。其中，③、④两项占主导。

3. 上层滞水

当包气带存在局部隔水层（弱透水层）时，局部隔水层以上会积聚具有自由水面的重力水，这便是上层滞水。上层滞水的分布位置最接近地表，可接受大气降水的补给，可通过蒸发或向其隔水底板（弱透水层底板）的边缘下渗排泄，在雨季获得补充，并积存一定水量，在旱季水量逐渐耗失。当分布范围小且补给不很持续时，上层滞水不能终年持水。由于其水量小，动态变化显著，上层滞水只有在缺水地区才能成为小型供水水源或暂时性供水水源。包气带中的上层滞水，对其下部潜水的补给与蒸发排泄可起到一定的滞后调节作用。上层滞水极易受污染，利用其作为饮用水源时要格外注意卫生安全。

1.3.3　孔隙水、裂隙水与岩溶水

1. 孔隙水

孔隙水是指赋存于第四系疏松沉积物以及部分古近系、新近系胶结较差的松散岩层孔

隙中的重力水。我国古近系、新近系煤田主要是孔隙充水的煤田，多数露天矿为孔隙充水煤矿。由于孔隙水埋藏条件的不同，它可形成潜水或自流水。孔隙水对采矿的影响主要取决于孔隙含水层厚度、岩层颗粒直径以及孔隙水与煤层的相互关系。一般来说，若岩石颗粒粗而均匀，厚度大，则地下水运动快，水量大；而颗粒细又均匀的砂层，易形成流沙。

2. 裂隙水

裂隙水是指埋藏于岩石成岩裂隙、构造裂隙和风化裂隙中的地下水。裂隙性质和发育程度的不同，决定了裂隙水赋存和运动条件的差异，所以裂隙水的特征主要取决于裂隙的性质。由于受裂隙控制，地下水的埋藏分布不均匀且有方向性，对矿井充水影响较大的主要是构造裂隙承压水。

3. 岩溶水

岩溶水是指存在于石灰岩、白云岩等可溶性碳酸盐类岩石的裂隙、溶洞中的地下水。

岩溶含水层的富水性一般较强，但在空间分布上极不均匀，有明显的水平和垂直分带规律。在水平方向上，强含水带常沿褶皱轴部、断层破碎带等呈脉状、带状分布，具明显的方向性。在垂直方向上，岩溶含水层的富水性有向深部逐渐减弱的规律，即浅部富水性强，为强含水带；深部含水性差，为弱含水带。

岩溶水可以是潜水，也可以是自流水，均对矿山开采极为不利。特别是岩溶自流水，它往往具有高压的特点，这致使我国许多煤田的水文地质条件复杂化。一般来说，煤层附近厚度超过 5 m 的石灰岩，均可作主要含水层考虑。厚度巨大的石灰岩含水层（如我国华北的奥陶系石灰岩、华南的长兴组及茅口组石灰岩），多是易造成矿井重大水害的水源。

1.4 地下水的化学成分与性质

1.4.1 地下水的物理性质

1. 地下水的温度

地下水的温度受气候、地势、季节、昼夜影响而变化。地下水温度的变化范围可以很大。在火山活动地区和与火山活动有关的温泉中，水温都相当高，可达几十摄氏度，有时超过 100 ℃，如拉萨市当雄县的羊八井地热田，在钻孔孔深 48 m 处的水温已达 150～160 ℃；在高山区和冻土区，地下水的温度很低，局部地区的高矿化水具有负温（−5 ℃）。在调查地下水温度时，可直接在泉、水井、钻孔及矿井排水池中用水温计测定。根据地下水的温度，可将地下水分为极冷水（小于 0 ℃）、很冷水（0～4 ℃）、冷水（4～20 ℃）、温水（20～37 ℃）、热水（37～42 ℃）、极热水（42～100 ℃）、沸腾水（100 ℃以上）；同时，可根据水温大致计算地下水的埋藏深度：

$$H = g(T - T_a) + h \tag{1-7}$$

式中 H——地下水的埋藏深度，m；

g——当地的地热增温率，m/℃；

T——地下水温度，℃；

T_a——当地年平均气温，℃；

h——当地年常温带深度，m。

2. 地下水的颜色

地下水的颜色取决于它的化学成分及悬浮于其中的杂质。一般情况下，地下水无色，但当含有一定量的某种化学成分或悬浮杂质时，可具有各种相应颜色。例如，含 H_2S 的水为翠绿色；含高价铁的水为黄褐色或铁锈色；含腐殖酸的水为暗黄褐色或灰黄色，且带荧光。

3. 地下水的透明度

地下水的透明度取决于水中所含的固体物质与胶体颗粒悬浮物等杂质的含量。一般情况下，地下水是透明的；当含有杂质时，透明度则降低。

4. 地下水的味

溶于水中的矿物杂质和气体，可使地下水具有某种味感。例如，含 NaCl 的水有咸味；含 Na_2SO_4 的水有涩味；含 $MgCl_2$ 或 $MgSO_4$ 的水有苦味；含 $FeCl_2$ 的水有墨水味；含 Fe_2O_3 的水有铁锈味；含大量有机质的水有甜味。

5. 地下水的臭

地下水一般无臭(气味)，但当地下水含 H_2S 气体时，具有腐蛋臭；含腐殖质的水具有腐烂臭；含 Fe^{2+} 的水具有铁腥气味。可供饮用的地下水一般无臭。

6. 地下水的相对密度

地下水的相对密度取决于其所溶解盐类的含量。地下淡水与化学纯水的相对密度大致相同，即数值为1。地下水溶解的盐分愈多，相对密度就愈大。当含盐量较高时，地下水的相对密度可达1.2～1.3。

此外，地下水还含有气态镭等放射性元素以及细菌和有机质。

1.4.2　地下水的化学成分

地下水赋存于地下不同的岩石空隙之中，且不停地运动，因而地下水具有不同的化学成分。地下水的化学成分可通过化学分析方法来确定，它能帮助人们了解地下水的成因、地下水的补给条件、含水层之间的补给和排泄条件及其相互关系等；同时可借此确定供水的水源与水质，以及地下水对混凝土及金属的腐蚀性等。

1. 地下水的化学成分

到目前为止，在地下水中已发现70多种不同的化学元素，但含量多少不一。它们常以下列几种状态存在：

(1) 离子状态。阴离子以 Cl^-、SO_4^{2-}、HCO_3^- 为主，还可有 OH^-、NO_2^-、NO_3^- 等。阳离子以 K^+、Na^+、Ca^{2+}、Mg^{2+} 为主，还可有 H^+、Fe^{2+}、Fe^{3+} 等。

(2) 化合物状态。主要有 Fe_2O_3、Al_2O_3 等。

(3) 气体状态。主要有 O_2、N_2、CO_2、CH_4、H_2S 等。

地下水的化学类型一般是以主要的阴、阳离子来定名表示的。如果地下水中主要阴离子成分为 HCO_3^-、阳离子为 Ca^{2+}，那么这种水的化学类型称为重碳酸钙(HCO_3—Ca)型水；若水中的主要阴离子为 SO_4^{2-}、阳离子为 Na^+，则其化学类型为硫酸钠(SO_4—Na)型水。

2. 地下水的化学性质

由于地下水所含的化学成分不同，地下水具有不同的化学性质。反映地下水化学性质的常用指标主要有以下几种。

(1) 氢离子(H^+)浓度

氢离子浓度又称水的酸碱度，用 pH 表示。它是指水中 H^+ 浓度的负对数值，即 $pH = -\lg[H^+]$，其中，$[H^+]$表示 H^+ 的浓度，下同。当温度为 22 ℃时，一千万（10^7）个水分子中，会有一个水分子离解而生成 H^+ 与 OH^- 各一个，此时水中离子浓度的乘积为 10^{-14}。在纯水中，H^+ 和 OH^- 的离子浓度是等量的，因此水的酸碱度呈中性，$[H^+][OH^-]=10^{-14}=10^{-7}\times10^{-7}$，即 pH=7（中性）；当 pH<7 时，水的酸碱度呈酸性；当 pH>7 时，水的酸碱度呈碱性。根据地下水的 pH，可将地下水分为五类（表 1-4）。

表 1-4　地下水的酸碱度分类

酸碱度分类	pH	酸碱度分类	pH
强酸性	<5	弱碱性	7～9
弱酸性	5～7	强碱性	>9
中性	7		

通常供饮用的地下水，其 pH 应在 6.5～8.5 之间。

煤矿中的地下水，由于煤系（包括煤层）中所含黄铁矿发生氧化作用，多数呈酸性，因而对矿井中的金属设备和采煤机械具有很大的腐蚀性。

（2）硬度

地下水的硬度取决于水中 Ca^{2+} 和 Mg^{2+} 的含量。硬度对生活用水和工业用水的影响很大，如锅炉用硬水易形成锅垢，这既浪费燃料又易引起锅炉爆炸。

地下水的硬度通常分为总硬度、暂时硬度和永久硬度三种。总硬度是指水中 Ca^{2+} 和 Mg^{2+} 含量的总和，又是暂时硬度和永久硬度的总和。暂时硬度是指水加热沸腾时，呈碳酸盐形式沉淀的 Ca^{2+} 和 Mg^{2+} 的含量。永久硬度是指水沸腾以后，残存在水中 Ca^{2+} 和 Mg^{2+} 的含量。

表示硬度的方法，包括毫克当量每升（mEq/L）和德国度。其中，mEq/L 表示每升水中含有 Ca^{2+} 和 Mg^{2+} 的毫克当量总数，即相当于 20.04 mg/L Ca^{2+} 的含量，或 12.16 mg/L Mg^{2+} 的含量；1 德国度表示每升水中含有 7.1 mg 的 Ca^{2+} 或 4.3 mg 的 Mg^{2+}。1 mEq/L 约等于 2.8 德国度。

根据硬度可将地下水分为极软水、软水、微硬水、硬水和极硬水五类（表 1-5）。饮用水硬度一般不超过 25 德国度。

表 1-5　地下水的硬度分类

硬度分类	硬度	
	mEq/L	德国度
极软水	<1.5	<4.2
软水	1.5～3.0	4.2～8.4
微硬水	3.0～6.0	8.4～16.8
硬水	6.0～9.0	16.8～25.2
极硬水	>9.0	>25.2

(3) 总矿化度

总矿化度指水中所含各种离子、分子(化合物)的总量,单位用 g/L 来表示。地下水的总矿化度,一般采用水样加热至 110 ℃蒸干后的干涸残余物的质量来确定。地下水的总矿化度,可直接反映地下水循环条件的好与差。矿化度高,说明地下水的循环条件差;矿化度低,说明地下水的循环条件好。根据总矿化度可将地下水分为五类(表 1-6)。通常,饮用水的总矿化度不超过 1 g/L。

表 1-6　地下水的总矿化度分类

总矿化度分类	总矿化度/(g/L)
淡水	<1
微咸水	1～3
咸水	3～10
盐水	10～50
卤水	>50

(4) 侵蚀性

地下水的侵蚀性表现为酸性侵蚀及 CO_2 的侵蚀。酸性侵蚀主要与水的酸性有关。pH 愈小,酸性愈强,水对金属的腐蚀作用愈强。这种腐蚀主要由于 Fe 置换了 H^+,即

$$Fe + 2H^+ \longrightarrow Fe^{2+} + H_2\uparrow$$

矿井中的黄铁矿氧化后可形成酸性水。水中含游离 H_2SO_4 时产生的侵蚀作用,就满足上述反应式。

地下水中的 CO_2 以 3 种状态存在,即溶解在水中的气态游离 CO_2、重碳酸根离子 HCO_3^- 和碳酸根离子 CO_3^{2-}。含有游离 CO_2 的地下水与混凝土和石灰岩接触时,可溶解其中的 $CaCO_3$,使混凝土结构遭到破坏,这种可溶解 $CaCO_3$ 的 CO_2 称为侵蚀性 CO_2,其反应式如下:

$$CaCO_3 + H_2O + CO_2 \rightleftharpoons Ca^{2+} + 2HCO_3^-$$

因此,测定水中的游离 CO_2 含量有很大的实际意义。地下水中游离 CO_2 的含量一般为 15～40 mg/L,最大一般不超过 150 mg/L。

1.4.3　地下水的化学成分分析

1. 分析内容

地下水中发现的化学元素有 62 种,其含量取决于不同元素的物理、化学性质及在岩石中的含量,其存在的形态有离子状态、分子(化合物)状态和游离的气体状态,其水质分析方法和分析项目见表 1-7。

表 1-7　水质分析方法和分析项目

水质分析方法	水质分析项目
简分析 (简单分析)	除测定物理性质(色、水温、气味、口味、浑浊度或透明度)外,还要分析 Na^+、K^+、Ca^{2+}、Mg^{2+}、$[HCO_3^-]$、$[Cl^-]$、$[SO_4^{2-}]$、游离 CO_2、pH、碱度、总硬度、总固形物等

表 1-7(续)

水质分析方法	水质分析项目
全分析（精确分析）	除测定物理性质（色、水温、气味、口味、浑浊度和透明度）外，还要分析 Na^+、K^+、Ca^{2+}、Mg^{2+}、Fe^{3+}、Fe^{2+}、NH_4^+、$[HCO_3^-]$、$[Cl^-]$、$[SO_4^{2-}]$、$[NO_2^-]$、游离 CO_2、可溶性 SiO_2、耗氧量、pH、碱度、酸度、总硬度、暂时硬度、永久硬度、负硬度、总固形物等
专门分析（特殊分析）	根据具体任务要求而定，如对于饮用水，需要分析水中有无 Cu、Pb、As、F、Hg 等有毒元素；研究地下水对工程建筑有无影响时，应分析侵蚀性碳酸、硫酸等的含量

2. 水质分析成果表示方法

(1) 离子毫克(或克)数表示法：指以 1 L 水中所含离子毫克数表示的方法，单位为 mg/L。当离子含量极少时，也可用 μg/L 和 ng/L 表示。

(2) 百分含量表示法：即以 1 000 g 水中所含某离子毫克数表示的方法。当水的密度为 1 g/cm³ 时，其值与每升离子毫克值相等。当离子含量极少时，也常用 μg/L 和 ng/L 表示。

(3) 离子毫克当量数表示法：指以 1 L 水中所含离子毫克当量数表示的方法，单位为 mEq/L。

$$离子毫克当量=离子毫克数/离子当量 \tag{1-8}$$

$$离子当量=离子量/离子价 \tag{1-9}$$

(4) 百分数表示法：指以 1 L 水中阴(或阳)离子的毫克当量总数各作为 100%，该方法可按式(1-10)计算。

$$某阴(或阳)离子毫克当量百分数=\frac{该离子毫克当量数}{阴(或阳)离子毫克当量总数}\times 100\% \tag{1-10}$$

(5) 库尔洛夫式表示法：将离子毫克当量百分数大于 10% 的阴阳离子，按递减顺序分别进行排序，以一种分子式的形式表示水的化学成分。横线上、下分别为阴、阳离子毫克当量百分数，它们按递减顺序排列；横线前 M 表示矿化度、气体成分和特殊成分(微量元素)；横线后为水温 T(℃)、涌水量 Q(L/s)。

例如，某温泉的分析结果按库尔洛夫式可表示为：

$$F_{0.005}\,H^2SiO^3_{0.032}\,CO^2_{0.019}\,M_{2.5}\,\frac{HCO^3_{65}\,SO^4_{21}}{(K+Na)_{60}\,Ca_{27}}\,T_{49}\,Q_{1.5}$$

用库尔洛夫式表示地下水化学成分简单明了，能反映地下水的基本特征。确定地下水的类型时，只考虑离子毫克当量百分数大于 10% 的阴、阳离子的成分，如上式表示该温泉地下水类型属于 HCO_3—Na+Ca 型水。

(6) 分析结果的审查：根据电离理论，水溶液中阴、阳离子总的毫克当量数应基本相等，误差应小于 2%。可溶性固体总量与分析测得的离子总和减去重碳酸根离子含量的一半，再减去铵离子含量，并加上二氧化硅的含量，结果应接近，一般误差不应超过 ±5%。Ca^{2+} 毫克当量数与 Mg^{2+} 毫克当量数之和等于总硬度(mEq/L)，其误差不应超过 2 毫克当量或 10 mg CaO。暂时硬度等于重碳酸根离子的含量。

1.5 地下水运动的基本规律

1.5.1 渗流的基本概念

地下水在岩土空隙中的运动称为渗流。发生渗流的区域称为渗流场。孔隙是形状复杂的网络，沿着流程，孔隙介质中的渗流通道宽窄及方向多变，水的质点流速及方向变化频繁。裂隙及岩溶介质中的渗流通道也是复杂多变的。通常，若空隙通道狭小且水流所受阻力很大，地下水的流速就会变得极其缓慢。

水质点做有秩序的、互不混杂的流动，称为层流。水质点做无秩序、互相混杂的流动，称为紊流。当水在狭小空隙的岩石（如砂、裂隙不很宽大的基岩）中流动时，重力水受介质的吸引力较大，水质点排列较有秩序，流速比较缓慢，呈层流运动。当在宽大的空隙（如大的溶穴、宽大裂隙）中流动，水的流速较大时，水容易呈紊流运动。

水在渗流场内运动，当各个运动要素（水位、流速、流向等）不随时间改变时，称为稳定流。运动要素随时间变化的水流运动，称为非稳定流。严格地讲，自然界中地下水都属于非稳定流。但是为了便于分析和运算，也可以将某些运动要素变化微小的渗流近似看作稳定流。

渗流场中任意点的流速变化只与空间坐标一个方向有关的渗流，称为一维流，与空间坐标的两个或三个方向有关的渗流，称为二维流或三维流。

水在空隙介质中渗流，其驱动力是什么呢？自然界中物质和能量的传输，都有趋于平衡的倾向。物质能量状态差异是一切物质运动的基础，物质运动的自发趋势是由能量高的状态转向能量低的状态，使系统趋于平衡。地下水也是如此，总是从能量较高处流向能量较低处。能态差异是地下水运动的驱动力。

地下水的机械能包括动能和势能，水力学中用总水头 H 表示，量纲为[L]：

$$H = z + \frac{P}{\rho g} + \frac{u^2}{2g} \tag{1-11}$$

式中　z——位置水头（重力势）；

$P/\rho g$——压力水头（压力势）；其中，P 为水头压力，ρ 为液体密度，g 为重力加速度；

$u^2/2g$——流速水头（动能）；其中，u 为实际流速。

位置水头、压力水头和流速水头三者可以相互转化。水总是从总水头高的地方流向总水头低的地方。

一般情况下，渗流速度很小，地下水具有的动能相对于势能可忽略不计。所以，地下水的能量状态可用它的总势能（测压水头）表示：

$$H \approx z + \frac{P}{\rho g} \tag{1-12}$$

式(1-12)中，位置水头与压力水头可以相互转换。故一般可根据测压水头判断地下水的流动方向。

1.5.2 达西定律

为了改进某城市供水净化中砂过滤设备的设计，法国的工程师达西（H. P. G. Darcy）开展了大量的水通过均匀砂柱的渗流试验，得到线性渗透定律或达西定律，该经典成果发表于1856年。

试验装置由装满均匀砂的圆筒、测压管及水位控制设备等组成，如图1-19所示。水由砂柱上端流入，经砂柱渗流至下端流出。上下游用溢水设备控制水位，这可使试验过程中水头不变，保持稳定流条件。砂柱两端各设一根测压管，分别测定上下两个过水断面的水头。在砂柱下端出口处测定流量。

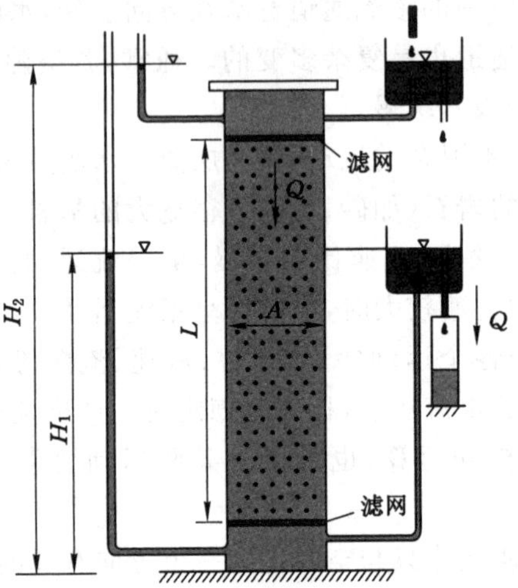

图 1-19　达西试验装置示意图

〔据 Bear，1979〕

根据试验结果，得到下列关系式（即达西公式）：

$$Q = KA\frac{H_1 - H_2}{L} = KAI \tag{1-13}$$

式中　Q——渗透流量（出口处流量，即通过砂柱各断面的体积流量）；

A——过水断面的面积（砂柱的横断面积，包括砂颗粒和孔隙横断面积）；

H_2, H_1——上、下游过水断面的水头；

L——渗透途径长度（上、下游过水断面的距离）；

I——水力梯度；

K——渗透系数。

以上试验中，通过过水断面 A 的流量 $Q=vA$，则渗透流速 v 为：

$$v = \frac{Q}{A} \tag{1-14}$$

由式(1-14)及 $Q=vA$ 得：

$$v = KI \tag{1-15}$$

这是达西定律的另一表达形式：渗透流速与水力梯度的一次方成正比，即线性渗透定律，K 为其线性比例系数，称为渗透系数。

以下分别探讨式(1-15)中各项的物理含义。

1. 渗透流速(v)与实际流速(u)

上述过水断面 A 系指砂柱的横断面积，包括砂颗粒所占据的面积及孔隙所占据的面积

[图 1-20(a)];而水流实际过水断面[图 1-20(b)]是扣除结合水所占范围后的孔隙面积 A_n,即

$$A_n = An_e \tag{1-16}$$

式中　n_e——有效孔(空)隙率。

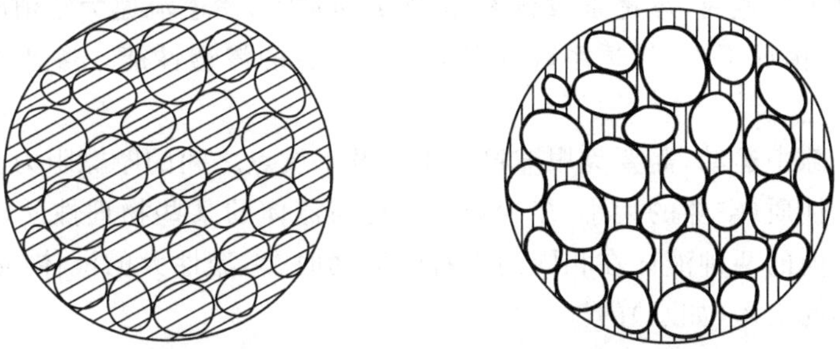

(a) 假想过水断面(斜阴线)　(b) 实际过水断面(直阴线部分;图中颗粒边缘涂黑部分为夸大表示的结合水)

图 1-20　假想过水断面与实际过水断面

有效孔隙率为重力水流动的孔隙体积(不包括不连通的死孔隙和不流动的结合水所占据的空间)与岩石体积(包括孔隙体积)之比。显然,有效孔隙率 n_e 小于孔隙率 n。由于重力释水时孔隙中所保持的除结合水外,还有孔角毛细水以及悬挂毛细水。因此,有效孔隙率 n_e 大于给水度 μ。黏性土由于孔隙细小,结合水所占比例大,所以有效孔隙率很小。对于空隙大的岩层(如溶穴发育的可溶岩,有宽大裂隙的裂隙岩层),$n_e \approx \mu \approx n$。

设通过空隙过水断面 A_n 的实际平均流速为 u,它是地下水的质点流速在 A_n 面积上的平均值。渗透流速 v 是假想渗流的速度,相当于渗流在包括骨架与空隙在内的断面 A 上的平均流速,也称达西流速或比流量,它不代表真实水流速度。

据流量相等原理有:

$$vA = uA_n = Q \tag{1-17}$$

因此,渗透流速与实际流速的关系为:

$$v = u\frac{A_n}{A} = un_e \tag{1-18}$$

由此可说明,渗透流速总是小于实际流速的。

2. 水力梯度(I)

由渗流场中水头相等的各点连成的面(线)称为等水头面(线)。沿等水头面(线)法线方向(水头降低方向)的水头变化率称为水力梯度,无因次,记为 I,即

$$I = -\frac{\mathrm{d}H}{\mathrm{d}n} \tag{1-19}$$

式中　n——等水头面(线)的外法线方向,也是水头降低的方向。

在各向同性介质中,水力梯度 I 为沿水流方向单位长度渗透途径上的水头损失。水在空隙中运动时,必须克服水与隙壁之间以及流动快慢不同的水质点之间的摩擦阻力(这种摩擦阻力随地下水流速增加而增大),消耗机械能,造成水头损失。水力梯度可以理解为水通过单位长度渗透途径为克服摩擦阻力所耗失的机械能。因此,求算水力梯度 I 时,水头差必须与渗透途径相对应。

3. 渗透系数(K)与渗透率(k)

渗透系数 K，也称为水力传导率，是重要的水文地质参数。因水力梯度无因次，由达西定律 $v=KI$ 可以看出，渗透系数与渗透流速的因次相同，量纲为[L/T]；一般采用单位 m/d 或 cm/s。在式(1-15)中，令 $I=1$，则 $v=K$，即水力梯度为 1 时，渗透系数在数值上等于渗透流速。当水力梯度为定值时，渗透系数愈大，渗透流速愈大；渗透流速为定值时，渗透系数愈大，水力梯度愈小。由此可见，渗透系数可定量说明岩石的渗透性能。渗透系数愈大，岩石的渗透能力愈强。

水流在岩石空隙中运动，需要克服隙壁与水以及水质点之间的摩擦阻力，因此渗透系数不仅与岩石的空隙性质(空隙的大小、多少)有关，还与流体的某些物理性质(重度、黏滞性)有关。当黏滞性不同的两种液体在相同的岩石中运动时，黏滞性大的液体(如油)的渗透系数会小于黏滞性小的液体(如水)的。

我们引入渗透率 k 以表征岩层对不同流体的固有渗透性能，渗透率 k 仅仅取决于岩石的空隙性质，与渗流的液体性质无关。渗透系数与渗透率的关系为：

$$K=\frac{\rho g}{\mu}k \tag{1-20}$$

式中 ρ——液体密度；

g——重力加速度；

μ——液体动力黏滞系数；

k——渗透率，量纲为[L^2]，常用单位为达西或 cm^2。

一般情况下，当水的物理性质变化不大时，可以忽略其对渗透系数的影响，把渗透系数看成单纯说明岩石渗透性能的参数。但在研究石油、卤水或热水的运动时，就必须考虑液体的物理性质，采用渗透率 k 来表征岩层渗透性能。

普通岩土的渗透系数与透水性分级见表 1-8，松散岩土的渗透系数见表 1-9。

表 1-8 普通岩土的渗透系数与透水性分级

普通岩土名称	渗透系数/(m/d)	透水性分级
卵石、砾石、粗砂、具溶洞的灰岩	>10	强透水
砂、裂隙岩石	1～10	中等透水
亚砂土、黄土、泥灰岩、砂层	0.01～1	弱透水
亚黏土、黏土质砂岩	0.001～0.01	微透水
黏土、致密的结晶岩、泥质岩	<0.001	不透水(隔水)

(据地质矿产部水文地质工程地质技术方法研究队，1978)

表 1-9 松散岩土的渗透系数

松散岩土名称	渗透系数/(m/d)	松散岩土名称	渗透系数/(m/d)
亚黏土	0.05～0.5	中砂	5～20
亚砂土	1.0～5.0	粗砂	20～50
粉砂	1.0～5.0	砾石	100～500
细砂	1.0～5.0	漂石	>500

(据地质矿产部水文地质工程地质技术方法研究队，1978，有修改)

思考与练习

1. 简述地下水的物理性质与主要化学成分。

2. 地下水的主要化学性质有哪些?

3. 地下水化学成分的表示方法有哪几种?

4. 如何用库尔洛夫式表示地下水的化学成分?

5. 为什么图 1-4(b)不能代表粗粒土最小孔隙率?颗粒直径对于孔隙率有无影响?为什么?

6. 自然界中接近等粒、分选良好的砂,孔隙率大致范围如何?为什么?

7. 假定图 1-4(a)的孔隙中充满立方体排列的等粒圆球状小颗粒,其孔隙率是多少?

8. 为什么孔喉对水的滞留、释出及传输影响更大?

9. 试分析松散沉积物颗粒直径及分选程度对其渗透性的影响。

10. 图 1-8 为什么会形成悬挂毛细水?

11. 为什么给水度不是一个确定值?

12. 什么情况下,给水度才基本上等于孔隙率?

13. 为什么弱透水层不能给出水,却能发生越流?

14. 如何理解含水层及隔水层的相对性?

15. 试比较潜水与承压水的不同,分析两者差别的根本原因。

16."半承压水"具有哪些特点?和潜水及承压水有何异同之处?

17. 渗流的驱动力是什么?如何表征其大小?

18. 地下水的质点流速、实际流速、渗透流速有何关系?如何确定这些流速?

19. 达西公式的应用条件是什么?

20. 如何理解达西定律体现了质量守恒和能量守恒原理?

第2章　地下水系统与地下水动态

2.1　地下水系统组成与划分

系统概念引入水文地质学过程中，欧美出现了一些新的术语，主要有“aquifer system”“groundwater system”及“groundwater flow system”，中文相应的术语是“含水系统(地下含水系统)”“地下水系统”以及“地下水流系统(地下水流动系统)”。

2.1.1　含水系统与地下水流系统

长期以来，一直将含水层视为地下水的基本功能单元，随着对越流的认识，确认相邻含水层可通过弱透水层发生水量交换，便出现了含水系统的概念。

含水系统是由隔水或相对隔水边界圈围的、由含水层和相对隔水层组合而成的、内部具有统一水力联系的、赋存地下水的岩系。含水系统，才是地下水的基本功能单元。

含水系统与地下水流系统是内涵不同的两类与地下水有关的系统。两者都摆脱了长期统治水文地质界的“含水层思维”，都力求用系统的观点去考察、分析与处理地下水问题。

含水系统的整体性，体现于统一的水力联系：存在于同一含水系统中的水属于统一的整体，在含水系统的任一部分加入水量(接受补给)或排出(排泄)水量，其影响均将波及整个含水系统。也就是说，含水系统作为一个整体对外界的激励作出响应。因此，含水系统是一个独立而统一的水均衡单元，可用于研究水量乃至盐量与热量的均衡。含水系统的圈划，主要着眼于包含水的容器，通常以隔水或相对隔水的岩层作为系统边界；它的边界也可以为地质边界，多为地质零通量面(或地质准零通量面)，也可以是有通量的地质边界；系统的边界是不变的。

地下水流系统的整体性，体现于统一有序的水流；水流以不同级次方式有序运移，水量、盐量、热量发生有规律的时空演变，呈现为时空有序的结构。因此，地下水流系统是研究水质(水温、水量)时空演变的理想框架与工具。地下水流系统以流面为边界(即水力零通量面边界)，边界是可变的。从这个意义上说，与三维的含水系统不同，地下水流系统是时空四维系统。

含水系统与地下水流系统都具有级次性，任一含水系统或地下水流系统都可能包含不同级次的子系统。图2-1(a)为一个由隔水基底所限制的沉积盆地，它构成了一个含水系统。由于存在一个相对连续的弱透水层，该含水系统可划分为两个子含水系统(Ⅰ、Ⅱ)。与此同时，发育了两个水流系统(A、B)：其中一个为简单的水流系统(A)，另一个为复杂的水流系统(B)。后者可进一步划分为局部水流系统(B_L)、中间水流系统(B_I)，以及区域水流系统

(B_R)。从图 2-1(a)中不难看出,在同一空间中,含水系统与地下水流系统的边界是相互交叠的。两个水流系统(A、B)均穿越了两个子含水系统(Ⅰ、Ⅱ)。

地下水流系统在人为影响下会发生很大变化。图 2-1(b)表示在人工开采影响下,图 2-1(a)所示同一盆地原来的地下水流系统消失了,形成了一个新的指向盆地中心的辐辏式地下水流系统。随着势场变化,流线普遍穿越了弱透水层。不过,无论人为影响加强到什么程度,地下水流系统的发育范围,不会超越大的含水系统的边界。

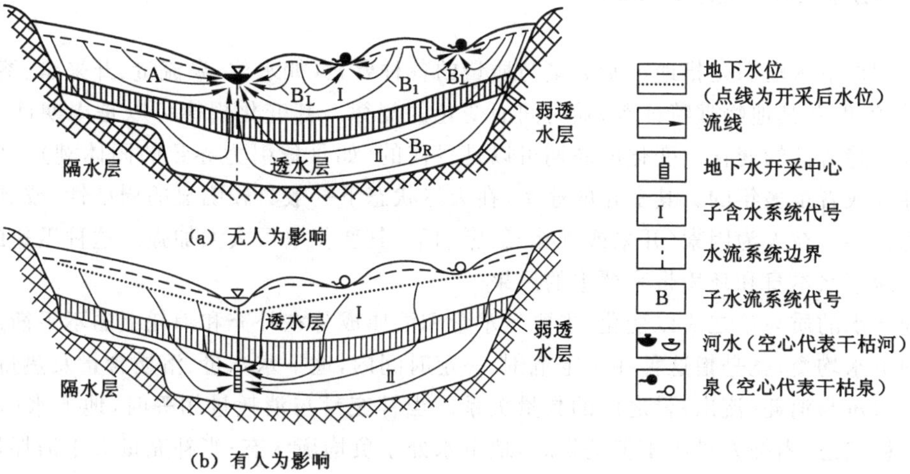

图 2-1　地下含水系统与地下水流系统

〔据柴崎达雄,1982,修改〕

控制含水系统发育的主要是地质结构(沉积、构造),控制地下水流系统发育的是自然地理因素(地形、水文、气候)与地质因素,人为因素的影响不可忽视。

2.1.2　地下水系统的含义

20 世纪 80 年代初期,国际水文地质界提出地下水系统(groundwater system)的概念。我国著名科学家陈梦熊参加了国际水文计划(IHP)地下水系统研究课题组,并将地下水系统的概念引入我国。

在陈梦熊等(1984)提出的地下水系统概念的基础上,张寿全等(1993)将其表述为:“地下水系统是受环境因素(天然、人工)所制约的,具有不同等级,在时空分布上具有四维性质和各自的物理、化学和水动力特征的,不断运动演化(生长、消亡)的地下水单元的统一体。”这一表述的内涵,实质上就是“地下水流系统”。

“地下水系统”这一概念,从开始提出就存在争议,缺乏公认的统一含义(陈梦熊,1983)。目前,国外部分研究者继续采用“地下水系统”这一术语,并无明确定义,从上下文看,其含义大体与“地下含水系统”相当。荷兰学者 Engelen 曾任国际水文计划地下水系统研究课题组的首席科学家,在和 Jones 主编的 *Developments in the Analysis of Groundwater Flow Systems* 中,曾使用过“地下水系统”这一术语,指的就是“地下水流系统”。

国内使用“地下水系统”的术语相当普遍,但是不同使用者赋予的内涵不尽相同。所有探讨地下水系统定义者，都认同陈梦熊的观点，但是，展开讨论时，各有侧重。在“中国期刊全文数据库”检索“地下水系统”中，绝大多数论文中已将“地下水系统”等同于“含水系统”。

鉴于国内学者对有关术语的理解及应用相当混乱，我们认为，比较合适的做法是，尽可能采用定义明确的“地下含水系统”及“地下水流系统”这两个术语。

2.2 地下水动态与均衡

所谓地下水动态是指地下水数量与质量的各种要素（如水位、泉流量、开采量、溶质成分与含量、温度及其他物理特征等）随时间而变化的规律。其变化规律可以是周期性的变化，也可以是趋势性的变化。变化的周期可以是昼夜的（如月球引力导致的固体潮），也可以是季节性的或者是多年的。其变化的速率，在天然状态下一般具较明显的周期性，或具极为缓慢的趋势性。在人为因素（开采或排除）的影响下，其变化率可大大加强。这种迅速的变化，可能给地下水本身和环境带来严重的后果。

地下水的质与量之所以变化，主要是水量和溶质成分在补充和消耗上的不平衡造成的。所谓地下水均衡，就是指这种在一定范围、一定时间内，地下水水量、溶质含量及热量等的补充（流入）量与消耗（流出）量之间的数量关系。当补充量与消耗量相等时，地下水（量与质）处于均衡状态；当补充量小于消耗量时，地下水处于负均衡状态；当补充量大于消耗量时，地下水处于正均衡状态。地下水在天然条件下，一般处于均衡状态；在人为活动影响下，则可能出现负均衡或正均衡状态。

从上述可知，地下水动态与均衡之间存在着互为因果的紧密联系。地下水均衡是地下水动态变化的实质，即地下水动态变化的原因；而地下水动态则是地下水均衡的外部表现，即地下水动态变化的方向与幅度是均衡的性质和数量决定的。

2.2.1 地下水动态

1. 地下水动态的影响因素

如果我们把地下水动态看作含水层（含水系统）连续的信息输出，就可将影响地下水动态的因素分为两类：一类是环境对含水层（含水系统）的信息输入，如降水、地表水对地下水的补给，人工开采或补给地下水，地应力对地下水的影响等；另一类则是变换输入信息的因素，主要涉及赋存地下水的地质地形条件。

(1) 气象因素

气象（气候）因素对潜水的动态影响最为普遍。降水的数量及其时间分布，影响潜水的补给，从而使潜水含水层的水量增加，水位抬升，水质变淡。气温、湿度、风速等与其他条件结合，影响着潜水的蒸发排泄，从而使潜水含水层的水量变少，水位降低，水质变咸。

气象（气候）要素周期性地发生昼夜、季节与多年变化，因而潜水动态也存在着昼夜变化、季节变化及多年变化，其中季节变化最为显著且最有意义。我国东部属季风气候区，雨季出现于春夏之交。大体自南而北由 5 月至 7 月先后进入雨季，降水显著增多，潜水位逐渐抬高，并达到峰值。雨季结束，补给逐渐减少，潜水由于径流及蒸发排泄，水位逐渐回落，到翌年雨季前，地下水位达到谷值。因此，全年潜水位常动态表现为单峰单谷（图 2-2）。图中

3 月份水位少量抬升与季节冻土融化补给地下水有关。

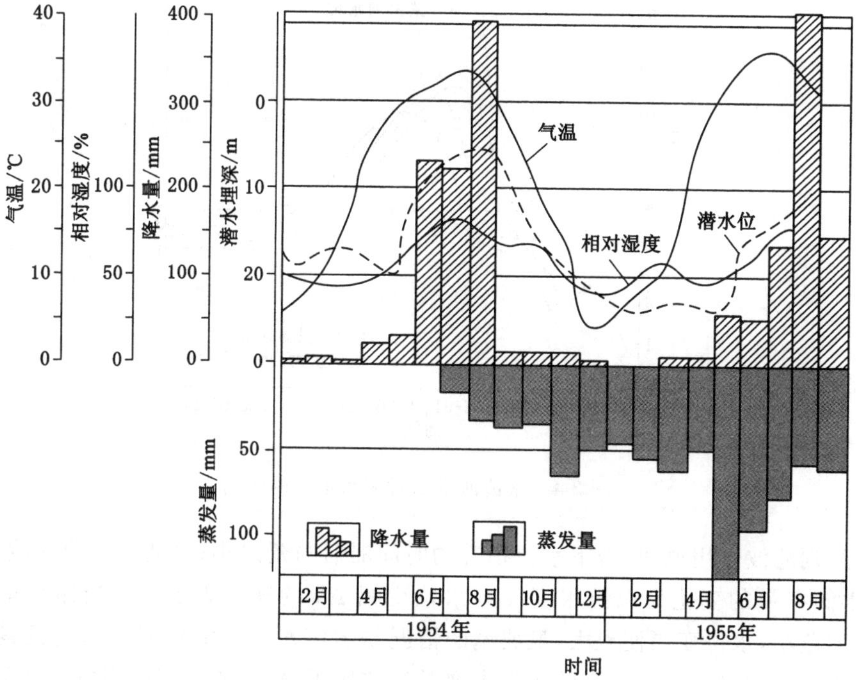

图 2-2　北京市潜水位动态曲线

气候还存在多年的周期性波动。例如，周期为 11 年的太阳黑子变化，影响丰水期与干旱期的交替，从而使地下水位呈同一周期变化，图 2-3 为前人根据该时期每年 9 月 1 日平水位资料编绘，实心点为实测水位，空心点为可能水位。

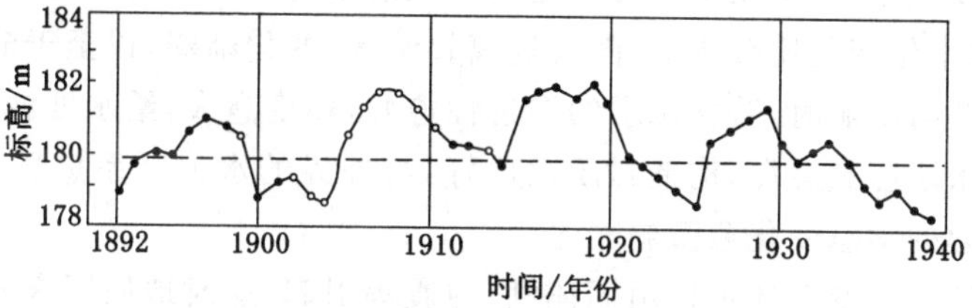

图 2-3　苏联卡明草原地下水位多年变化曲线
〔据阿利托夫斯基等，1956〕

(2) 水文因素

当地表水体补给地下水而引起地下水位抬升时，随着远离河流，水位变幅减小，发生变化的时间滞后。河水对地下水动态的影响一般为数百米至数千米，此范围以外，主要受气候因素的影响(图 2-4)。

(3) 地质因素

地质因素是影响输入信息变换的因素。当降水补给地下水时，包气带厚度与岩性控制着地下水位对降水的响应。潜水埋藏深度愈大，对降水脉冲的滤波作用愈强；相对于降水，地下水位抬高的时间滞后与延迟愈长；水位历时曲线呈现为较宽缓的波。包气带岩性的渗

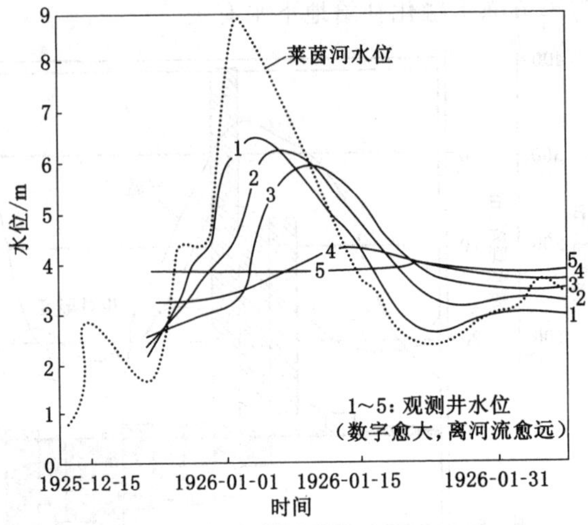

图 2-4　莱茵河洪水对潜水水位的影响

透性愈好，则滤波作用愈弱；地下水位抬升的时间滞后与延迟小；水波历时曲线波形较陡。

潜水储存量的变化是以给水度 μ 与水位变幅 Δh 的乘积表示的。当储存量变化相同时，给水度愈小，水位变幅便愈大，最典型的情况是岩溶水。岩溶化岩层渗透性良好但岩溶率（相当于给水度）较低，岩溶水的包气带缺乏滤波作用，较小的岩溶率则放大地下水位对降水补给的响应，地下水位变幅在分水岭地区可达数十米甚至更多。

河水引起潜水位变动时，含水层的透水性愈好，厚度愈大，含水层的给水度愈小，则波及范围愈远。对于承压含水层来说，隔水顶板限制了它与外界的联系，它主要通过补给区（潜水分布区）与大气圈、地表水圈发生联系；当顶板为弱透水层时，它还可通过弱透水层顶板与外界联系。由于以上原因，承压水动态变化通常比潜水的小。在前一种情况下，接受降水补给时，补给区的潜水位变化比较明显，随着远离补给区，变化渐弱，以至于消失。从补给区向承压区传递降水补给影响时，若含水层的渗透性愈好，厚度愈大，给水度愈小，则波及的范围愈大。若承压含水层埋藏愈深，构造封闭性愈好，与外界的水力联系愈弱，则因大气圈及地表水圈变化而引起的动态变化愈微弱。

承压含水层的水位变动还可以由固体潮、地震等引起，这时地质因素成为环境对地下水的信息输入。

在内陆地区，承压含水层中可观测到周期为 12 h 的测压水位波动。这是月球和太阳对地球的吸引造成的。当月球运行到某点“头顶”时，由于月球的吸引，承压含水层因荷载减小而引起轻度膨胀，测压水位便下降。月球远离时，承压含水层荷载增加，轻度压缩，测压水位便上升。由固体潮引起的地下水位变幅可达数厘米。由于地震波的传递，大地震可以使距震中数千千米以外的某些敏感的深层承压水井产生厘米级的水位波动。据研究，这是由于地震孕震及发震过程中地应力的变化使岩层压缩或膨胀，从而引起震区以至远方孔隙水压力的异常变化，承压含水层测压水位发生波动。与此相应，有时震前地下水化学成分也会改变。与其他方法配合，监测地下水动态可以作为预报地震的一种重要手段。

2. 地下水动态成因类型及其主要特征

地下水动态成因类型，主要根据地下水的水位动态过程曲线的特点予以鉴别，一般根据对地下水动态影响最大的自然及人为因素对地下水动态成因类型予以命名。综合国内外一些地下水动态成因类型分类方案，本书将地下水动态成因归纳为 8 种基本类型(表2-1)，而由基本类型又可组成多种混合成因类型。

表 2-1　地下水动态成因基本类型及其主要特征

地下水动态成因基本类型	主要特征
气候型（降水入渗型）	分布广泛，含水层埋藏深，包气带岩石透水性较好，地下水位及其他动态要素均随着降水量的变化而变化。水位峰值与降水峰值一致或稍有滞后。年内水位变幅较大
蒸发型	主要分布于干旱、半干旱的平原区，地下水位埋深较浅（小于 3～4 m），地下径流滞缓。地下水位随蒸发量的加大及气温升高而明显下降，并随着干旱季节延长而缓慢下降、下沉。地下水位的变化比较平缓，年变幅不大（一般小于 2～3 m）
人工开采型（开采型）	主要分布在强烈开采地下水的地区。地下水动态要素明显随着地下水开采量的变化而变化，在降水的高峰季节，地下水位上升不明显或略有下降，当开采量大于地下水的年补给量时，地下水位出现逐年下降现象
径流型	主要分布于地下水径流条件较好，补给面积辽阔，地下水埋藏较深或含水层上部有隔水层覆盖的地区。地下水位变化平缓，年变幅很小，水位峰值多滞后于降水峰值
水文型（沿岸型，可分为常年补给型和季节补给型）	主要分布在河、渠、水库等地表水体的沿岸或河谷中，地表水与地下水有直接的水力联系。地下水位随地表水位升高、流量增大、过流时间延长而上升，水位峰值和起伏程度随远离地表水体而逐渐减弱
灌溉型（灌水入渗型）	分布于引入外来水源的灌区，包气带土层有一定的渗透性，地下水埋藏深度浅。地下水位明显随灌溉期的到来而上升，年内水位期常延续较长
冻结型	分布于有多年冻土层的高纬度地区或高寒山区。冻结层下水：年内水位变化平缓，变幅不大，峰值稍滞后于降水峰值，或水位峰值不明显。冻结层上水：水位起伏明显，呈现与融冻期和雨期对应的两个水位线波峰
越流型	分布在垂直方向上含水层与弱透水层相间的地区。一般在开采条件下越流性质才能表现明显。当开采含水层水位低于相邻含水层的时，相邻含水层（非开采层）的地下水将越流补给开采含水层，水位动态亦随开采层变化，但变幅较小，变化平缓

3．地下水动态研究的基本任务

(1) 正确布设地下水动态监测网点，对动态监测的频率、监测次数及监测时间作出科学的规定。地下水动态监测点的布置形式和位置主要取决于水文地质调查的主要任务。动态监测成果要满足水文地质条件的论证，地下水水量、水质评价以及水资源科学管理方案制定等方面的要求。对于不同的勘查阶段，以上要求各有侧重。

为阐明区域水文地质条件服务的动态监测工作，其主要任务在于查明区域内地下水动态的成因类型和动态特征的变化规律。因此，监测点一般应布置成监测线形式。主要的监测线应穿过地下水不同动态成因类型的地段，沿着区域水文地质条件变化最大的方向布置。

对不同成因类型的动态区，不同含水层以及地下水的补给、径流和排泄区等，均应有动态监测点控制。

为地下水水量、水质计算与资源管理服务的动态监测工作，其主要任务是为建立计算模型、水文地质参数分区及选择参数提供资料。鉴于地下水数值模型在地下水水量、水质评价与管理工作中的广泛应用，要求将相应的动态监测点布置成网状形式，以求能控制计算区内地下水流场及水质变化。对流场中的地下分水岭、汇水槽谷、开采水位降落漏斗中心、计算区的边界、不同水文地质参数分区，以及有害的环境地质作用已发生和可能发生的地段等，均应有动态监测点控制。

地下水动态的监测点，除井、孔外，还应充分利用区内已有的地下水天然及人工水点。对有关的地表水体、各种污染源以及有害的环境地质现象，亦应进行监测。

科学规定地下水动态项目的监测频率、次数和时间，对于获得真实、完整的动态资料十分重要。对于不同的监测项目，监测频率、次数和时间的具体要求虽有不同，但其总的原则是一致的，即要求按规定的监测频率、次数和时间所获得的地下水动态资料，应能最逼真地反映出年内地下水动态变化规律。

需要强调的是，为了能从动态变化规律中分析出不同动态要素（监测项目）间的相互联系，各监测项目的监测时间，在一年中至少要有几次是统一的。

（2）根据所获得的地下水动态监测资料，分析地下水动态的年内及年际间的变化规律。动态变化规律，主要是指某种动态要素随时间的变化过程、变化形态及变幅大小等水文地质意义和变化的周期性与趋势性，并通过不同监测项目动态特征的对比，确定它们之间的相关关系。

（3）根据所获得的各种动态资料，考虑各种影响因素（水文、气象、开采或人工补给地下水等）的作用，确定区内地下水的成因类型，从而为认识区域地下水的埋藏条件，水质、水量的形成条件及有害环境地质作用的产生和发展原因等，提供动态上的佐证。

4. 地下水动态监测项目

对大多数水文地质勘查任务来讲，地下水动态监测的基本项目都应包括地下水水位、水温、水化学成分和井、泉流量等。与地下水有水力联系的地表水的水位与流量，以及矿山井巷和其他地下工程的出水点、排水量及水位标高也应进行监测。

水质的监测，一般是以水质分析作为基本监测项目，再加上某些选择性监测项目。选择性监测项目是指那些在本地区地下水中已经出现或可能出现的特殊成分及污染物质，或被选定为水质模型模拟因子的化学指标。为掌握区内水文地球化学条件的基本趋势，可在每年或隔年对监测点的水质进行一次全分析。

地下水动态资料，常常随着观测资料系列的延长而具有更大的使用价值，故监测点位置确定后，一般不要轻易变动。

2.2.2 地下水均衡

1. 均衡期与均衡区

对一个地区的水均衡进行研究，实质就是应用质量守恒定律去分析参与水循环的各要素的数量关系。

地下水均衡是以地下水为对象的均衡研究。研究目的在于阐明某个地区在某一段时间内，地下水水量（或盐量、热量）收入与支出之间的数量关系。进行均衡计算所选定的地区称作均衡区，它最好是一个具有隔水边界的完整水文地质单元。进行均衡计算的时间段，称作均衡期，可以是若干年、一年，也可以是一个月。某一均衡区，在一定均衡期内，地下水水量（或盐量、热量）的收入大于支出，表现为地下水储存量（或盐储量、热储量）增加，称作正均衡；反之，支出大于收入，地下水储存量（或盐储量、热储量）减少，称作负均衡。

对于一个地区来说，天然条件下气候经常以平均状态为准发生波动。多年中，从统计的角度讲，气候趋近平均状态，地下水也保持其总的收支平衡。在较短的时期内，气候发生波动，地下水也经常处于不均衡状态，从而表现为地下水的水量与水质随时间发生有规律的变化，即地下水动态。由此可见，均衡是地下水动态变化的内在原因，动态则是地下水均衡的外部表现。

对地下水而言，进行均衡研究必须分析均衡的收入项与支出项，列出均衡方程式。通过测定或估算列入均衡方程式的各项求算某些未知项。

2. 均衡方程式

陆地上某一地区天然状态下总的水均衡，其收入项（A）一般包括：大气降水量（X）、地表水流入量（Y_1）、地下水流入量（W_1）、水汽凝结量（Z_1）。支出项（B）一般包括：地表水流出量（Y_2）、地下水流出量（W_2）、蒸发量（Z_2）。若记均衡期水的储存变化量为 $\Delta\omega$，则水均衡方程式为：

$$A - B = \Delta\omega \tag{2-1}$$

即

$$(X + Y_1 + W_1 + Z_1) - (Y_2 + W_2 + Z_2) = \Delta\omega \tag{2-2}$$

或

$$X - (Y_2 - Y_1) - (W_2 - W_1) - (Z_2 - Z_1) = \Delta\omega \tag{2-3}$$

而均衡期水的储存变化量 $\Delta\omega$ 包括：地表水变化量（V），包气带水变化量（m），潜水变化量（$\mu\Delta h$）及承压水变化量（$\mu_\varepsilon\Delta h_c$）。其中，$\mu$ 为潜水含水层的给水度或饱和差，Δh 为均衡期潜水位变化值（上升用正号，下降用负号）；μ_ε 为承压含水层的弹性给水度，Δh_c 为承压水测压水位变化值。据此，水均衡方程式可写成：

$$X - (Y_2 - Y_1) - (W_2 - W_1) - (Z_2 - Z_1) = V + m + \mu\Delta h + \mu_\varepsilon\Delta h_c \tag{2-4}$$

潜水的收入项（A）包括：降水入渗补给量（X_f），地表水入渗补给量（Y_f），凝结水补给量（Z_c），上游断面潜水流入量（W_{u1}），下伏承压含水层越流补给潜水水量（Q_t，如潜水向承压水越流排泄则列入支出项）。支出项（Z）包括：潜水蒸发量（Z_u，包括土面蒸发及叶面蒸发），潜水以泉或泄流形式的排泄量（Q_d），下游断面潜水流出量（W_{u2}）。均衡期始末潜水储存量变化为 $\mu\Delta h$。则：

$$A - Z = \mu\Delta h \tag{2-5}$$

即

$$\mu\Delta h = (X_f + Y_f + Z_c + W_{u1} + Q_t) - (Z_u + Q_d + W_{u2}) \tag{2-6}$$

式(2-6)为潜水均衡方程式的一般形式。

3. 地下水均衡研究的基本任务

(1) 为进行均衡研究，首先要确定均衡区的范围及边界的位置与性质。当区域较大，各地段的地下水均衡要素的组成又不相同时，应划分均衡亚区。为便于均衡计算，每个均衡区

(或均衡亚区)最好是一个相对独立的水文地质单元。均衡区的边界最好是性质比较明确、位置比较清楚的某一自然边界(或地质界线)。

(2) 确定均衡区内地下水均衡要素的组成及地下水水量或水质均衡方程的基本形式。在建立方程时,应考虑到,同一均衡区在不同的时段,其均衡要素的组成可能是不同的。因此,在均衡计算之前,还应划分出均衡计算的时段,即确定出均衡期。

(3) 通过直接(野外实测或室内测定)或间接(参数计算)方法,确定出地下水各项均衡要素值,为地下水水量、水质的计算与预测提供基础数据。

(4) 通过区域水均衡计算,确定出区内地下水的均衡状态,预测某些水文地质条件的变化方向,为制定合理的地下水开发方案及科学管理措施提供基本依据。

4. 地下水的均衡项目

地下水的均衡包括水量均衡、水质均衡和热量均衡等不同性质的均衡。不同性质均衡方程的均衡项目(均衡要素),也就必然有所区别。在多数情况下,人们首先关注的还是水量问题,而水量均衡又是其他两种均衡的基础。

在补给量中,最重要的是降水入渗量、地表水入渗量、地下径流的流入量;在某些情况下,越流补给量和人工注入量也有较大意义;在消耗量中,最重要的是潜水的蒸发量、地下径流的流出量、地下水的人工排泄量;有时,泉水的溢出量和越流流出量也很有意义。以上便是基本的水量均衡项目。

2.2.3 地下水动态研究的意义

研究地下水动态与均衡,对于认识区域水文地质条件、水量和水质评价,以及水资源的合理开发与管理,都具有非常重要的意义。任何目的、任何勘查阶段的水文地质调查,都必须重视地下水动态与均衡的研究工作。对地下水动态规律的认识,往往要经过相当长时间的资料积累才能得出结论,因此在水文地质调查时,应尽早开展地下水动态与均衡的研究。地下水动态研究的意义具体表现在:

(1) 在天然条件下,地下水动态是地下水埋藏条件和形成条件的综合反映。因此,可根据地下水的动态特征分析,认识地下水的埋藏条件、水量、水质形成条件和区分不同类型的含水层。

(2) 地下水动态是地下水均衡的外部表现,故可利用地下水动态资料去计算地下水的某些均衡要素。如根据降水量、潜水位升幅和潜水含水层给水度计算大气降水的入渗系数;根据潜水位的升幅或降幅计算地下水的储存量及潜水的蒸发量等。

(3) 由于地下水的数量与质量均随着时间而变化,因此一切水量、水质的计算与评价,都必须有时间的概念。如对同一含水层来说,在雨季、旱季、丰水年、枯水年,其水量与水质都可能大不一样。因此,地下水动态资料是地下水资源评价和预测必不可少的依据。

(4) 用任何方法计算地下水允许开采量,都必须能经受地下水均衡计算的检验。任何地下水开采方案,都必须受地下水均衡的约束。为尽可能地减少开采地下水引起的副作用,开采量一般不能超过地下水的补给量,即不应破坏地下水的均衡状态。

通过研究地下水的均衡状态,可预测地下水水量、水质以及与地下水有关的环境地质作用的变化和总体发展趋势。

思考与练习

1. 当地下水接受降水及河流补给时，地下水位的响应有哪些共同点与不同点？

2. 当河流补给地下水时，潜水和承压水水位的响应有何不同？为什么？

3. 河流对地下水水质和温度的影响范围，通常小于对地下水位的影响范围。原因是什么？

4. 同一含水层接受补给时，补给区的水位变幅大，排泄区的水位变幅小。为什么？

第3章　矿井水文地质勘查

矿井水文地质勘查是在勘探阶段水文地质工作的基础上进行的，是矿井地质工作的重要组成部分。矿井水文地质工作是指矿井建设和生产过程中所做的水文地质工作，主要任务是在深入了解矿区(井)水文地质条件的基础上，合理地分析和利用矿井水。其主要任务包括：① 研究矿区(井)的水文地质条件，查明影响正常建设和生产的水文地质因素；② 研究和预测矿井涌水量；③ 开展防治水工作；④ 研究和解决矿区供水水源及矿井水的综合利用问题；⑤ 认真推广和应用先进技术，不断提高矿井水文地质工作水平。

3.1　矿井水文地质调查

矿井水文地质调查是勘探阶段水文地质工作的继续，只是对象更加具体，要求更加明确，工作更为深入细致。对于矿井水文地质勘查工作，一方面，勘探阶段提供的水文地质资料的可靠性，需要通过建井、生产实践来验证、考察；另一方面，根据建井、生产实践发现的新问题，在勘探阶段的基础上，有选择地进行水文地质补充勘探，解决矿井建设和生产过程中实际存在的水文地质问题，以便安全、经济、合理地回收煤炭资源。

3.1.1　矿井勘探阶段水文地质工作

在矿井设计、建井和投产之前，必须进行一系列的地质勘探工作，提供一整套必要的地质资料，其中水文地质资料一般应阐明以下几方面问题。

(1) 勘探区内主要含水层的分布范围、埋藏条件、一般特征、补给和排泄条件、含水层之间的水力联系，以及勘探区内井、泉调查资料和地表水体的分布情况。

(2) 井田范围内含水层的岩性、埋藏深度、厚度及其变化规律、裂隙及溶洞的发育程度，以及含水层的水量、水位、水质和地下水动态资料。

(3) 矿区(井)有关地表水体的积水面积、最大洪水量和最高洪水位，以及洪水淹没矿区的范围和持续时间。

(4) 地表水体(主要包括河流、沟渠、湖泊、水库等)对含水层及采空塌陷区、老空区的补给范围和渗漏量。

(5) 主要含水层对矿井的影响程度。

(6) 不同成因类型的断裂构造分布规律，及其在地表水和地下水以及各含水层之间发生水力联系上所起的作用，以此确定最可能的导水和含水地段。

(7) 穿过含水层、老空区和含水断层的钻孔的封闭情况。

(8) 预计矿井涌水量及其随季节、开采范围及深度的变化关系。

(9) 邻近矿井的开发情况，矿井涌水量、水质、水温、充水条件、地下水出露情况、矿井突水现象及原因，矿井涌水量与开采面积、深度、产量、降水量的关系等。

研究矿井水文地质的首要工作，就是收集和整理上述资料，并对其进行分析、对比、验证，从而在此基础上去伪存真，对即将建设的矿井或采区的涌水条件给出明确的结论，指出矿井的充水水源、充水通道和涌水量，提出今后防治水的措施和方法，并对充水水源作出评价。

然而，勘探阶段所获得的水文地质资料，常常由于该阶段所做工作的局限性，与实际情况有较大的出入，不能完全满足上述要求。在这种情况下，一般需要在矿区(井)建设和生产的同时，进行补充水文地质调查及勘探。有时，由于国民经济的迫切需要，部分矿井在缺乏资料的情况下，就开始设计和建设，或者在扩大老矿井延深区域以及井田边界范围等情况下，补充水文地质调查及勘探的工作就显得更加必要。

3.1.2　矿区(井)水文地质补充调查

当矿区或者矿井现有水文地质资料不能满足生产建设的需要时，水文地质条件复杂、采掘工作经常受水害威胁的矿井，应当针对存在的问题进行专项水文地质补充调查。其主要的工作如下所述。

1. 泉、井及地表水体的调查

调查井泉的位置、标高、深度、出水层位、涌水量、水位、水质、水温、有无气体溢出、溢出类型、流量(浓度)及补给水源，并描绘泉水出露的地形地质平面图和剖面图。调查内容详见表 3-1 至表 3-3。

表 3-1　泉水调查记录

泉名		出露标高/m		泉水出露的地形条件	
泉水流出状态		泉的类型			
补给泉的含水层年代和岩性、厚度		含水层的顶底板岩性			
涌水量/(L/s)		最近天气情况			
涌水量测量方法		气温/℃		泉水出露的地质条件	
泉水沉淀物		水温/℃			
泉水的气体成分		色			
水样编号		臭			
泉水季节变化		味		泉水出露的平面和剖面素描	
泉水应用		透明度			
引水工程		备注			

调查人：　　　　　　调查日期：

表 3-2　水井调查记录

井号		位置				底图编号	
地面标高/m		井口标高/m		水井深度/m		静止水位深度/m	
井壁结构		井口形状及大小		建井年代		汲水设备	
调查日期		天气		气温/℃		井的剖面情况	

表 3-2(续)

地层年代及岩性		水位降深/m		水温/℃		
埋藏深度/m		涌水量/(L/s)		色		
上覆岩层名称		单位涌水量/[L/(s·m)]		臭		
下伏岩层名称		涌水量测量方法		味		
含水层厚度/m		水样编号		透明度		
水井变化						
水井用途						
环境卫生状况						
受地表水或其他水井影响						
其他						

调查人： 调查日期：

表 3-3 地表水调查记录

<table>
<tr><td colspan="2">地表水性质类型</td><td></td><td colspan="2">名称</td><td></td><td rowspan="5">所处的地形条件</td><td rowspan="5"></td></tr>
<tr><td colspan="2">补给来源</td><td></td><td colspan="2">排泄消耗</td><td></td></tr>
<tr><td colspan="2">边岸岩性</td><td></td><td colspan="2">底床岩性</td><td></td></tr>
<tr><td colspan="2">地表水宽度/m</td><td></td><td colspan="2">底床坡度</td><td></td></tr>
<tr><td colspan="2">水位标高/m</td><td></td><td colspan="2">水深/m</td><td></td></tr>
<tr><td colspan="2">流速/(m/s)</td><td></td><td colspan="2">地表水面积/km^2</td><td></td><td rowspan="3">所处的地质年代</td><td rowspan="3"></td></tr>
<tr><td colspan="2">流量/(m^3/s)</td><td></td><td colspan="2">地表水体积/m^3</td><td></td></tr>
<tr><td rowspan="2">气温变化</td><td>最高</td><td>月</td><td rowspan="4">物理性质</td><td>水温/℃</td><td></td></tr>
<tr><td>最低</td><td>月</td><td>色</td><td></td><td rowspan="3">平面素描</td><td rowspan="3"></td></tr>
<tr><td colspan="2" rowspan="2">水的用途</td><td rowspan="2"></td><td>臭</td><td></td></tr>
<tr><td>味</td><td></td></tr>
</table>

调查人： 调查日期：

对地表水体，每月进行一次调查或搜集矿区河流、水渠、湖泊、积水区、山塘和水库等地表水体的历年水位、流量、积水量、最大洪水淹没范围、含泥沙量、水质以及地表水体与下伏含水层的水力关系等情况。对可能渗漏补给地下水的地段应当进行详细调查，并进行渗漏量检测。

如果地表水常年补给矿井，应设观测站，取得具体数据。一些矿区的河流改道建议就是在这种观测条件下提出来的。当矿区地表水体附近有塌陷坑时，地表水有可能涌入井下，此时更应对相关地表水体进行详细研究。

例如，某矿 1 号井的地表水——茹草溪河流，其河底渗透性好，开采后产生大量塌陷坑，河水全部灌入井下，使矿井涌水量由 363 m^3/h 增加到 578 m^3/h。通过补充调查，提出了处理措施，解决了实际问题。

2. 第四纪地质及自然地质现象的调查

第四纪地层的主要研究内容是：确定土石的名称（如砾石、砂、亚砂土、亚黏土和黏土等），描述颜色、组织结构，确定其成因和时代，并在图上画出第四纪地质界线（时代、成因及岩性的界线）。

对一些与地下水活动有关的自然地质现象，如滑坡、潜蚀、岩溶、沼泽、古河道等，也要进行详细的调查研究，并将其标在地形地质图上。

3. 基岩含水层和地质构造调查

根据地层岩性、地质时代、岩石的孔隙性以及泉、井等地下水的露头情况，确定基岩地层的富水性，划分出含水层和隔水层（相对隔水层）。

对地质构造的调查，主要是查明断裂构造的方向、规模、性质，其破碎带的范围、充填或胶结情况，导水性以及泉水出露与否、水量大小等。在裂隙发育带，要选择有代表性的地段进行裂隙统计。

4. 小窑老空区积水（即老空水）的调查

调查古井老窑的位置及开采、充水、排水的资料及老窑停采原因等情况，察看地形，在平面图上圈出采空区，并估算积水量。

老空区有现代生产矿井（包括已报废的矿井）的老空区和小窑老空区之分，前者可由采掘工程平面图和有关资料准确地确定其分布范围，后者则由于年代已久，缺乏可靠的资料，积水范围往往难以确定。小窑老空区的存在常常会给矿井的建设和生产带来很多困难，甚至会造成矿井突水事故。为了保证矿井建设和生产的安全，做好对小窑老空区积水的防范工作，就必须首先把小窑老空区的分布情况和积水特点了解清楚。

(1) 小窑老空区积水的特点

由于采掘条件的限制，古代小窑只能开采浅部煤层，因此小窑老空多分布于煤层标高较高的地方。由于排水能力的限制，古代小窑开采顶底板为含水层的煤层时，小窑老空区多数在含水层的水位标高以上。小窑老空区的积水量取决于小窑的标高、开采范围、顶底板岩性、地质构造情况以及小窑与其他水源的关系等。积水量小者可能无水，大者水量可达数万、数十万立方米。

通常，小窑老空水的补给来源少，水量以静储量为主。小窑老空水由于长期处于停滞状态，一般呈黄褐色，具有铁锈味，臭鸡蛋味或涩味，酸性较强。老空区内经常积存大量的CO_2、CH_4和H_2S等有害气体，突水时会随水溢出。

由于小窑老空区多分布在井田的浅部，其积水具有一定的静水压力。在采掘过程中，当工作面接近老空区时，由于静水压力的作用，老空水在一定条件下往往会突然涌进巷道，造成事故。

(2) 小窑老空水的调查内容

① 小窑位置及开采概况。内容包括：井深及井上下标高，井筒直径，开采煤层层数及名称，各煤层的开采范围和巷道布置情况，产量，采煤方法和顶板控制方法，通风、运输、提升、排水情况，巷道规格以及停采原因等。

② 地质情况。内容包括：煤层（及各分层）厚度及其变化，层间距，产状及其变化，顶底板岩性及厚度，煤层的物理力学性质，断层的产状、落差及其变化，地质储量及残留煤柱的范围，与相邻小窑采空的关系等。

③ 水文地质情况。内容包括：出水原因，来源和水量大小，水头高度，相邻小窑间及小窑与地表水或泉井的水力联系等。

④ 小窑采空造成的地表塌陷的深度、裂缝的分布情况、塌陷的范围大小等。

通过上述调查，必须弄清小窑开采的是哪一层煤，开采范围有多大，以及小窑的积水量、水头压力和相互连通关系，作为确定老空边界和布置防治老空积水工程的依据。

小窑老空区的调查方法，可采用“走出去、请进来”的方法，或登门拜访，或邀请熟悉情况的人员开座谈会。最好根据上述内容拟定提纲，邀请老工人及熟悉小窑情况的人员到现场进行调查，并根据地面的遗迹(地形、矸石堆等)确定小窑位置。对调查情况进行详细记录并初步完成测绘草图。而后将收集到的资料加以分析整理，绘制成适当比例尺(1∶1 000、1∶2 000 或 1∶5 000)的平面图和剖面图。此外，还可以采用电测剖面结合钻探的手段，对小窑老空区进行探查。

5. 地貌地质的情况

应调查由开采或地下水活动诱发的崩塌、滑坡、人工湖等地貌变化以及岩溶发育矿区的各种岩溶地貌形态。对于第四纪松散覆盖层和基岩露头，需要查明其时代、岩性、厚度、富水性及地下水的补、径、排方式等情况，并划分含水层或相对隔水层。查明地质构造的形态、产状、性质、规模、破碎带(范围、充填物、胶结程度、导水性)以及有无泉水出露等情况，初步分析研究其对矿井开采的影响。

6. 地表水体的情况

调查矿区河流、水渠、湖泊、积水区、山塘和水库等地表水体的历年水位、流量、积水量、最大洪水淹没范围、含泥沙量、水质以及地表水体与下伏含水层的水力关系等。对可能渗漏补给地下水的地段应当开展详细调查，并进行渗漏量监测。

7. 生产矿井的情况

调查研究矿区内生产矿井的充水因素、突水层位、突水点的位置与突水量，矿井涌水量的动态变化与开采水平、开采面积的关系，以往发生水害的观测资料和防治水措施及效果。

8. 周边矿井的情况

调查周边矿井的位置、范围、开采层位、充水情况、地质构造、采煤方法、采出煤量、隔离煤柱分布情况以及与相邻矿井的空间关系，收集整理以往发生水害的观测研究资料，并收集系统完整的采掘工程平面图及有关资料。

9. 地面岩溶的情况

调查岩溶发育的形态、分布范围。详细调查对地下水运动有明显影响的补给和排泄通道，必要时可进行连通试验和暗河测绘工作。分析岩溶发育规律和地下水径流方向，圈定补给区，测定补给区内的渗漏情况，估算地下水径流量。对有岩溶塌陷的区域，进行岩溶塌陷的测绘工作。

10. 历年水文气象资料的收集和整理

主要从矿区或附近的水文、气象站收集水文、气象资料。收集降水量、蒸发量、气温、气压、相对湿度、风向、风速及其历年月平均值和两极值等气象资料。收集调查区内以往勘查研究成果，包括动态观测资料、勘探钻孔资料、供水井钻探资料等；然后分析整理成各种关系曲线图(如降水量与蒸发量曲线图等)，以便了解和掌握矿区的水文、气象变化规律，为分析矿井充水条件和矿井防治水提供依据。

上述工作结束之后，应将所获得的资料进行归纳、整理、分析和研究，结合矿区(井)的具体情况，写出简要的文字报告，并编制相应的图件。

3.1.3　水文地质调查的主要工作程序

1. 准备工作

要求：按设计要求进行各项准备。

主要步骤：(1) 调查测绘的比例尺按相应勘探阶段选择；(2) 地形图底图按相应比例尺或大一级的比例尺选择；(3) 收集工作区内有关资料；(4) 成立测量、物探、钻探专业小组。

2. 野外调查的填写内容

要求：项目齐全，字迹清晰。

主要步骤：(1) 填写观测点位置及编号；(2) 填写露头类型；(3) 填写观测点性质（地质点、地貌点、构造点、界线点、水井、泉、浅井、河流测点）；(4) 填写天气情况、编录人员姓名及日期。

3. 岩性描述

要求：正确定名，详细记录。

主要步骤：(1) 基岩描述。(2) 松散沉积物描述，包括：颜色（干、湿）、成分（黏土、亚黏土、亚砂土、砂、砾石）、结构（致密、松散）及构造（块状、大孔隙、垂直节理等）；夹层或透镜体；砂、砾石的成分、大小、形态、磨圆度及分选性；胶结物（泥质、钙质）及胶结程度；层理及产状；成因类型及时代。

4. 构造观察描述

要求：精心测量，正确判定各类构造要素。

主要步骤：(1) 描述褶曲类型、褶曲轴及两翼产状、翼部性质；(2) 描述断裂（走向、倾向、倾角、结构面力学性质），磨面、擦痕、断层角砾岩，重复情况（单独阶状），断层胶结物和含水性，与侵蚀地层的关系；统计裂隙率。

5. 地貌观察描述

要求：按成因类型及形态单元进行观察描述，尤其对微地貌进行观察描述。

主要步骤：观察描述地貌单元，地形形态，形态要素，构造与地形关系，岩性与地形关系，剥蚀堆积作用与地形关系，成因相关的松散堆积物，物理地质现象。

6. 岩溶观察描述

要求：岩溶形态测量及发育规律。

主要内容：(1) 成因；(2) 溶蚀程度划分。

7. 水文地质观察描述

要求：观察含水层特征及地下水的赋存规律。

主要步骤：(1) 调查含水层特征；(2) 确定地下水类型，地下水物理性质，补给、排泄、径流条件及水力联系；(3) 调查民井（孔）、泉所处的地貌单元或蓄水构造部位、出露状态，井壁结构、提水设备、使用状况及卫生条件；(4) 收集岩层剖面和井结构资料。

8. 沿途观测

要求：对沿途露头要详细记录。

主要步骤：(1) 记载路线方向及有关情况；(2) 简述地层、构造有无变化，跨越何种地貌单元；(3) 测量和调查民井。

9. 样品采集

主要采集的样品有:岩样、土样和水样。

3.1.4 水文地质调查的主要成果

水文地质调查的成果主要有水文地质图(包括具代表性的水文地质剖面图)、各种地下水出露点和地表水体的调查资料,以及水文地质调查报告(或图件说明书)。

1. 水文地质图

水文地质图与地质图比较,有以下不同:

(1) 内容的综合性。水文地质图的内容,除反映各种地质界限外,经常还要反映必要的地貌单元界线,并须标出具代表性的地下水点位置,表示出各含水层的地下水类型、富水性、埋藏条件和地下水流场特点以及水化学特征等。成果图可以是一张综合性的水文地质图,也可以由一系列地下水单项要素图件组成。

(2) 水文地质图通常不是在野外实地测绘时一次性填绘出来的,而是依据由野外观测资料(包括地质、地貌、地下水露头及其他有关现象的观测资料)所填绘的草图,结合某些室内外试(实)验、分析和动态观测资料,通过整理研究后综合编制出来的。

2. 水文地质调查报告

区域性水文地质调查报告的主要内容包括:序言、区域自然地理及经济概况、生产矿井及周边矿井、老空水情况、区域地质条件、区域水文地质条件、区内地下水的开发利用与结论等。

3.2 矿井水文地质勘探

矿井水文地质勘探,即在矿井建设和生产阶段所进行的水文地质勘探,是煤炭资源勘探阶段水文地质工作(即煤田水文地质勘探)的继续与深入,多带有补充勘探的性质。煤田水文地质勘探的基本任务是:为煤炭工业的规划布局、煤矿建设以及煤矿安全生产提供水文地质依据,并为水文地质研究积累资料。煤田水文地质勘探一般应分阶段进行,而矿井水文地质勘探可为矿井建设、采掘、开拓延深、改扩建提供所需的水文地质资料,并为矿井防治水工作提供水文地质依据。矿井水文地质勘探是在煤田水文地质勘探的基础上进行的,在矿井建设和生产过程中,它既可以验证和深化煤田水文地质勘探对井田(矿井)水文地质条件的认识,又可以根据矿井建设生产过程中遇到的水文地质问题,进行有针对性的矿井水文地质勘探,为矿井防治水工作提供依据。可见,矿井水文地质勘探是煤田水文地质勘探不能取代的。对于水文地质条件复杂和极复杂的“大水”矿井,尤其是这样。

3.2.1 矿井水文地质勘探的范围

矿井有下列情形之一的,应当在井下进行水文地质勘探:

(1) 采用地面水文地质勘探难以查清相关问题,需要在井下进行放水试验或者连通(示踪)试验的。

(2) 煤层顶底板有砂岩含水层或者岩溶含水层,需要进行疏水开采试验的。

(3) 受地表水体和地形限制或者受开采塌陷影响,地面没有施工条件的。

(4) 孔深或者地下水位埋深过大,在地面无法进行水文地质试验的。

3.2.2　矿井水文地质勘探应当符合的要求

矿井水文地质勘探应当符合的要求包括以下 6 个方面。

(1) 钻孔的各项技术要求、安全措施等钻孔施工设计,经矿井总工程师批准后方可实施。

(2) 施工并加固钻机硐室,以保证正常的工作条件。

(3) 钻机应安装牢固。首先下好孔口套管,并进行耐压试验。在正式施工前,须安装孔口安全闸阀,以保证放水可控。安全闸阀的抗压能力应大于最大水压。在揭露含水层前,应安装好孔口防喷装置。

(4) 按照设计进行施工,并严格执行施工安全措施。

(5) 在进行连通试验时,不得选用污染水源的示踪剂。

(6) 对于停用或者报废的钻孔,应及时封堵,并提交封孔报告。

3.2.3　矿井水文地质勘探工程的布置原则

矿井水文地质勘探工程的布置原则有:

(1) 矿井水文地质勘探工作应结合矿区的水文地质条件,针对矿井主要水文地质问题及水害类型,做到有的放矢。从区域着眼,立足矿区,把矿区水文地质条件和区域水文地质条件有机地结合起来进行统一、系统的勘探研究,以确保区域条件可控制、矿区情况可查明。牢记地下水具有系统性和动态性的特点,坚持动态勘探、动态监测和动态分析的矿井水文地质勘探理念。

(2) 在矿井水文地质勘探方法的选择上,应坚持重点突出、综合配套的原则。在勘探工程的布置上,应立足于井上下相结合。对采区和工作面,应以井下勘探为主,配合适量的地面勘探;对区域地下水系统,应以地面勘探为主,配合适量的井下勘探。

(3) 无论是地面勘探还是井下勘探,都应把勘探工程的短期试验研究和长期动态监测研究有机地结合起来,以达到勘探工程的整体空间控制和长期时间序列控制。应重视矿井水文地质测绘和井上下简易水文地质观测与编录等基础工作,应把矿井地质工作与矿井水文地质工作有效地结合起来。

(4) 地球物理勘探应着重于对地下水系统和构造的宏观控制;钻探应对重点区域进行定量分析并为专门水文地质试验和防治水工程设计提供条件和基础信息;专门水文地质试验(包括抽放水试验、化学检测与示踪试验、岩石力学性质试验、突水因素监测试验及其相关的计算分析)是定量研究和分析矿井水文地质条件的重要方法。

(5) 矿井水文地质勘探工程的布置,应尽量构成可对勘探区地质与水文地质形成有效控制的剖面,既要控制地下水天然流场的补给、径流、排泄条件,又要控制开采后地下水系统与流场可能发生的变化,特别是导水通道的形成与演化。

(6) 在进行抽放水试验时,主要放水孔宜布置在主要充水含水层的富水段或强径流带。必须布置足够的观测孔(点),观测孔布置必须在系统整理勘探资料的基础上,根据试验目的、矿井水文地质分区情况、矿井涌水量计算方案等要求确定。应尽可能利用地质勘探钻孔或人工露头作为观测孔(点)。

3.2.4 常用勘探方法

3.2.4.1 地球物理勘探

地球物理勘探(简称物探)技术经过多年的发展,在地质、水文地质探查中的作用越来越明显,地位越来越重要。加上其方便、快捷的优势,物探技术近些年在煤矿防治水领域得到了极大推广和应用,常用的效果比较好的方法有:① 地震勘探,包括二维地震勘探和三维地震勘探;② 瞬变电磁(TEM)探测技术;③ 高密度高分辨率电阻率法探测技术;④ 直流电法探测技术;⑤ 音频电穿透探测技术;⑥ 瑞利波探测技术;⑦ 钻孔雷达探测技术;⑧ 坑透技术;⑨ 地震槽波探测技术。

物探工程布置、参数确定、检查点数量和重复测量误差、资料处理等,应当符合国家标准、行业标准的规定。

进行物探作业前,应当根据勘探区的水文地质条件、被探测地质体的地球物理特征和不同的工作目的等因素确定勘探方案。进行物探作业时,可以采用多种物探方法进行综合探测。

物探工作结束后,应当提交相应的综合成果图件。物探成果应当与其他勘探成果相结合,经相互验证后,可以作为矿井采掘设计的依据。

3.2.4.2 水文地质钻探

水文地质钻孔的类型包括地质及水文地质结合孔、抽水试验孔、水文地质观测孔、探采结合孔、探放水孔等。每个钻孔都应当按照勘探设计要求进行单孔设计,包括钻孔结构、孔斜、岩心采取率、封孔止水要求、终孔直径、终孔层位、简易水文观测、抽水试验、地球物理测井、采样测试、封孔质量、孔口装置和测量标志要求等。

钻孔施工的主要技术指标,应当符合下列要求:

(1) 以煤层底板水害为主的矿井,其水文地质补充勘探钻孔的终孔深度,以揭露下伏主要含水层段为原则。

(2) 所有勘探钻孔均进行水文测井工作。对有条件的,可以进行流量测井、超声成像、钻孔电视探测等项目,配合钻探取芯划分含(隔)水层,从而为取得有关参数提供依据。

(3) 主要含水层或试验段(观测段)采用清水钻进。当遇特殊情况须改用泥浆钻进时,经钻孔施工单位的地质部门同意后,可以采用低固相优质泥浆,并采取有效的洗孔措施。

(4) 钻孔孔径视钻探目的确定。抽水试验孔试验段的孔径,以满足设计的抽水量和便于安装抽水设备为原则;水位观测孔观测段的孔径,应当满足止水和水位观测的要求。

(5) 抽水试验钻孔的孔斜,应满足选用抽水设备和水位观测仪器的工艺要求。

(6) 对钻孔取芯,并进行岩心描述。岩心采取率:岩石大于70%,破碎带大于50%,黏土大于70%,砂和砾层大于30%。当采用水文物探测井,能够正确划分地层和含(隔)水层位置及厚度时,可以适当减少取芯。

(7) 在钻孔分层(段)隔离止水时,通过提水、注水和水文测井等不同方法检查止水效果,并作正式记录;不合格的须重新止水。

(8) 除长期动态观测钻孔外,其余钻孔都应使用高标号水泥浆封孔,并取样检查封孔质量。

(9) 观测孔竣工后,须进行抽水洗孔,以确保观测层(段)不被淤塞。

水文地质钻孔应当做好简易水文地质观测，其技术要求参照有关规程、规范进行。对没有简易水文地质观测资料的钻孔，应当降低其质量等级或者不予验收。

对于水文地质观测孔，应当安装孔口装置和长期观测测量标志，并采取有效措施予以保护，以保证坚固耐用、观测方便；遇有损坏或堵塞时，应当及时进行处理。

3.2.4.3　水文地质试验

水文地质试验是对地下水进行定量研究的重要手段，方法有钻孔抽水试验、钻孔压水试验、巷道疏干放水试验、疏水降压开采试验和连通试验等。

1. 钻孔抽水试验

钻孔抽水试验可以获得含水层的水文地质参数，评价含水层的富水性，确定影响半径和了解地表水与地下水以及不同含水层之间的水力联系。这些资料是查明水文地质条件、评价地下水资源、预测矿井涌水量和确定疏干排水方案的重要依据。

按照钻孔抽水试验的井孔数量，可分为单孔抽水、多孔抽水和群孔抽水三种试验；按所依据的井流理论，可分为稳定流抽水试验和非稳定流抽水试验；按试验的目的，可分为试验、正式、试开采三种抽水试验；根据试验阶段所包含的含水层数目，可分为分层抽水试验、分段抽水试验和混合抽水试验三种。

钻孔抽水试验的质量，应当达到国家标准、行业标准的规定；抽水试验钻孔的孔斜，应满足所选用的抽水设备和水位观测仪器的工艺要求；钻孔抽水试验的水位，应根据设备能力达到最大降深，降深次数不少于 3 次，降距合理分布。当受开采影响导致钻孔水位较深时，可以仅做 1 次最大降深抽水试验。在降深观测的过程中，应当考虑非稳定流计算的要求，并适当延长观测时间。

对水文地质条件复杂或者极复杂型的矿井，如果采用小口径钻孔抽水试验不能查明水文地质、工程地质（如地面岩溶塌陷）条件，则可以进行井下放水试验；如果井下条件不具备，则应当进行大口径、大流量群孔抽水试验。采取群孔抽水试验时，应当单独编制设计，经煤矿企业总工程师组织审查同意后方可实施。

大口径群孔抽水试验的延续时间，应当根据水位流量过程曲线的稳定趋势而确定，一般不少于 10 日；当受开采疏水干扰，导致水位无法稳定时，应当根据具体情况研究确定。

为查明受采掘破坏影响的含水层与其他含水层或者地表水体之间有无水力联系，可以结合钻孔抽（放）水进行连通（示踪）试验。

抽水前，应当对试验孔、观测孔以及井上、井下有关的水文地质点，进行水位（压）、流量观测。必要时，可以另外施工专门钻孔以测定大口径群孔的中心水位。

2. 钻孔压水试验

矿山生产中压水试验的主要目的在于，测定矿层顶底板岩层和构造破碎带的透水性及其变化规律，为矿山注浆堵水、帷幕截流以及划分含水层与隔水层提供依据。

按止水塞堵塞钻孔的情况分为分段压水和结合压水两类。

(1) 分段压水：自上而下分段压水，随着钻孔的钻进分段进行；钻探结束后，自下而上分段止水后进行。

(2) 结合压水：在钻孔中进行统一压水，试验结果为全孔的综合值。

对于松散地层，或者因含水层水位很深而难以进行抽水试验的，可以进行钻孔压水试验。

压水试验应当编制试验设计。试验设计包括试验层段的起、止深度，孔径，套管下入层位、深度及止水方法，采用的压水设备、压水试验方法以及压水试验质量要求等内容。

压水试验施工的主要技术指标，应当符合下列要求：

(1) 根据岩层的岩性和孔隙、裂隙的发育深度，确定试验孔段，并严格做好止水工作。

(2) 压水试验前，应彻底洗孔，以保证疏通含水层；还要测定钻孔水温和压入水的温度。

(3) 压水试验正式压水前及正式压水结束后，应进行静止水位和恢复水位的观测。

3. 巷道疏干放水试验

(1) 水文地质勘探：已进行水文地质勘探的矿床，若在基建过程中发现新的问题，则需要进行补充勘探。此时，水泵房已建成，可以把勘探工程布置在巷道内，以巷道放水试验代替地面水文地质勘探，从而估算矿井涌水量。

(2) 生产疏干：以矿床地下水疏干为主要防治水方法，当矿床水文地质条件比较复杂时，在疏干工程正式施工前，选择先期开采地段或具有代表性的地段进行放水试验，了解疏干时间、疏干效果，核实矿井涌水量。

4. 疏水降压开采试验

对于受水害威胁的矿井，当采用常规的水文地质勘探方法难以进行开采评价时，可以根据井下实际条件采用穿层石门或者专门凿井的方式进行疏水降压开采试验。

进行疏水降压开采试验前，应当满足下列规定：

(1) 有专门的施工设计，且该设计须由煤矿企业总工程师组织审查并批准。

(2) 预计了最大涌水量。

(3) 建立了能保证排出最大涌水量的排水系统。

(4) 选择适当位置建筑了防水闸门。

(5) 做好钻孔超前探水和防水的降压工作以及井上下水位、水压、涌水量的观测工作。

矿方可以根据本单位的实际，采用直流电法(如电阻率法)、音频电穿透法、瞬变电磁法、电磁频率测深法、无线电波透视法、地质雷达法、浅层地震勘探、瑞利波勘探、槽波地震勘探等物探方法，并结合钻探方法对试验成果资料进行验证。

5. 连通试验

(1) 连通试验的目的

① 查明断层的隔水性。

② 查明断层的导水性，证实断层两盘的含水层有无水力联系，证实断层同一盘的不同含水层之间有无水力联系。

③ 查明地表可疑的泉、井、地表水体、地面潜蚀带等与地下含水层或矿井出水点有无水力联系。

④ 查明河床中的明流转暗流的路径及其与矿井出水点有无水力联系。

⑤ 研究岩溶地下水系的下述问题：a. 补给范围、补给速度、补给量与相邻地下水系的关系；b. 径流特征，实测岩溶地下水的流速、流向、流量；c. 与地下水源的转化、补给等关系；d. 配合抽水试验等，确定水文地质参数，为合理布置供水井提供设计依据；e. 查明渗漏途径、渗漏量及洞穴规模、延伸方向，为截流成库、排洪引水等工程提供依据。

⑥ 查明煤层露头风氧化带附近水体、煤层顶底板不同层位的含水层同井下突水点有无水力联系，或不同含水层之间有无水力联系。

⑦ 检查注浆堵水效果。

⑧ 监测水体下采煤后的导水裂缝带高度是否会导通水体。

(2) 试验段(点)选择的原则

① 断层两侧含水层对接相距最近的部位。

② 根据水文地质调查或勘探资料分析,认为有连通性的地段(点)。

③ 针对专门的需要进行水力连通试验的地段(点)。

④ 能达到施工目的,施工与观测又很方便的地段(点)。

3.2.4.4　矿区水文地质勘探资料的整理

在矿区水文地质勘探工作结束后,应对勘探中获得的水文地质资料进行整理、分析和总结,并提交勘探成果。勘探成果的形式有两类,即水文地质图件和相应的文字说明,两者统称为水文地质报告。通常情况下,水文地质报告作为地质报告的一个重要组成部分,可不单独编写。只有在矿区水文地质条件复杂,且又投入了较多的专门水文地质工作或因特殊情况(如矿井整合等)而需要重新分析原始资料时,才会单独编制矿区水文地质报告。

3.2.5　矿井水文地质补充勘探

在进行矿井水文地质补充勘探时,应当对包括勘探矿区在内的区域地下水系统进行整体分析研究;在矿井边界以外区域,应当以水文地质测绘调查方法为主;在矿井边界以内区域,应当以水文地质物探、钻探和抽(放)水试验等方法为主。

在进行矿井水文地质补充勘探时,还应当根据矿井水文地质类型和具体条件,综合运用水文地质补充调查、地球物理勘探、水文地质钻探、抽(放)水试验、水化学和同位素分析、地下水动态观测、采样测试等各种勘查技术手段,积极采用新技术、新方法加以相互验证。

在进行矿井水文地质补充勘探前,应当编制补充勘探设计,经煤矿企业总工程师组织审查后,方可实施。补充勘探设计应当依据充分、目的明确、工程布置针对性强,并充分利用矿井现有条件,做到井上、井下相结合。

1. 矿井水文地质补充勘探的任务

矿井水文地质补充勘探,是在矿井水文地质勘探的基础上,进一步查明矿区(井)水文地质条件的重要手段,其任务是通过水文地质钻探和水文地质试验(主要是抽水试验、压水试验和连通试验)解决以下 5 个方面的问题。

(1) 研究地质和水文地质剖面,确定含水层的层位、厚度、岩性、产状、空隙性(孔隙性、裂隙性、岩溶性),并测定各含水层的水位(初见水位和静止水位)。

(2) 确定含水层在垂直和水平两个方向上的透水性和含水性的变化特征。

(3) 确定断层的导水性和各含水层之间、各含水层和地表水之间以及其与井下出水点的水力联系。

(4) 求出钻孔涌水量和含水层的渗透系数等水文地质参数。

(5) 对不同深度的含水层取水样,观察和分析地下水的物理性质和化学成分,对某些岩层采取岩样,以测定岩层的物理力学性质。

2. 矿井水文地质补充勘探中钻孔的布置原则

为能“多、快、好、省”地完成上述任务,除了根据具体的地质和水文地质条件,正确地选择钻进方法、钻孔结构,组织观测、取样、编录等工作以外,首要的问题就是正确地布置勘探钻孔。

矿井水文地质补充勘探中钻孔的布置，应在水文地质补充调查的基础上，结合建设、生产和设计部门提出的任务和要求来综合考虑。在具体布置钻孔时，一般应遵循下列原则。

(1) 布置在含水层的赋存条件、分布规律、岩性、厚度、富水性以及其他水文地质条件和参数等不清楚或不够清楚的地段。

(2) 布置在断层的位置、性质、破碎情况、充填情况及导水性不清楚或不够清楚的地段。

(3) 布置在隔水层的赋存条件、厚度变化特征、隔水性能没有掌握或掌握不够的地段。

(4) 布置在煤层顶底板岩层的裂隙或岩溶分布情况不清楚或不够清楚的地段。

(5) 布置在先期开采地段。

(6) 根据建设和生产上某项工程的需要布置，如井下放水钻孔、注浆堵水钻孔、导水裂缝带观测孔、动态观测孔、检查孔等。

(7) 尽可能做到一孔多用，井上、井下相结合。

3. 水文地质补充勘探钻孔的布置要求

水文地质补充勘探钻孔的数目，要根据具体情况而定。为达到不同的目的，钻孔的布置有不同的要求。

(1) 假如为了确定主要含水层的性质，就往往要布置多个钻孔，这时要将这些钻孔布置在水文地质条件不同的地段，以便有效地控制含水层。例如，对于单斜岩层，应沿倾向布置钻孔，因为在这个方向上含水层埋藏由浅而深，透水性、富水性随深度变化最显著，地下水的化学成分、化学类型以及水位的变化也以此方向为最大。这样布置钻孔，对确定主要含水层的性质，易取得较好的资料。同样，对于向斜构造，钻孔应垂直向斜轴、在其轴部及两翼布置，如图 3-1 所示。

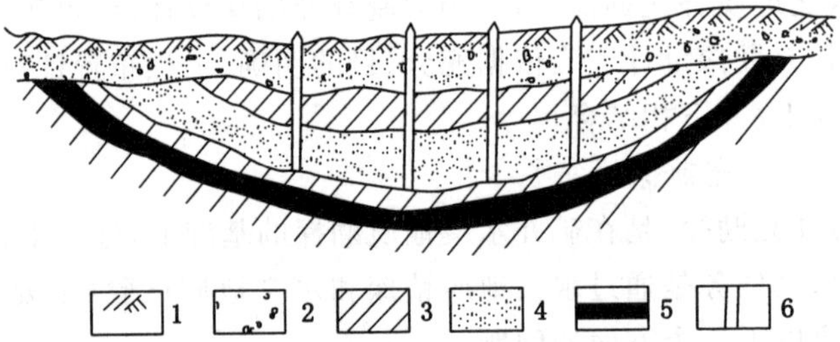

1—地表；2—砂砾层；3—隔水层；4—砂岩含水层；5—煤层；6—钻孔。

图 3-1　主要含水层为向斜构造时钻孔布置剖面图

(2) 为确定断层的导水性而布置的钻孔，应当通过断层面，最好能通过上、下盘的同一含水层(图 3-2)或不同含水层，这样在一个钻孔中既能了解断层带的资料，又可以了解更多的含水层资料，并且还便于确定含水层之间有无水力联系。当断层两侧的含水层有水力联系时，断层上下盘含水层的水位、水温、水质都应当相似。

为了可靠地判定断层两盘含水层的水力联系(这实际上就是断层是否导水的问题)，可以在断层一侧的含水层中布置观测孔，而在另一侧的含水层中抽水。如果在抽水过程中，观测孔的水位下降，就证明二者之间有联系，并证明断层是导水的。显然，如果断层两盘含水层的水位、水温、水质都有显著的差别，则说明断层是不导水的，至少导水性很差。

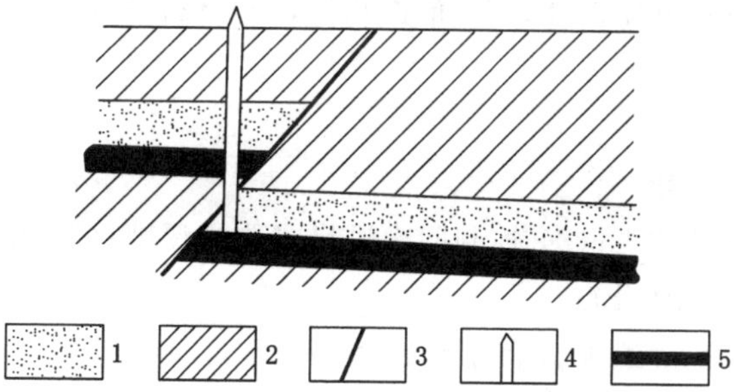

1—含水层；2—隔水层；3—断层面；4—钻孔；5—煤层。

图 3-2　断层带钻孔布置示意图

(3) 假如使各个含水层发生水力联系的不是断层，而是含水层的底板变薄、尖灭或者透水性变好，那么，为查明含水层间的水力联系而布置的钻孔与上述相同，钻孔要通过可能有联系的那些含水层，并观测其水位、水温、水质的变化。必要时，也可以在一层中抽水，在另一层中布置观测孔进行观测。

(4) 为查明地表水与地下水之间的水力联系，就要在距地表水远近不同的地段，均布置钻孔，然后逐一抽水，抽水时的降深要尽可能大。地表水一般都是低矿化度的重碳酸型水，其水温与地下水的不相同，因而可借助抽水过程中水温、水质和水量的变化情况，判定是否有地表水的流入。但要可靠地确定地表水与地下水的水力联系，则应进行长期观测。

(5) 为确定地下水与井下出水点的水力联系，最好将钻孔布置在井下出水点附近的含水层中，然后做连通试验，从钻孔中投入试剂(如食盐、荧光试剂、氯化铉、放射性同位素等)，在井下出水点处取样测定是否有试剂反应，根据有无试剂反应来确定其水力联系情况。

(6) 用于查明岩层岩溶化程度的钻孔，要布置在能够控制其变化规律的地段。例如，有些地区离河流愈近，岩溶愈发育，此时，应垂直河流方向布置钻孔，并且距河流愈近，钻孔应布置得愈密。

当进行矿井水文地质勘探时，每个钻孔都应当按照勘探设计要求进行单孔设计，内容包括钻孔结构、孔斜、岩心采取率、封孔止水要求、终孔直径、终孔层位、简易水文观测、抽水试验、地球物理测井及采样测试、封孔质量、孔口装置和测量标志要求等。

4. 水文地质补充勘探资料的整理

矿区(井)水文地质补充勘探工作结束之后，必须将所搜集到的资料进行整理、分析和研究。在此基础上，修改原水文地质报告或原地质报告中的水文部分，同时修改或补充矿井水文地质图及其他图件。如果在水文地质补充勘探工作之后，发现资料与原水文地质报告或原地质报告中的水文部分出入很大，在这种情况下，就必须重新编制矿区(井)水文地质报(包括相应的水文地质图件)。报告的内容和要求与勘探阶段的相同，应尽可能地结合矿区(井)建设和生产的特点，满足建设和生产的要求。

3.2.6 水文地质勘探的主要工作程序

3.2.6.1 水文地质钻探的主要工作程序

1. 施工前的地质工作

技术要求：熟悉钻孔设计，明确要求。

主要步骤:(1) 编制单孔设计;(2) 布置孔位;(3) 检查钻机安装情况;(4) 下达开钻通知书。

2. 钻孔施工

技术要求:同设计要求。

主要步骤:(1) 选择钻头;(2) 控制回次进尺或取样深度;(3) 控制孔斜、孔深;(4) 进行简易水文地质观测;(5) 取岩心。

3. 水文地质钻探地质编录前的检查工作

技术要求:参照水文地质钻探要求或合同要求。

主要步骤:(1) 检查岩心编号与摆放是否满足从上到下、从左到右的要求;(2) 检查岩心票的数据与班报表上的是否一致;(3) 检查简易水文地质观测记录,注重对特殊水文地质现象的记录;(4) 检查校正孔深数据。

4. 水文地质钻探地质编录

技术要求:严格执行钻孔设计要求。

主要步骤:(1) 记录开孔编号、位置、开(终)孔日期;(2) 统计回次及班组进尺;(3) 观察岩心,正确定义及划分地层,准确测量岩心长度,计算岩心采取率,并计算含水层及隔水层的岩心采取率;(4) 确定含水层的位置及厚度,检查、记录简易水文地质观测内容及特殊水文地质现象;(5) 记录校正孔深数据;(6) 按设计要求进行采集、编号、装箱,写明钻孔号,送到规定地点保存。

5. 终孔水文地质工作

技术要求:满足设计及合同要求即可终孔。

主要步骤:(1) 下达终孔通知书;(2) 下达测井通知书;(3) 未达设计目的,应下达钻孔变更通知书;(4) 校正终孔孔深;(5) 全面检查钻孔质量。

6. 下管填砾(止水)成井

技术要求:洗井完毕 1 h 后无沉淀出现。

主要步骤:(1) 通孔;(2) 排管、下管;(3) 填砾(止水);(4) 洗井。

7. 钻孔资料信息整理

技术要求:钻孔资料齐全完善,认真执行钻孔资料检查制度。

主要步骤:(1) 编制钻孔综合图表,除水质分析成果可后补外,其余资料应反映在综合图表上;(2) 编写钻孔施工技术报告;(3) 各项原始记录全部归档备查。

8. 钻孔工程质量验收

技术要求:满足和达到设计指标要求。

主要步骤:填写钻孔工程质量表,规定以下核验项目——岩心采取率,下管及成井,止水,换浆及洗井,抽水试验,取样,孔深及孔斜测定,封孔。

3.2.6.2 抽水试验的主要工作程序

1. 资料准备

技术要求:了解试验地段的水文地质基本情况。

主要步骤:(1) 了解试验层的埋藏情况、分布情况、补给条件、边界条件、地下水的流向;(2) 了解试验层与其他含水层或地表水体的水力联系。

2. 试验设计

技术要求：按要求进行抽水试验设计。

主要步骤：(1) 确定抽水孔和观测孔的位置、距离、结构、孔深、止水方式和过滤器的安置方式；(2) 确定各个孔连线方向的水文地质剖面。

3. 抽水试验前物品的检查工作

技术要求：按抽水试验要求进行检查。

主要步骤：(1) 检查抽水设备、动力装置、井中和场地上其他设备的质量和安装情况；(2) 对测水用具进行检查、调试和校核；(3) 检查各种用具、记录册等是否齐全、可用。

4. 构筑排水设施

技术要求：严格执行抽水试验设计。

主要步骤：(1) 安装、构筑排水设施；(2) 检查排水设施。

5. 试验抽水并洗孔

技术要求：全面检查试验抽水的各项准备工作。

主要步骤：(1) 通过试抽的观测资料预测抽水时的最大降深(S_{max})和相应的涌水量，以分配各次降深值；(2) 对于非稳定流抽水试验，可用试抽资料推测正式抽水时可能获得的曲线类型，以及确定正式抽水时的涌水量；(3) 洗孔。

6. 现场观测记录和取样

技术要求：准确记录数据。

主要步骤：(1) 测量抽水试验前后的孔深；(2) 观测天然水位、动水位及恢复水位；(3) 观测流量；(4) 取水样。

7. 资料整理

稳定流抽水试验资料整理：① 绘制 Q-t、S-t(Q 为流量，S 为水位降深，t 为时间，下同)曲线图；② 绘制 Q-S、q-S(q 为单位涌水量)曲线图。

非稳定流抽水试验资料整理：① 绘制 S-$\lg t$ 曲线图；②绘制 S-$\lg r$(r 为观测孔与抽水孔的距离)曲线图；③ 绘制 S'-$\lg(1+t_p/t_0)$(S'为水位剩余下降值，t_p为抽水开始至停止的时间，t_0为从抽水停止时起算的恢复水位时间)曲线图。

3.3　矿井水文地质观测

矿井水文地质观测，是矿井水文地质工作的主要项目，是长期提供水文地质资料的重要手段。通过矿井水文地质观测所获得的资料，有助于解决如下几方面的问题：① 地下水动态与大气降水的关系；② 各含水层之间的水力联系；③ 各含水层与矿井涌水的关系，分析矿井涌水水源；④ 分析断层的导水性；⑤ 研究含水层的富水性，以便对含水层疏干的可能性作出评价；⑥ 研究矿井涌水量与开采面积、开采深度、巷道掘进长度的关系，预计矿井涌水量；⑦ 为矿井水防治提供依据，以指导采掘工作的进行；⑧ 对矿井水文地质条件作综合性的评价。

矿井水文地质条件，不仅受自然因素的影响，同时受采掘活动的影响。在矿井建设和生产过程中，为了及时掌握地下水动态，保证工作安全，就必须了解水文地质条件的变化情况。因此，矿井水文地质观测是矿井水文地质工作必不可少的项目。

矿区(井)建设和生产过程中的水文地质观测工作，一般包括两部分内容，即地面水文地质观测和井下水文地质观测。

3.3.1 地面水文地质观测

地面水文地质观测包括气象观测、地表水观测、地下水观测，以及采掘后形成的垮落带高度和导水裂缝带高度(包括垮落带高度)的观测。

1. 气象观测

气象观测主要是对降水量的观测。一般情况下，可以搜集矿区附近气象站的观测资料。但有些矿区(井)与气象站相距较远，当气象站的资料不能说明矿区(井)的气象特征时，应设立矿区(井)气象站。矿区(井)气象站的观测内容除降水量外，还应包括蒸发量、气温、相对湿度等，观测时间和要求应与气象站的一致。

气象观测资料，应整理成气象要素变化图，以说明矿区(井)范围内气象要素的变化情况。此外，还应当把气象要素的变化情况同矿井建设和生产实践结合起来分析研究，如绘制降水量与矿井涌水量变化关系曲线图，以帮助分析矿井涌水条件。

2. 地表水观测

地表水主要是指河流、溪流、大水沟、湖泊、水库、大塌陷坑积水等。对分布于矿区(井)范围内的地表水，都应该进行定期观测。

对于通过矿区(井)的河流、溪流、大水沟，一般应在其出入矿区(井)或采区、含水层露头区、地表塌陷区及汇入支流的上下端设立观测站，以定期地测定其流量(如雨季最大流量)、水位(如雨季最高洪水位)，通过矿区(井)、地表塌陷区、含水层露头区及构造断裂带等地段的流失量，以及河流泛滥时洪水淹没区的范围和时间等。

对分布在矿区(井)范围内的湖泊、水库、大塌陷坑积水区，也必须设立观测站进行定期观测。观测的内容主要包括积水范围、积水深度、水量及水位标高等。

上述观测内容，在正常情况下，一般每月观测一次，但如果采掘工作面接近或通过地表水体下方，或者通过与地表水有可能发生水力联系的断裂构造带时，则观测次数应根据具体情况适当增加。

应将上述观测所获得的资料整理成曲线图，以便研究其流量(水量)、水位的变化规律，找出其变化原因，并预测地表水对矿井涌水量的影响。此外，还应将河水漏失地段、洪水淹没范围等标在相应的图纸上。

3. 地下水观测

地下水观测是研究地下水动态的重要手段。在矿区(井)建设和生产过程中，应该选择一些具有代表性的泉、井、钻孔、被淹矿井以及勘探巷道等作为观测点，进行地下水的动态观测。如果已有的观测点不能满足观测要求，则应根据矿区(井)的水文地质特征和建设及生产要求，增加新的观测点，与已有的观测点组成观测系统(如观测线或观测网)。

实例 1——通过水位观测预报井下透水事故。

河北开滦矿区唐山煤矿，其含煤地层被百余米厚的冲积层覆盖。在冲积层下部分布着较厚的卵石层，含水极为丰富(图 3-3)。为了开采冲积层下面的急倾斜煤层，避免冲积层中的地下水突然涌入矿井而造成事故，矿方在采煤工作面上方施工了观测孔，由专人观测地下水位的变化。一天，观测人员发现观测孔内的水位突然下降了 1 m，这是井下突水的明显预兆,矿方随即采取了紧急措施,将采煤工作面的人员立即撤出,次日果然出现大量地下水(携带泥沙)涌入井下。通过钻孔对潜水位进行频繁观测,可准确预报井下透水事故,对于保障井下职工的人身安全起了重要作用。

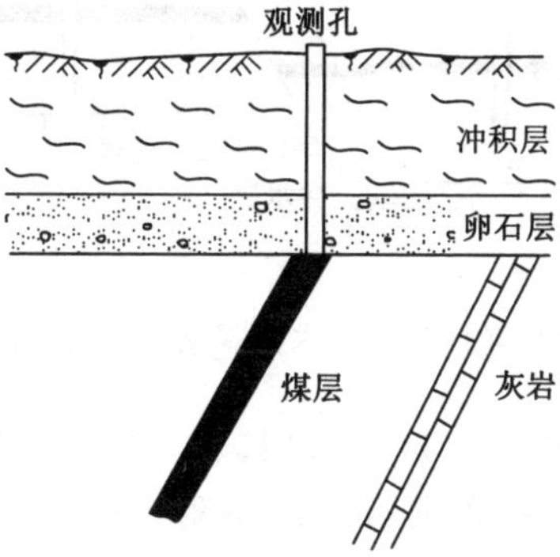

图 3-3 唐山煤矿水位观测孔的剖面位置示意图

实例 2——通过水位观测了解突水水源。

淄博矿业集团有限公司某煤矿,在开采"10 行头炭"这一煤层时,采煤工作面底板突然透水(图 3-4),涌水量达 300 m^3/h,部分巷道被淹没。突水后,发现打在本溪组徐家庄灰岩中的 CK_1 钻孔的水位明显下降,而打在奥陶系石灰岩中的 CK_2 观测孔的水位没有变化。这说明这次底板突水的水源主要是徐家庄灰岩水,而与奥灰水(即奥陶系灰岩水)并无直接关系。

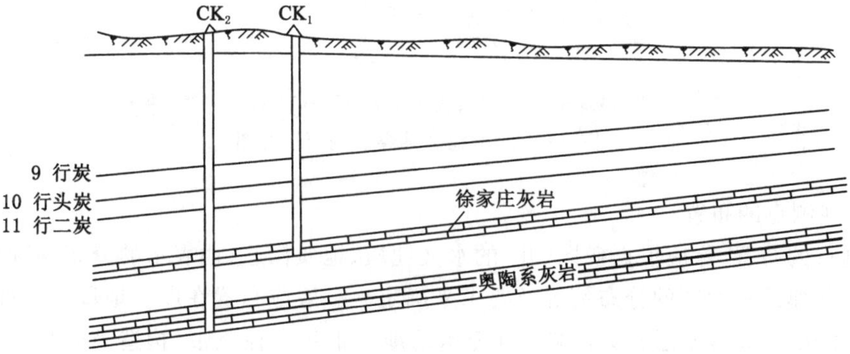

图 3-4 淄博矿业集团有限公司某煤矿水位观测孔的剖面位置示意图

实例 3——通过水位观测检查断层的导水性。

焦作矿区某煤矿在巷道掘进时揭露许多小断裂,在断裂带附近有涌水现象,有些小断层被巷道揭露后涌水量仍然较大,如果巷道继续掘进,前方将遇到一落差为 23 m 的较大断层。为使巷道能安全通过,必须查明该断层的导水性,于是在断层两盘分别布置了观测孔,观测断层两盘同一含水层的水位变化(图 3-5)。经过对两个钻孔中水位的观测,发现水位差别很大,这说明该断层两盘没有直接的水力联系,当前不会导水。于是,巷道继续掘进,当巷道穿过此断层时,果然无水。

实例 4——通过水位观测了解地下水和地表水的补给关系。

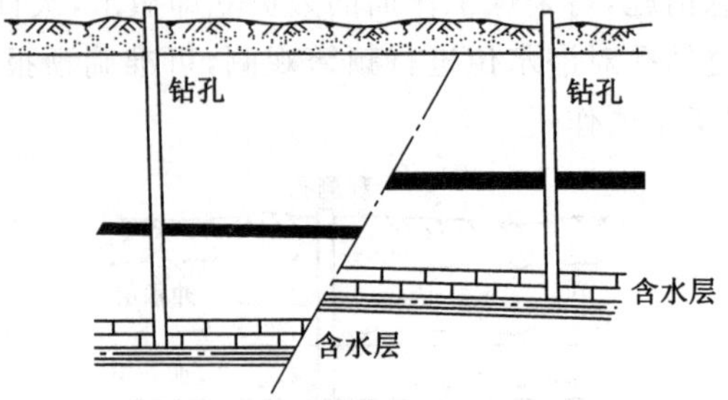

图 3-5　焦作矿区某煤矿水位观测孔的剖面位置示意图

如西南地区某煤矿，在掘进至底板（茅口灰岩）运输大巷时，发生了突水事故，最大涌水量达 8 000 m^3/h。最初有人推测突水水源是附近的河流水，为了证实这一推断，矿方在河流的岸边打了 CK_1、CK_2 两个钻孔（图 3-6）。通过对两个钻孔中水位的观测，发现 CK_1 钻孔中水位高于河流水位，CK_2 钻孔中水位又高于 CK_1 钻孔的。因为地下水是由水位高势位向低势位流动的，所以此处为地下水补给河流，井下突水与河水无关。后经详细调查，终于查明这次突水主要是因为巷道遇到了地下暗流，从而为今后制定防治水措施提供了依据。

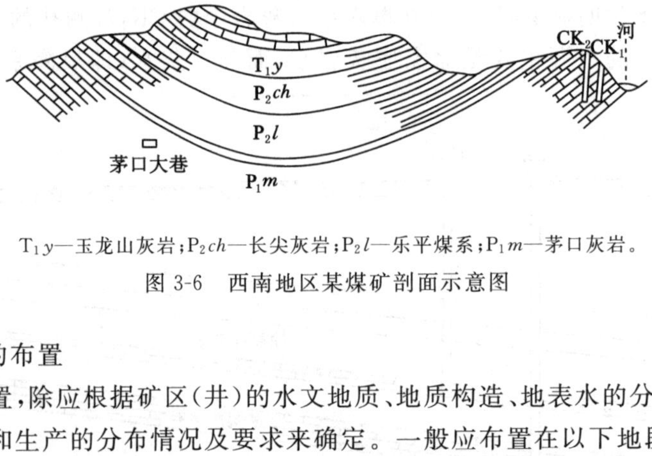

T_1y—玉龙山灰岩；P_2ch—长尖灰岩；P_2l—乐平煤系；P_1m—茅口灰岩。

图 3-6　西南地区某煤矿剖面示意图

（1）观测点的布置

观测点的布置，除应根据矿区（井）的水文地质、地质构造、地表水的分布等特征外，还应该根据矿井建设和生产的分布情况及要求来确定。一般应布置在以下地段：① 对矿井生产建设有影响的主要含水层；② 影响矿井充水的地下水集中径流带（构造破碎带）；③ 可能与地表水有水力联系的含水层；④ 矿井先期开采地段；⑤ 在开采过程中水文地质条件可能发生变化的地段；⑥ 人为因素对矿井充水有影响的地段；⑦ 井下主要突水点附近或具有突水威胁的地段；⑧ 疏干边界或隔水边界处。

例如，华东地区某矿东翼的先期试验采区（试采区），为了解井下开采所引起的水文地质条件的变化，以及泥灰岩、流沙层水对井下开采的影响程度，并为之后整个东翼的开采确定合理、安全的回采上限标高，在试采区的上方地表布置了 21 个观测孔，如图 3-7 所示。

此外，观测孔要尽可能做到一孔多用，井上与井下、矿区与矿区、矿井与矿井之间密切配合，先急后缓、短期使用与长期使用相结合。同时，观测孔的布置应尽量少占用或不占用农田，尽量不影响农业生产。

布孔建网，必须有详细的设计。在设计中对每一个观测孔，都应该提出明确的目的和要

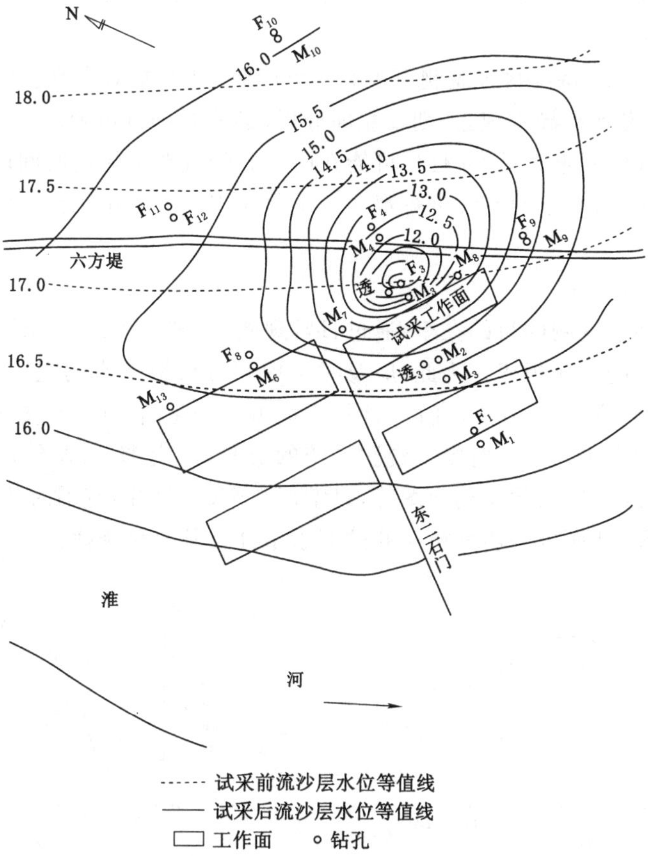

图 3-7　华东地区某矿试采区的地面观测孔布置示意图

求，如观测项目、观测层位、钻孔深度、钻孔结构、施工要求、止水方法、止水深度以及孔口装置等。在施工过程中，设计人员必须经常深入现场，与施工人员紧密配合，发现问题及时研究处理。

（2）观测要求

① 当根据矿区（井）水文地质特征和要求，对观测线或观测网上的每一个观测点进行观测时，观测项目视具体情况而定。例如，对泉水进行观测，一般只要求观测其流量、水温、水质；对于水井及钻孔等的观测，除在特殊情况下，要进行水文地质试验测定其流量外，一般只要求观测其水位、水温及水质。

② 在未掌握地下水的动态规律以前，一般每 5～10 d 观测一次。若在雨季或其他特殊情况下（如矿井发生突水等），则要根据具体情况，适当增加观测次数。当掌握规律后，观测的时间间隔可适当延长。

③ 对观测点要统一进行编号，并测定其坐标和标高，设置标高固定的观测标志。这个标志不能损坏和移动，须每年复测其标高一次，并标绘在综合水文地质图上。观测点的标高也应当每年复测 1 次，如有变动，则应当随时补测。对于孔深，一般要求每半年到一年检查 1 次，如果发现有淤塞现象，则应及时处理。

④ 在观测流量或水位时，应同时观测水温。在观测水温时，温度计沉入水中的时间，一般不应少于 10 min。

⑤ 为了减少误差，每次水位观测至少有 3 个读数，其误差不能超过 2 cm；水温误差不应超过 0.2 ℃，如果发现有异常现象，则要立即分析，必要时进行重测。

每次观测最好能固定人员，并且尽可能在同一时间或在最短的时间内观测完毕，也可按固定的时间和顺序，沿一定的路线进行观测。全程应用同一测量工具，且测量工具必须在观测前进行检查校正。

(3) 观测资料的整理

进行地下水动态观测的目的在于，通过日常观测，了解一个矿区(井)的水文地质条件随时间的推进而发生的变化规律。为此，应及时整理和分析地下水的观测资料。对每一个观测点的资料，应编制成水位历时变化曲线图、流量历时变化曲线图等(图 3-8 和图 3-9)，以便掌握该观测点的地下水动态。对整个观测系统的资料，应定期整理，绘制成综合图件，如等水位线图(等水压线图)、水化学剖面图等，以掌握整个矿区(井)范围内某一个时期的水文地质条件的变化情况，从而进一步分析矿井的涌水条件及其变化规律。

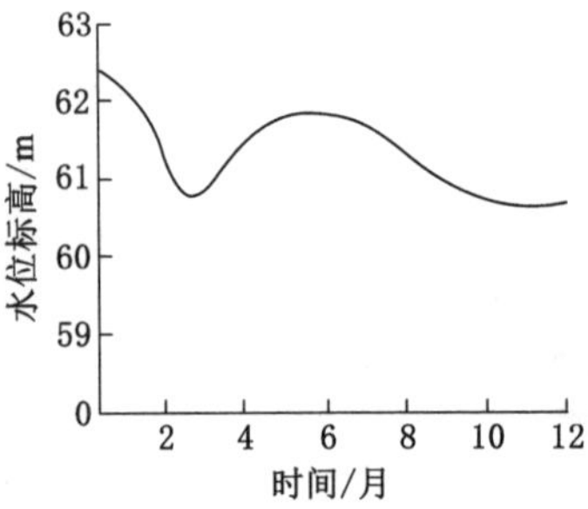

图 3-8　钻孔水位历时变化曲线图

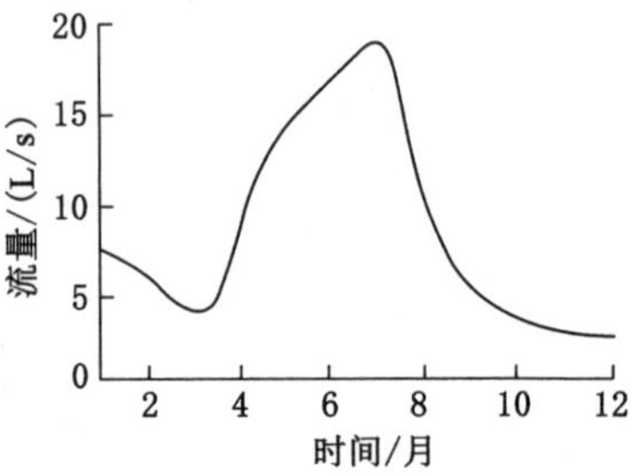

图 3-9　泉水流量历时变化曲线图

在图 3-7 所示的该矿东翼试采区，1972 年 8 月(回采前)，矿方根据各观测点在同一时间内测得的流沙层水位，作出了流沙层等水位线图(图 3-7 中的断线)。8 个月之后，试采区第一阶段回采完毕，地表下沉，地面出现了塌陷坑，采区涌水量由采前的 3 m^3/h 增加到 28.5 m^3/h，此时观测了流沙层各观测孔的水位，作出了等水位线图(图 3-7 中的实线)。

通过上述同一地段内同一含水层不同时期的等水位线图(图 3-7)的对比，发现流沙层水的流动方向在局部地段发生了变化，而该地段正是由于井下开采、地表出现塌陷的地段。由此可知，流沙层水通过塌陷区下部的导水裂缝向井下渗漏。因此，这种图件可帮助人们分析矿井涌水水源，同时可以进行流沙层水渗漏量的大致计算(采用辐射水流法计算)。

对钻孔水位和泉水流量作历时观测后，可了解水位和流量随时间的变化规律，可选择在曲线低值期进行探放水。

4. 垮落带、导水裂缝带发育高度的观测

垮落带、导水裂缝带发育高度主要指观测煤层采空后，其上覆岩层因失去支撑而发生变形、移动以至垮落、阡裂所形成的垮落带和导水裂缝带的高度。

煤层开采后，采空区顶板岩层失去支撑，发生变形、移动而后垮落，充填采空区。在垮落带上方岩层中发育大量导水裂隙，其发育高度对矿井涌水量的影响极大，如果导水裂缝带将各含水层贯通，则地下水将源源不断地流入矿井；当导水裂缝带发育至地表，沟通地表水体时，该导水裂缝带可将地表水引入矿井，使其成为矿井充水水源。因此，对垮落带、导水裂缝带的观测非常必要。通常，在地面钻孔钻进过程中观测岩心的破碎程度及冲洗液的消耗量来确定垮落带及导水裂缝带的发育高度。当钻进到导水裂缝带时，岩心破碎，冲洗液大量消耗；当钻进到垮落带时，岩心非常破碎，冲洗液完全消耗，水位消失。

观测孔的具体布设方法如下：

(1) 开采缓倾斜煤层时，在采区或 1 个采煤工作面的上部地表，沿煤层走向、倾向各布置 1 条观测线，每条观测线上都布置 3 个观测钻孔，以了解钻孔下方煤层采空后，不同时间岩层垮落带与导水裂缝带的高度。观测孔的施工时间，应安排在回采后 2～3 个月内。如果煤层顶板比较坚硬，采区或工作面上部的垮落带、裂缝带的高度，要比采区或工作面中部和下部的大，那么可省略沿倾斜方向的观测钻孔，只布置 1 条沿煤层走向的观测线。

(2) 开采急倾斜煤层的地区，观测孔一般布置在采区或采面中部一条沿倾向的剖面上，由 3～5 个钻孔组成，如图 3-10(b)所示。由于急倾斜煤层围岩破坏的影响因素较多，也可在观测线两侧各补 1 个钻孔[图 3-10(a)]，以便控制和了解顶板岩层的破坏形态，求出铅直方向的岩层导水裂缝带高度。在煤层内的 1、4、5 号钻孔，用以观测煤层向上可能出现的滑落高度，从而可预测煤层滑落是否破坏地表水体。

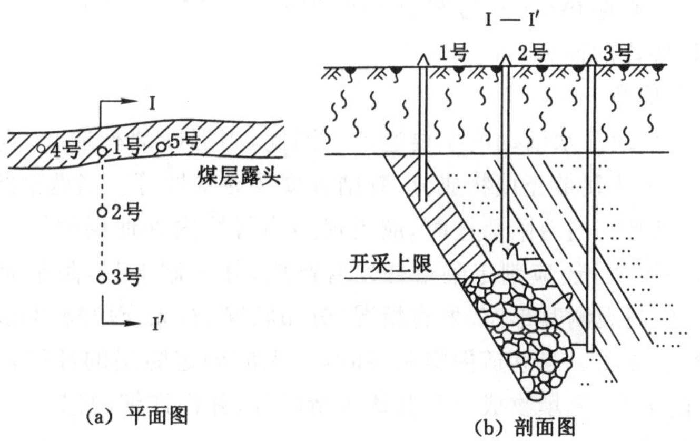

图 3-10　急倾斜煤层围岩破坏情况及观测孔的布置

目前部分矿区采用的方法是，在井下工作面周边向采空区上方的导水裂缝带内施工仰斜钻孔，分段注水观测采后“三带”(即垮落带、裂缝带、弯曲下沉带)发育高度。采用一种称为“双端封堵测漏装置”的观测系统，该观测系统由孔内双端封堵器、连接管路和孔外控制台 3 部分构成，孔外控制台主要包括流量表、压力表和相应的阀门，用以控制封孔压力和注水压力及测量注水量大小；孔外仪表与孔内双端封堵器之间通过耐压管路连接。

采用双端封堵器观测导水裂缝带高度，与传统的地面钻孔冲洗液消耗量观测法相比，前者工程量小、成本低、精度高，且操作简单易行。

3.3.2 井下水文地质观测

井下水文地质观测是随矿井巷道掘进及工作面回采同时进行的，其主要内容有以下几个方面。

1. 巷道充水性观测

(1) 含水层观测

当井巷穿过含水层时，应当详细描述其产状、厚度、岩性、构造、裂隙或者岩溶的发育与充填情况，揭露点的位置及标高、出水形式、涌水量和水温等，并采集水样进行水质分析。

(2) 岩层裂隙发育调查及观测

当巷道揭露含水层时，应进行裂隙发育情况调查，如测定其产状、长度、宽度、数量、形状、成因类型、张开或闭合情况、尖灭情况、充填程度及充填物等，还应观察地下水活动的痕迹，绘制裂隙玫瑰花图，并选择有代表性的地段测定岩石的裂隙率。对测定块段面积的选择：较密集裂隙，可取 1～2 m^2；稀疏裂隙，可取 0～4 m^2。裂隙率的测定方法是，一般在选定的块段内，用小钢尺逐条测量裂隙的长度、宽度，然后按式(3-1)计算裂隙率：

$$K_T = \frac{\sum ab}{F} \times 100\% \tag{3-1}$$

式中 K_T——裂隙率；

$\sum ab$—— 裂隙面积，m^2，$\sum ab = a_1b_1 + a_2b_2 + \cdots + a_nb_n$；

F——测量块段的面积，m^2。

(3) 断裂构造观测

断裂构造往往是地下水活动的主要通道。因此，当遇断裂构造时，应当测定其断距、产状、断层带宽度，观测断裂带充填物成分、胶结程度及导水性等。当遇褶曲时，应当观测其形态、产状及破碎情况等。当遇陷落柱时，应当观测陷落柱内外地层岩性与产状、裂隙与岩溶发育程度及涌水情况等，还应判定陷落柱发育高度，并编制卡片，附平面图、剖面图和素描图。当遇岩溶时，应当观测其形态、发育情况、分布状况、有无充填物和充填物成分及充水状况等，并绘制岩溶素描图。当巷道揭露断层时，首先应确定断层的性质，然后观测断层的产状、落差、断层带的宽度、充填物成分及其透水情况等，并作详细的记录。

(4) 出水点观测

随着矿井巷道掘进或采煤工作面的推进，如果发现出水现象，水文地质工作人员应及时进行现场观测。对于围岩及巷道的变形破坏情况等，应找出出水原因，分析水源。有必要时，应取水样进行化学分析。对上述内容必须作出详细的记录，并编制出水点记录卡片(表 3-4)，绘制出水点素描图或剖面图(图 3-11、图 3-12)及出水点水量变化曲线(图 3-13)。

表 3-4 出水点记录卡片

出水时间	出水地点	出水层位	出水口标高	水压	出水量	出水原因	对生产的影响	备注

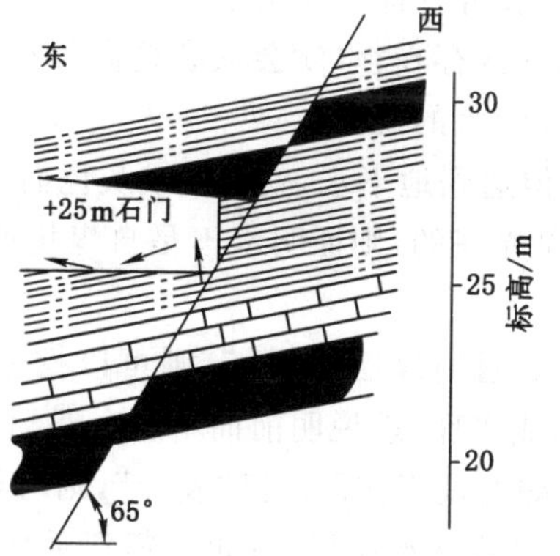

图 3-11　某煤矿＋25 m 石门出水点剖面图

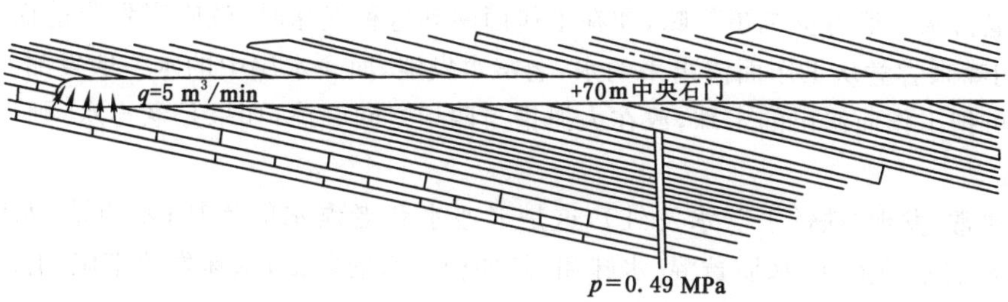

图 3-12　某煤矿＋70 m 中央石门灰岩突水点剖面图

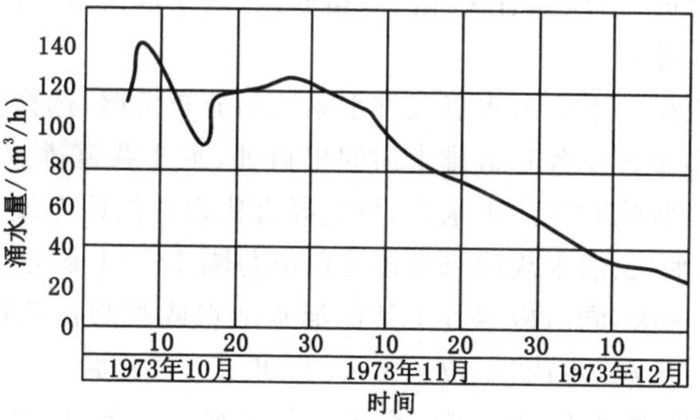

图 3-13　某矿＋25 m 石门出水点水量变化曲线

(5) 出水征兆观测

随着井下巷道的掘进、采煤工作面的推进，水文地质工作人员要经常深入现场，观测巷道工作面是否有潮湿、滴水、淋水现象以及工作面顶底板和支柱有无变形情况，如底鼓、顶板陷落、片帮、支柱折断、围岩膨胀、巷道断面缩小等。这些现象都是可能出水的征兆，在观测时，都应作出详细的记录。

此外，煤层或岩石在透水之前，一般还会有经验性征兆，详述如下。

① 煤层里面有"吱吱"的水叫声音。煤层本身一般是不含水的，但在工作面的周围，如果有水压较大的含水层或积水区存在，水就会从裂缝向外挤出，此时只要靠近煤帮，就可听到"吱吱"的声音，甚至有向外渗水的现象。

② 煤本身是有光泽的，但遇到地下水，就会变成灰色而无光。在这种情况下，可以挖去表面一层煤，如果里面的煤是光亮的，则证明水不是自煤里面透出来的，而是附近不远处有地下水。

③ 煤本身是不透水的，如遇到煤层"发汗"，则可以挖去表面一层薄煤，用手触摸新煤面，如果感到潮湿，并慢慢结成水珠，就说明前面不远会遇到地下水。

④ 煤几乎是不传热的，如发现工作面发潮"发汗"，则可将手掌贴在潮湿的煤面，一段时间后，如感到手变暖，就说明离地下水还很远；如果感到手变冷，像放在铁板上一样，就说明前面不远处有地下水。

⑤ 靠近地下水的工作面，一进去就有阴凉的感觉，且时间越长越阴凉。

⑥ 老窑水一般有臭鸡蛋气味，如在工作面闻到这种气味时，就应当肯定前面有老窑水。也可以用嘴来尝尝从工作面渗出来的水，老窑水发涩，而含水层中的水一般发甜。

⑦ 可把工作面渗出的水珠，放在大拇指与四指之间摩擦，如果是老窑水，则手指间有发滑的感觉。

⑧ 通常，发现"铁锈水"（水发红），这是老空水和老硐水的象征；水质清、水味甜、水温低，是石灰岩水的象征；水质黄混、水味甜，是冲积层水的象征；水味发涩带咸，有时水色呈灰白，是二叠纪煤系水的象征。

上述这些征兆，并不是每个工作面在透水之前都出现，有时可能被发现一个或两个，有时甚至都没有出现。如果发现这些征兆，就应该将其位置在有关的生产图件上标出，并圈出可疑的突水范围，与此同时，应和有关部门取得联系，以采取措施，进一步探查清楚。

2. 矿井涌水量观测

观测涌水量，应根据井下的出水点及排水系统的分布情况，选择有代表性的地点布置观测站。通常，观测站多布置在各巷道排水沟的出口处、主要巷道排水沟流入水仓处、井下出水点附近。此外，对一些临时性的出水点，可选择有代表性的地点设置临时观测站。

如果发生突然涌水，在涌水规律未掌握之前应每隔 1～2 h 测定一次，以后逐步地每班、每天、每周、每旬测定一次，同时应对井下其他涌水地点或观测钻孔进行同样的观测。观测涌水量时，应同时测定水温、水压（水位），必要时，可采水样化验。

当井下巷道通过地面河流、大水沟、蓄水池及含水层之下，或穿过切割地面河流、大水沟、蓄水池及含水层的构造断裂带，或接近老空积水区时，应每天或每班测定涌水量。

对井下的疏干钻孔及老窑放水钻孔，应每隔 3～5 d 测定一次涌水量和水位（水压），并根据观测结果，绘制出降压曲线及水位与涌水量关系曲线，以观测其疏干效果。通常，当竖井每延深 10 m（垂深）、斜井每延深 20 m（斜长）的，应测量一次涌水量。当掘进至含水层时，虽不到规定距离，但也应在含水层的顶底板各测一次。

观测矿井涌水量，常用的观测方法包括容积法、浮标法、堰测法、流速仪法和水泵有效功率法。

(1) 容积法

首先将一定容积的量水桶（圆的或者方形的）放在出水点附近，然后将出水点流出的水导入桶内，用秒表记下流满水桶所需要的时间，再按式(3-2)计算其涌水量：

$$Q = \frac{V}{t} \tag{3-2}$$

式中　Q——涌水量，m^3/h 或 m^3/min；

V——量水桶的容积，m^3 或 L；

t——流满水桶所需的时间，h、min 或 s。

在井筒开凿时，常常利用迎头的水窝测量涌水量。其方法是，先用水泵将井底水窝内的水位降低一部分，然后停泵，测量水头升高到一定位置所需的时间，再按式(3-3)计算其涌水量：

$$Q = \frac{FH}{t} \tag{3-3}$$

式中　F——水窝断面积，m^2；

t——测量水头升高到一定位置所需的时间，h、min 或 s；

H——水位上升高度，m。

测量巷道顶板滴水和淋水的水量时，也可用容积法测定。一般采用一块宽约 2 m、长与巷道的宽度大致相等的铁皮或塑料布，先将水聚集起来，然后导入量水桶中，再用式(3-2)计算其涌水量。

用容积法测定涌水量一般比较准确，但有局限性，即当涌水量过大时，这种方法不宜使用。

(2) 浮标法

这种方法具体是指，在规则的水沟上下游选定两个断面，并分别测定这两个断面的过水面积，取其平均值(记为 F)，再量出这两个断面之间的距离 L，然后用一个轻的浮标(如木片、树皮、厚纸片、乒乓球之类)，从水沟上游的断面投入水中，同时记下时间，等浮标到达下游断面时，再记下时间，从而得到两个时间的差值，即浮标从上游断面到下游断面，流经 L 长的距离所需的时间 t，然后按式(3-4)计算其涌水量：

$$Q = \frac{L}{t}F \tag{3-4}$$

这种方法简单易行，特别当涌水量大时更适用，但精度不太高，一般还需乘以一个经验系数。经验系数的确定，须考虑水沟断面的粗糙程度、巷道风流方向及大小等，一般取 0.85。

(3) 堰测法

这种方法的实质，就是使排水沟的水通过一固定形状的堰口，测量堰口上游(一般在距离为 $2h$ 的地点，h 为堰口水深)的水头高度从而算出流量。这种测定方法对水质无特殊要求，但测量精度较低。堰口的形状不同，计算公式也不一样，常用的有三角堰、梯形堰和矩形堰。

三角堰如图 3-14 所示，适合于 1～70 L/s 的流量。采用底角为 90°的等腰三角形缺口堰板，使其分角线恰好在垂线上。堰上水头不宜超过 0.3 m，最小不宜小于 0.05 m。其计算公式为：

$$Q = 0.014h^2\sqrt{h} \tag{3-5}$$

式中 Q——流量，L/s；

h——堰口上游 2 倍 h 处的水头高度，cm。

梯形堰如图 3-15 所示，适合于 10～300 L/s 的流量。采用坡度 1∶0.25 的梯形缺口堰板。堰口应严格保持水平，缺口底宽应大于 3 倍堰上水头，一般应在 0.25～1.5 m 范围内。其计算公式为：

$$Q = 0.186Bh\sqrt{h} \tag{3-6}$$

式中 B——堰口宽度，cm。

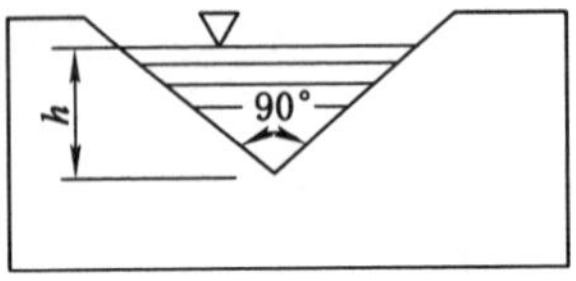

图 3-14 三角堰

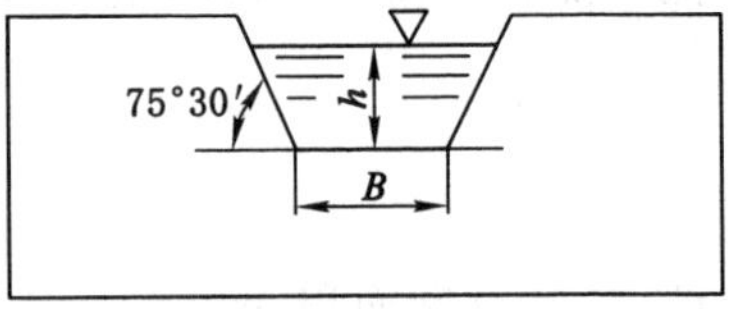

图 3-15 梯形堰

矩形堰如图 3-16 所示，适用于大于 50 L/s 的流量。矩形堰堰板顶应严格保持水平，顶宽一般为 2～5 倍最大堰上水头，最小不少于 0.25 m，最大不宜大于 2 m。

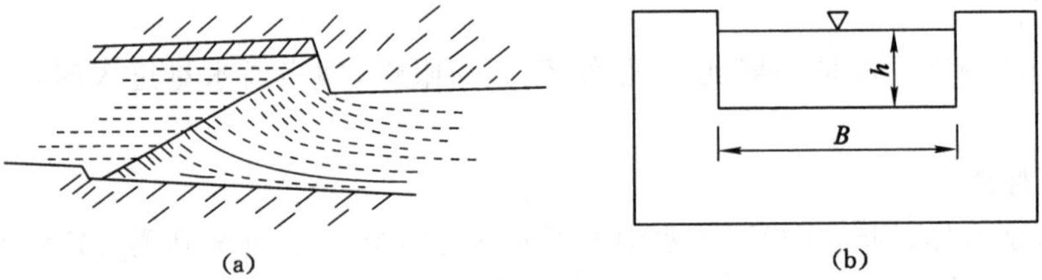

图 3-16 矩形堰

当有缩流时（即堰口宽度小于水沟宽度），流量计算公式为：

$$Q = 0.018\ 38(B - 0.2h)\sqrt{h} \tag{3-7}$$

当无缩流时（即堰口宽度等于水沟宽度），流量计算公式为：

$$Q = 0.018\ 38Bh\sqrt{h} \tag{3-8}$$

在使用堰测法时，必须注意堰口的上下游一定要形成水头差（跌水），如图 3-17 所示；否则，测量的结果是不准确的。

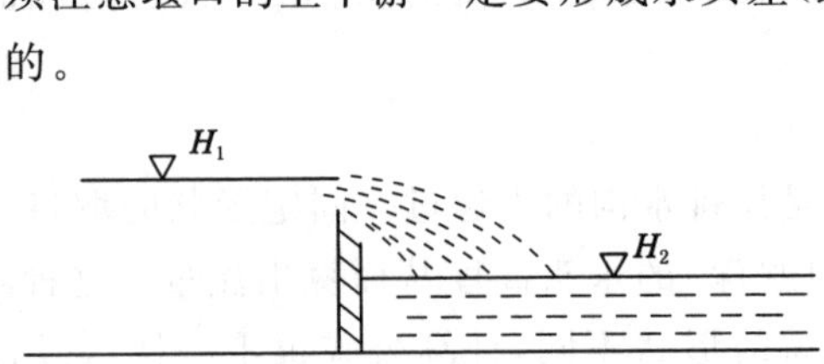

图 3-17 堰口跌水示意图

为了计算方便，可根据上述各堰形的公式编制水量换算表，在观测水量时，只要测出水头高度，即可从表中查出对应的流量（表 3-5 至表 3-8）。

表 3-5　三角堰流量表

水头高/cm	流量/(L/s)	水头高/cm	流量/(L/s)	水头高/cm	流量/(L/s)	水头高/cm	流量/(L/s)
0	0	8.0	2.53	13.2	23.5	23.0	35.5
1.0	0.014	8.5	2.9	14.3	24.0	23.5	37.5
1.5	0.039	9.0	3.4	16.5	15.5	24.0	39.5
2.0	0.078	9.5	3.90	17.0	16.7	24.5	41.6
2.5	0.138	10.0	4.42	17.5	17.9	25.0	43.8
3.0	0.22	11.0	5.00	18.0	19.2	25.5	46.0
3.5	0.32	11.5	5.60	18.5	20.6	26.0	48.3
4.0	0.45	12.0	6.30	19.0	22.0	26.5	50.7
4.5	0.60	12.5	6.98	19.5	23.5	27.0	53.0
5.0	0.78	13.0	7.70	20.0	25.0	27.5	55.5
5.5	0.99	13.5	8.50	20.5	26.6	28.0	58.5
6.0	1.23	14.0	9.40	21.0	28.3	28.5	60.7
6.5	1.51	14.5	10.30	21.5	30.0	29.0	63.4
7.0	1.82	15.0	11.2	22.0	31.8	29.5	66.2
7.5	2.20	15.5	12.2	22.5	33.6	30.0	69.0

表 3-6　梯形堰流量表

水头高/cm	流量/(L/s)								
	$B=20$	$B=30$	$B=40$	$B=50$	$B=60$	$B=70$	$B=80$	$B=90$	$B=100$
1	0.4	0.62	0.84	1.06	1.28	1.50	1.72	1.94	2.18
2	1.1	1.69	2.28	2.87	3.46	4.05	4.56	5.23	5.85
3	1.9	2.96	4.02	5.08	6.14	7.20	8.26	9.32	10.38
4	2.9	4.49	6.08	6.67	9.26	10.85	12.44	14.03	15.62
5	4.1	6.29	8.48	10.67	12.86	15.05	17.24	19.43	21.62
6	5.3	8.14	10.98	13.82	16.66	19.50	22.34	25.18	28.02
7	6.6	10.17	13.74	17.31	20.88	24.45	28.02	31.59	35.16
8	8.1	12.45	16.80	21.15	25.50	29.85	34.20	38.55	42.90
9	9.6	14.79	19.98	25.17	30.36	35.55	40.74	45.93	51.12
10	11.2	17.28	23.36	29.44	35.52	41.60	47.68	53.76	59.84
11	12.8	19.81	26.82	35.05	40.84	47.85	54.86	61.87	68.88
12	14.6	22.59	30.58	38.57	46.56	54.54	62.54	70.53	78.52
13	16.4	25.41	34.42	43.43	52.44	61.45	70.46	79.47	88.48
14	18.3	28.37	38.44	48.51	58.58	68.65	78.72	88.79	98.86
15	20.3	31.44	42.58	53.72	64.86	76.00	87.14	98.28	109.42

表 3-6(续)

水头高/cm	流量/(L/s)								
	$B=20$	$B=30$	$B=40$	$B=50$	$B=60$	$B=70$	$B=80$	$B=90$	$B=100$
16	22.3	34.58	46.86	59.14	71.42	83.70	95.98	108.26	120.54
17	24.5	37.91	51.32	64.13	78.14	91.56	104.96	118.37	131.78
18	26.6	41.21	55.82	70.43	85.04	99.65	114.26	128.87	143.74
19	28.8	44.65	60.50	76.35	92.20	108.05	123.90	139.75	155.60

注：B—堰底宽，cm。

表 3-7　矩形堰流量表

水头高/cm	流量/(m^3/min)							
	有缩流时				无缩流时			
	$B=75$	$B=100$	$B=150$	$B=200$	$B=100$	$B=200$	$B=300$	$B=400$
15.0	4.61	6.22	9.42	12.6	6.47	12.8	19.2	25.6
15.5	4.84	6.52	9.89	13.3	6.73	13.5	20.2	26.9
16.0	5.07	6.83	10.4	13.9	7.06	14.1	21.2	26.2
16.5	5.30	7.15	10.9	14.5	7.39	14.8	22.2	29.6
17.0	5.54	7.47	11.3	15.2	7.73	15.5	23.2	30.9
17.5	5.77	7.79	11.9	15.9	8.07	16.2	24.2	32.3
18.0	6.01	8.12	12.3	16.5	8.42	16.8	25.2	33.7
18.5	6.23	8.45	12.8	17.2	8.78	17.6	26.3	35.1
19.0	6.50	8.79	13.4	17.9	9.13	18.3	27.4	36.5
19.5	6.75	9.13	13.9	18.6	9.50	19.0	28.5	38.0
20.0	7.00	9.47	14.4	19.3	9.86	19.7	29.6	39.5
20.5	7.23	9.82	14.9	20.1	10.3	20.5	30.7	40.9
21.0	7.51	10.2	15.5	20.8	10.6	21.2	31.8	42.4
21.5	7.77	10.5	16.0	22.3	11.0	22.0	33.0	43.9
22.0	8.03	10.9	16.6	23.1	11.4	22.8	34.1	45.5
22.5	8.30	11.2	17.1	23.8	11.8	23.5	35.3	47.1
23.0	8.56	11.6	18.3	24.5	12.2	24.3	36.5	48.8
23.5	9.07	12.0	18.8	25.3	12.6	25.1	37.7	50.3
24.0	9.38	12.3	18.8	26.1	13.0	25.9	38.9	51.9
24.5	9.38	12.7	19.5	26.1	13.4	26.8	40.1	53.5
25.0	9.65	13.1	20.0	26.9	13.8	27.6	41.4	55.1
25.5		13.5	20.6	27.7	14.2	28.4	42.6	56.8
26.0		13.9	21.2	28.5	14.6	29.2	43.9	58.5
26.5		14.3	21.8	29.3	15.1	30.1	45.1	60.2

表 3-7(续)

水头高/cm	流量/(m^3/min)							
	有缩流时				无缩流时			
	B=75	B=100	B=150	B=200	B=100	B=200	B=300	B=400
27.0		14.6	22.4	30.1	15.5	30.9	46.4	61.9
27.5		15.0	23.0	30.9	15.9	31.8	47.7	63.6
28.0		15.4	23.6	31.8	16.3	32.7	49.0	65.4
28.5		15.8	24.2	32.6	16.8	33.6	50.3	67.1
29.0		16.6	24.8	33.5	17.2	34.5	51.7	68.9
29.5		17.0	25.5	34.3	17.7	35.3	53.0	70.7

注：B—堰底宽，cm。

表 3-8　流量计算公式中的 $h\sqrt{h}$ 值

小数点后第一和第二位数字	小数点后第三位数字									
	0	0.001	0.002	0.003	0.004	0.005	0.006	0.007	0.008	0.009
0	0	0.000 3	0.000 09	0.000 16	0.000 25	0.000 35	0.000 46	0.000 59	0.000 72	0.000 85
0.01	0.001 00	0.001 15	0.001 31	0.001 48	0.001 66	0.001 84	0.002 02	0.002 22	0.002 42	0.002 62
0.02	0.002 83	0.003 04	0.003 26	0.003 49	0.003 72	0.003 95	0.004 19	0.004 44	0.004 68	0.004 94
0.03	0.005 20	0.005 46	0.005 72	0.006 00	0.006 27	0.006 55	0.006 83	0.007 12	0.007 41	0.007 70
0.04	0.008 00	0.008 30	0.008 61	0.008 92	0.009 23	0.009 54	0.009 78	0.010 19	0.010 52	0.010 85
0.05	0.011 18	0.011 52	0.011 86	0.012 20	0.012 55	0.012 90	0.013 25	0.013 61	0.013 97	0.014 33
0.06	0.014 69	0.015 07	0.015 44	0.015 81	0.016 19	0.016 58	0.016 96	0.017 34	0.017 73	0.018 13
0.07	0.018 52	0.018 92	0.019 32	0.029 72	0.020 13	0.020 54	0.020 95	0.021 37	0.021 79	0.022 21
0.08	0.022 62	0.023 05	0.023 18	0.023 91	0.024 64	0.024 78	0.025 22	0.025 67	0.026 10	0.026 55
0.09	0.027 00	0.027 46	0.072 90	0.028 37	0.028 82	0.029 28	0.029 74	0.030 21	0.026 10	0.031 15
0.10	0.031 62	0.032 10	0.032 58	0.033 05	0.033 54	0.034 02	0.034 51	0.035 00	0.035 49	0.035 99
0.11	0.036 49	0.036 99	0.037 49	0.037 99	0.038 49	0.039 00	0.039 51	0.040 03	0.040 53	0.041 06
0.12	0.041 57	0.042 10	0.012 61	0.043 11	0.043 66	0.044 20	0.044 73	0.045 26	0.045 80	0.046 31
0.13	0.016 88	0.047 41	0.047 96	0.048 51	0.049 66	0.049 60	0.050 16	0.050 70	0.051 27	0.051 82
0.14	0.052 39	0.052 95	0.053 51	0.054 08	0.054 65	0.055 22	0.055 79	0.056 36	0.056 94	0.057 51
0.15	0.058 10	0.058 68	0.059 26	0.059 85	0.060 43	0.061 02	0.061 62	0.062 20	0.062 81	0.063 39
0.16	0.064 00	0.064 59	0.065 21	0.065 80	0.066 42	0.067 02	0.067 63	0.068 25	0.068 86	0.069 48
0.17	0.070 09	0.070 71	0.071 33	0.071 95	0.072 58	0.073 20	0.073 83	0.074 46	0.075 10	0.075 73
0.18	0.076 37	0.077 00	0.077 64	0.078 29	0.078 94	0.079 57	0.080 22	0.080 86	0.081 52	0.082 16
0.19	0.082 82	0.083 47	0.084 13	0.084 78	0.085 46	0.086 57	0.086 77	0.087 43	0.088 11	0.088 77
0.20	0.089 44	0.090 11	0.090 78	0.091 47	0.092 15	0.092 85	0.093 50	0.094 19	0.094 87	0.096 36
0.21	0.096 24	0.096 91	0.097 60	0.698 30	0.099 00	0.099 70	0.100 40	0.101 08	0.101 78	0.102 19
0.22	0.103 18	0.103 89	0.101 61	0.105 30	0.106 02	0.106 72	0.407 44	0.108 14	0.108 87	0.109 58
0.23	0.110 31	0.111 02	0.111 75	0.112 47	0.113 19	0.113 93	0.114 65	0.115 37	0.116 12	0.116 85

表 3-8(续)

h $\sqrt{h}$	0.000	0.001	0.002	0.003	0.004	0.005	0.006	0.007	0.008	0.009
0.24	0.113 8	0.118 31	0.119 04	0.129 80	0.120 54	0.121 28	0.122 02	0.122 76	0.123 50	0.124 25
0.25	0.125 00	0.125 75	0.126 50	0.127 26	0.128 02	0.128 78	0.129 54	0.130 0	0.131 04	0.131 81
0.26	1.132 57	0.141 08	0.134 12	0.134 87	0.135 64	0.136 42	0.137 20	0.137 94	0.138 74	0.139 53
0.27	0.140 29	0.141 03	0.141 85	0.142 64	0.143 44	0.144 21	0.145 01	0.145 79	0.146 59	0.147 37
0.28	0.118 18	0.148 96	0.149 74	0.150 56	0.151 34	0.152 16	0.152 95	0.153 75	0.154 57	0.155 37
0.29	0.156 17	0.156 97	0.157 89	0.158 60	0.159 41	0.160 21	0.161 05	0.161 87	0.162 68	0.163 49
0.30	0.164 31	0.165 13	0.165 95	0.166 80	0.167 63	0.168 45	0.169 22	0.170 11	0.170 94	0.171 77
0.31	0.172 61	0.173 14	0.174 28	0.175 12	0.175 97	0.176 78	0.177 62	0.178 47	0.179 32	0.180 17
0.32	0.181 02	0.181 88	0.182 71	0.183 56	0.183 56	0.185 28	0.186 15	0.186 98	0.179 32	0.188 71
0.33	0.198 59	0.190 12	0.191 39	0.192 17	0.193 02	0.193 90	0.194 78	0.195 63	0.187 85	0.197 37
0.34	0.198 85	0.199 14	0.200 00	0.200 90	0.201 76	0.201 76	0.203 52	0.204 42	0.205 29	0.206 19
0.35	0.207 06	0.297 97	0.208 81	0.209 72	0.210 63	0.211 51	0.212 43	0.213 31	0.214 17	0.215 511

注：表中 h 的取值范围为 0～0.359；第一列表示 h 所取值小数点后的第一位和第二位数字，第一行表示 h 所取值小数点后的第三位数字。

(4) 流速仪法

流速仪主要由感应部分(包括旋杯、旋轴、顶针)、传讯盒部分(包括偏心筒、齿轮、接触丝、传导机构)及尾翼部分等组成。测量时将仪器放入水沟中，当液体流到仪器的感应元件——旋杯时，由于左右两边的杯子具有凹凸形状的差异，因此压力不等，其压力差形成了转动力矩，从而促使旋杯旋转。水流的速度越快，旋杯的转速也越快，它们之间存在着一定的函数关系，此关系是通过检定水槽试验而确定的。每架仪器检定的结果均附有检定公式，其公式为：

$$v = Kn + C \tag{3-9}$$

式中 v——流速；

n——旋杯转速，$n=N/T$，N 为旋转总转数，T 为测速历时；

K——仪器的倍常数；

C——仪器的摩阻系数。

常数 K 和 C 是表征仪器性能的系数，与旋杯的大小、形状，旋轴的轴向间隙，顶针与顶窝的圆弧、光洁度以及接触丝的松紧度等因素有关。因此，对该部分的配合关系必须严格地遵照技术要求进行检查和调整。

水流速度的测定，实际上就是测量在预定时间内旋杯被水流冲击时所产生的转数。旋杯的转数借助仪器的接触机构转换为电脉冲信号，经电线传递由水面部分的电信设备来测得。旋杯每转 5 周，接触机构接通电路 1 次，电信设备即发出 1 次信号(铃响或灯亮)。测量者统计此信号数(乘以 5 即旋杯的总转数“N”)和相应的测速历时“T”，即可按上式计算水流速度。

(5) 水泵有效功率法

水泵有效功率法是利用水泵的铭牌上的排水量和它的实际效率来换算涌水量。例如，某一个矿井的井下泵房装有3台大泵，3台大泵的排水能力都是一样的（240 m^3/h），但其实际效率只有铭牌的95%。若每班只需开动其中的一台工作4 h，即可将井下的水排完，则该矿井每天（24 h）的涌水量为240×0.95×4×3=2 736 (m^3)。

3.3.3 观测资料的整理分析

井下和地面的水文地质资料，只有经过系统的、科学的分析之后，才具有使用价值。这个过程一般通过建立台账、绘制图纸来完成。

3.3.3.1 矿井水文地质台账

矿井水文地质台账一般包括气象资料台账、钻孔水位动态观测成果台账、地质水位观测成果台账、矿井涌水量观测成果台账、抽（放）水试验成果台账、井下水文钻孔台账、水质分析成果台账、封闭不良钻孔台账、井下突水点台账和水源井台账。

针对矿井防治水基础台账，应当认真收集、整理，实行计算机数据库管理，以便长期保存，并每半年修正1次。

3.3.3.2 矿井水文地质图件

矿井水文地质图件主要包括：煤层充水性图，比例尺为1∶2 000或1∶5 000；地形地质及水文地质图，比例尺为1∶2 000或1∶10 000；水文地质剖面图，比例尺为1∶1 000或1∶5 000；综合水文地质柱状图，比例尺为1∶500；主要含水层等水位线图，比例尺为1∶2 000或1∶10 000；矿井涌水量与降水量、蒸发量、水位动态关系曲线图；矿井排水系统示意图。

3.3.3.3 主要水文地质图件的编制要点

1. 矿井充水性图

目前，常用的矿井水文地质图是矿井充水性图。在矿井充水性图上，一般应反映出下列内容。

(1) 所揭露含水层的地点、标高及面积。

(2) 井下涌水地点及涌水量、水温、水质和涌水特征。

(3) 预防及疏干措施，如放水钻孔、水闸门及防水煤柱等的位置。

(4) 老空区积水及矿井旧巷道积水的地点、范围及水量。

(5) 矿井排水设施的分布情况、数量及排水能力。

(6) 矿井水的流动路线。

(7) 有出水征兆的地点、井巷变形及岩石崩塌情况。

(8) 井下涌水量观测站的位置及观测成果（一般填写最近一次的成果）。

(9) 曾经发生突出的地点，突出的日期、水量、水位（水压）及水温情况。

(10) 充水的断裂构造、陷落柱位置和水文地质特征。

(11) 出现的矿区工程地质现象，如巷道冒顶、底鼓、变形的地点，井下涌水量观测站（点）的位置。

(12) 井下探水线、警戒线的位置。

矿井充水性图的式样没有统一的规定，但总的要求是尽可能地把上述内容清晰地反映到图上。一般是以矿井采掘工程平面图为底图，比例尺为1∶1 000～1∶5 000。一个矿井的范围较大，而且有不同标高的水平，用一张图反映出上述内容，往往是不可能的，所以一般都分水平或分区段绘制充水性图，以使图面清楚，一目了然。

矿井的涌水条件，随着采掘工程的扩展而有所改变，矿井水动态也会随时间的推移而产生变化。因此，矿井水文地质调查的成果及充水性图就不能一成不变。一般来说，井下水文地质调查要经常进行，充水性图要定期绘制。通常，水文地质条件复杂、含水系数大于5的矿井，要求每个季度绘制一次充水性图；含水系数为2～5的矿井，每半年绘制一次；含水系数小于2的，但具有水害威胁的矿井，应根据需要，一般每年绘制一次。当然，对水文地质条件十分简单，基本上不存在水害威胁的矿井，充水性图就不一定需要每年都绘制。

2. 矿井地形地质及水文地质图

矿井地形地质及水文地质图是一张全面反映矿井水文地质条件的综合性图纸，是分析矿井充水性因素、研究矿井防治水工作的主要依据，比例尺为1∶2 000或1∶10 000。该图主要反映以下内容：

(1) 矿井边界、各井筒位置及三度坐标，水文地质钻孔及其抽水试验成果。

(2) 矿井范围内的地表水体——河(沟)、水池、塌陷积水区、河沟(含季节性的)渗漏段、集中渗漏段等，以及水文观测站。

(3) 与矿井地下水赋存条件有密切联系的背向斜褶曲构造及对矿井充水起控制作用的导水断层和有重大威胁的陷落柱等的范围。

(4) 井田内的井、泉、动态观测孔的位置及有关水文地质参数。

(5) 基岩含水层的露头(包括岩溶、掩覆区为曲线)、冲积层底部含水层(流沙、砂砾、砂礓层等)的平面分布状况、等水位线及地下水的运行方向。

(6) 地表滑坡、塌陷位置。

(7) 地下水分水岭、控制水文地质单元的阻水断层。

(8) 地形等高线、地质界线、地层产状、探煤孔及水文孔、勘探线剖面位置，井下主干巷道、回采范围及井下突水点资料。

矿井地形地质及水文地质图一般2～3年修改1次。

3. 矿井涌水量与各种相关因素动态关系曲线图

矿井涌水量与各种相关因素动态关系曲线图是综合反映矿井充水变化规律、预测矿井涌水趋势的图件。应当根据具体情况，选择不同的相关因素绘制下列关系曲线图：

(1) 矿井涌水量与降水量、地下水位的关系曲线图。

(2) 矿井涌水量与单位走向开拓长度、单位采空面积的关系曲线图。

(3) 矿井涌水量与地表水补给量或水位的关系曲线图。

(4) 矿井涌水量随开采深度的变化曲线图。

4. 矿井综合水文地质柱状图

矿井综合水文地质柱状图是反映含水层、隔水层及煤层之间的组合关系和含水层层数、厚度以及富水性的图纸，一般采用相应比例尺随矿井综合水文地质图一同编制。其主要内容有：

(1) 含水层年代地层的名称、厚度、岩性、岩溶发育情况。

(2) 各含水层的水文地质试验参数。

(3) 含水层的不同类型。

5. 矿井水文地质剖面图

矿井水文地质剖面图主要反映含水层、隔水层、褶曲、断裂构造等和煤层之间的空间关系。主要内容有：

(1) 含水层的岩性、厚度、埋藏深度、岩溶裂隙发育深度。

(2) 水文地质孔、观测孔及其试验参数和观测资料。

矿井水文地质剖面图一般以有代表性的走向、倾向地质剖面为基础。

6. 矿井含水层等水位(压)线图

矿井含水层等水位(压)线图主要反映地下水的流场特征。对水文地质复杂型和极复杂型的矿井的主要含水层(组)，应当坚持定期绘制含水层等水位(压)线图，以对照分析矿井疏干动态，比例尺为1∶2 000或1∶10 000。主要内容有：

(1) 含水层、煤层露头线和主要断层线。

(2) 水文地质孔、观测孔、井、泉的地面标高，孔(井、泉)口标高和地下水位(压)标高。

(3) 河、渠、山塘、水库、塌陷积水区等地表水体观测站的位置，地面标高和同期水面标高。

(4) 矿井井口位置、开拓范围和公路、铁路交通干线。

(5) 地下水等水位(压)线和地下水流向。

(6) 可采煤层底板隔水层的厚度(当受开采影响的主要含水层在可采煤层底板下时)。

(7) 井下涌水、突水点的位置及涌水量。

思考与练习

1. 一般来讲，勘探阶段的水文地质资料应该阐明的问题有哪些？

2. 在什么情况下，需要进行矿井水文地质补充调查？

3. 简述矿井水文地质补充调查的内容与要求。

4. 水文地质图一般包括哪些内容？

5. 简述水文地质调查报告的组成。

6. 简述水文地质调查的主要工作程序。

7. 简述水文地质勘探常用的方法。

8. 水文地质试验包括哪些类型？各有什么用途？

9. 简述抽水试验的目的与分类。

10. 连通试验的目的是什么？

11. 简述矿井水文地质补充勘探的任务与要求。

12. 简述水文地质钻探的主要工作程序。

13. 简述抽水试验的主要工作程序。

14. 简述矿井地面观测的内容。

15. 简述矿井井下观测的内容。

16. 矿井涌水量观测的要求有哪些？

17. 简述矿井涌水量的观测方法。

18. 矿井水文地质台账包括哪些内容？

19. 矿井水文地质图件包括哪些内容？编制要点是什么？

第4章　矿井充水条件分析

保障矿山工程安全，须明晰矿区水文地质条件，确定矿井充水因素，预测矿井涌水量；在了解一般性矿井水害规律的基础上，进行矿井水害预测预报，开展矿井水害防治。矿井水文地质工作以保障矿山企业生产安全、提高效益、降低成本、保护环境为目的，按矿山开发的过程可以划分为3个阶段：开拓阶段的水文地质工作、开采阶段的水文地质工作及闭坑与矿山恢复阶段的水文地质工作。此外，还有一些专门服务于矿山开发的水文地质工作，如环境评价、矿井水的防治与利用、专门供水等专项水文地质工作。

4.1　矿床与矿床开采

4.1.1　矿床与矿产

4.1.1.1　*矿床*

矿床是指在地壳中由地质作用形成的、其品位和储量在当前经济技术条件下具有开采价值的含矿地质体。矿床是由矿体和围岩组成的，按成因可把矿床分为六大类，即岩浆矿床、伟晶岩矿床、气水热液矿床、风化矿床、沉积矿床、变质矿床。按矿体产状分为层状矿床和非层状矿床。

一般情况下矿体本身不含水，即使含水也是少量的裂隙水，对矿床充水无影响。矿床充水主要由围岩含水造成，围岩含水性决定矿床的充水条件与矿井涌水量大小。不同类型矿床的含水性各异。

岩浆矿床：围岩多为岩浆岩，含裂隙水，矿井涌水量一般较小，但对于在碳酸盐岩分布区的接触交代型与侵入型矿床，因围岩是可溶岩，矿井涌水量大。

沉积矿床：陆相沉积建造矿床的顶底板均为碎屑岩，涌水量相对较小；海陆交互相沉积构造，因其矿床顶底板分布碳酸盐岩，涌水量相对较大。

变质矿床：该类型矿床的充水特点取决于变质岩的原生性质。

4.1.1.2　*矿产*

矿产是指在地壳中由地质作用形成和能被利用的矿物资源。根据工业用途，可把矿产分为三大类：① 金属矿产，包括黑色金属（铁、锰等）、有色金属（铜、铅、锌等）、轻贵金属（铝、镁、金、银等）、稀有和放射性金属（铀等）；② 非金属矿产（菱镁矿、磷灰石、钾盐、金刚石、云母、石英等）；③ 可燃有机矿产（煤、石油、天然气等）。目前已知的常用矿产有150多种，其中最主要的有30～50种。

4.1.2　矿床开采

4.1.2.1　矿床开采单位的划分

一般矿床都占有较大面积和丰富的储量。为了有计划地进行开发，常将矿床按矿体赋存条件，由大到小分为若干部分（勘查单位），划归相应的采矿企业（生产单位）进行开采。

一般把矿床的分布范围称为矿区，通常划归一个矿务集团（或公司）开采。处于同一地质构造、同一成因的全部矿床，称矿田。如一个煤盆地称煤田，一个铁矿分布地称铁矿田。如果矿田规模较大，可划分为若干部分，每一部分由一个矿井（坑口）进行开采，称为井田（图4-1），井田的边界可以是人为边界或自然边界。例如，一个分布为数千平方千米的大煤田，只有将它分割为若干单元才便于组织开采；也可以将数个规模较小的相邻矿体（如金属矿）划归一个单元进行开采。开采时，还必须把井田分成较小的部分。对倾斜矿层，常沿其倾斜方向按一定标高把矿层分成若干个平行于走向的长条部分，称为阶段（或称中段），其上下分界面称为水平，如0 m水平、−50 m水平等（图4-2）。当阶段面积较小时，开采可沿全阶段一次开采；如阶段面积较大，还应进一步划分成几个采区，每个采区可沿倾斜方向布置几个开采工作面，称区段。阶段的开采顺序，一般情况下自上而下进行。

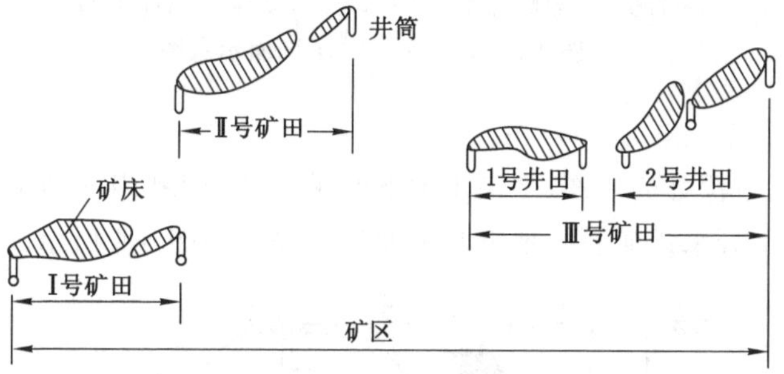

图4-1　矿区、矿田、井田划分示意图

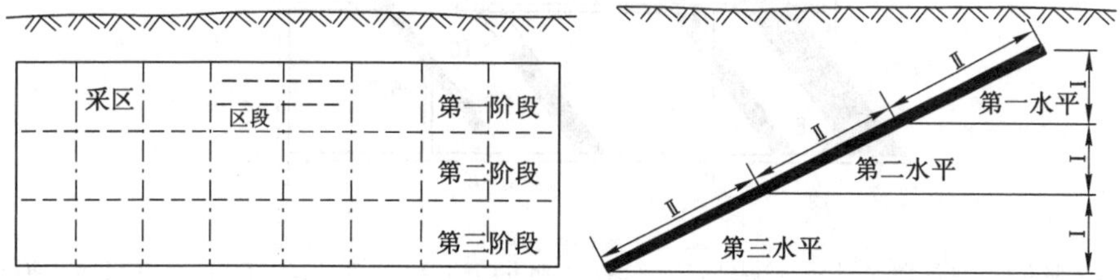

Ⅰ—阶段垂高；Ⅱ—阶段斜长。

图4-2　阶段及分区布置方式示意图

边界的确定关系井田的矿井涌水量，这是因为在同一含矿地下水系统中的不同部位，含水层的补给、径流条件与富水性各不相同，从而造成同一矿田中不同井田的矿井涌水量有很大差异。井田划分或采区的划分在复杂水文地质条件区域尤为重要，甚至关系开采顺序。因此，要不断优化设计，积累经验，从而在整体上减少疏干量。

4.1.2.2 矿床开采方式

矿床开采方式一般分为露天开采和地下开采，某些矿床采用两种方式联合开采。

1. 露天开采

当矿体埋藏较浅且厚度较大或开采深埋矿床的浅部矿体时，可采用露天方式开采。露天开采经济、安全，建矿快，产量大，生产效率高，适用于大型机械施工。露天开采是从地面直接向深处开掘的，一般把矿层分割为一定厚度的水平分区，自上而下呈梯状开采，从而形成工作面并采出矿石，其优点是施工简便，采掘能力大、效率高、成本低，劳动环境好。露天开采时直接在地面开挖采矿工程，其总体称为露天采(矿)场(图 4-3)。

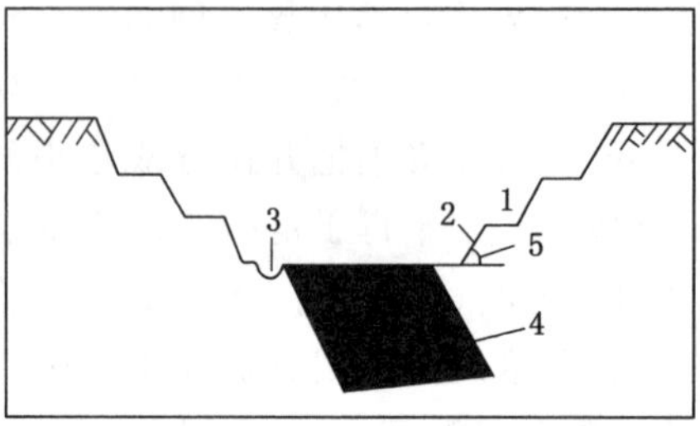

1—台阶；2—台阶坡面；3—排水沟；4—矿体；5—台阶面坡角。

图 4-3 露天采(矿)场剖面示意图

2. 地下开采

开采埋藏在地下深处的矿产，多采用地下开采方式，即利用各种类型的巷道，使用不同的采矿方法，从地下开采出矿石。地下开采使用的井巷如图 4-4 所示。

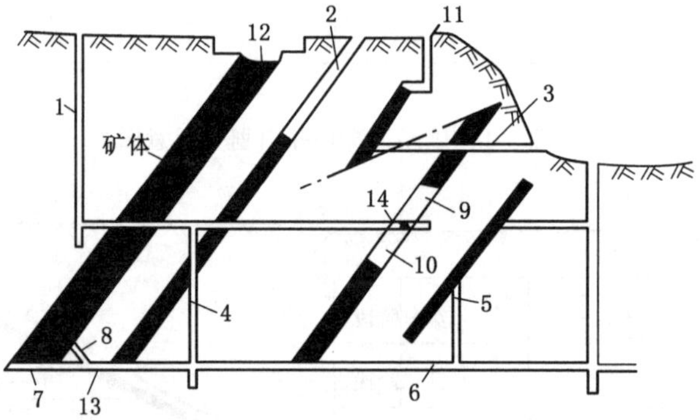

1—竖井(或称井筒，立井)；2—斜井；3—平硐；4—暗井(盲井)；5—溜井；6—石门；7—矿门；8—溜道；9—上山(道)；10—下山(道)；11—小井；12—露天采(矿)场；13—岩层平巷；14—矿层平巷。

图 4-4 地下开采井巷剖面示意图

(1) 垂直巷道(直立巷道)：① 竖井(或称井筒，立井)，由地面进入地下的大口径井筒，系主要垂直通道；② 小井，与地面相通作通风或安全出口或临时提升用的小型竖井，有时也称风井；③ 暗(盲)井，与地表不直接相通的竖井，主要用于从下水平往上水平提升矿石；④ 溜井，连接上、下水平，无通往地面出口的竖井，用于自上而下溜放矿石。

(2) 水平巷道：① 平硐，从地面掘进的主要水平巷道；② 平巷，沿岩层或矿层走向开挖的水平巷道，分别称岩层平巷或矿层平巷，平巷不直接与地面相通；③ 石门和矿门，在地下垂直(或斜交)矿体走向,开掘在岩层和矿层中的水平巷道。

(3) 倾斜巷道:① 斜井,在地面掘进的有一定倾角的大口径井筒,是主要倾斜通道;② 溜道,在地下自上而下溜放矿石用的倾斜巷道;③ 上山(道),在地下沿矿体倾斜向上开掘的巷道,一般位于开采水平运输大巷以上;④ 下山(道),在地下沿矿体倾斜向下开掘的巷道,一般位于开采水平运输大巷以下。

以上介绍的是单一巷道,采矿生产时则会把各种巷道有机地结合起来综合使用,统称为巷道(坑道)系统,其中,把由一个井筒在地下联结形成的整个井巷系统称为矿井或矿坑。

垂直巷道(竖井)的四壁称帮,下面称底,水平和倾斜巷道的顶称顶板,底称底板,两侧亦称帮,前进开掘的面称工作面或掌子面,采矿工作面也称回采面,回采后的空间称采空区。

4.1.2.3 *矿床开采步骤*

矿床开采一般分为开拓、采准和回采三个步骤。

(1) 开拓:系指从地面到矿体开掘一系列的井(垂直的)、巷(水平的),建立运输、通风、排水和供水等系统,这些井巷统称为开拓井巷,开拓是采矿的第一个步骤。开拓井巷包括竖(斜)井筒、平硐、暗(盲)井、石门、阶段平巷、主溜井、井底车场等(图4-5),其中,用作提升或运输矿石的称主井(或主平硐);用于提升人员、材料、废石或通风的称为副井,多数矿井还开凿专用的风井。

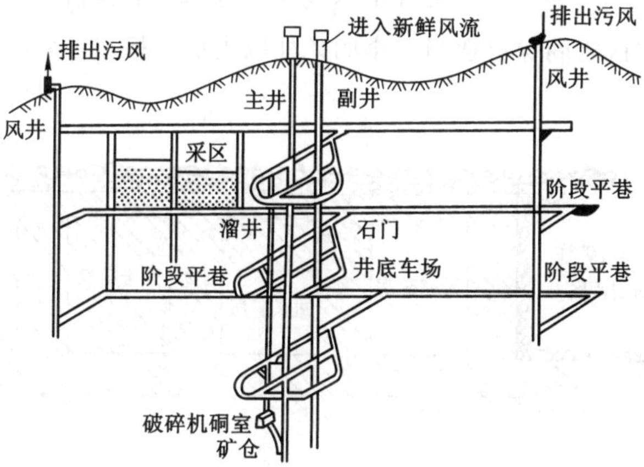

图4-5 开拓井巷示意图

(2) 采准:采准就是采矿前的准备工作,其主要任务是对阶段(或称中段)作进一步的分割。通过开掘采准巷道,把阶段进一步划分为采区或矿壁,这样既可创造回采条件,同时可作行人、运输、通风之用。

(3) 回采:系指从采区或矿壁中采出大量矿石的生产过程。采矿过程完成后即形成采空区。

在采矿初期,开采、采准、回采是依次进行的。投产后,实行"采掘并举,掘进先行"的方针,保证开拓超前采准,采准超前回采(图4-6)。

掘进和回采破坏了自然条件下矿岩的受力平衡状态,巷道周围岩体因之而受力不平衡,从而产生了矿山压力,它可使巷道变形、冒顶、塌落,以致摧毁矿山设备和造成人身伤亡。为

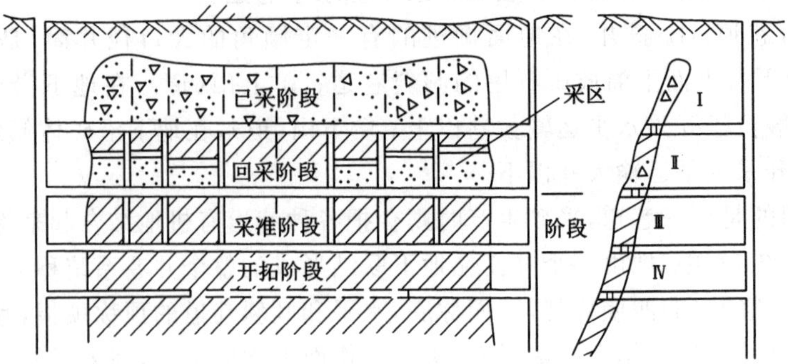

图 4-6 阶段与采区分布示意图

安全采矿,应加强对巷道(即对地压)进行管理,多数情况下须进行支护或采用其他措施。

在巷道中进行的地质、水文地质工作,都要在支护之前进行。

4.1.2.4 地下采矿方法简介

根据对采空区和地压的不同处理,将地下采矿方法分为以下四类。

(1) 自然支撑法:在矿石和围岩均较稳定的矿区里,可采用自然支撑采矿法(图 4-7)。主要有以下两种方法:① 空场法,即对采空区不作处理,主要适用于围岩稳定的薄矿层;② 留矿柱法,在采空区之间保留适当大小的矿柱以支护顶板。

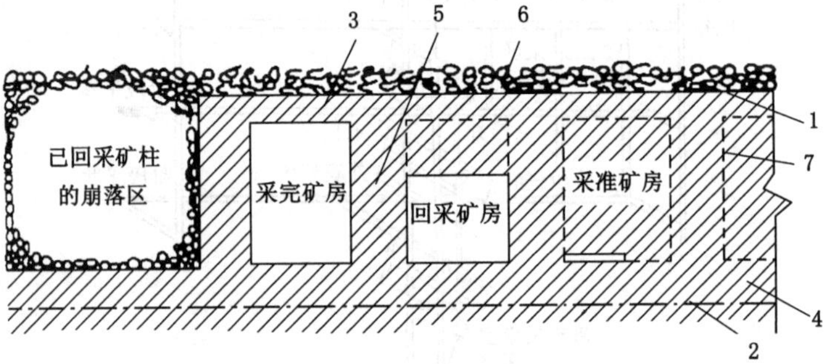

1—上阶段水平;2—本阶段水平;3—顶柱;4—底柱;

5—间柱;6—上部崩落废石;7—矿房、矿柱界线。

图 4-7 自然支撑采矿法采区示意图

(2) 人工支撑法:随采煤工作面的推进,采用人工的方法(水泥柱、木柱)支撑顶板。

(3) 充填法:用碎石、泥沙(或尾沙、水沙)或水泥对采空区进行人工充填。该方法对围岩的破坏性小,顶板岩层下落的移动量小,但成本较高,主要适用于开采地质条件复杂(如水下采矿等)、价值高的矿床。

(4) 崩落法:让采空区顶部崩落以充填采空区,故对顶板岩层的破坏性较大,主要适用于围岩不稳定的矿区。在能沟通富水含水层的地段或在城市、地表水体和重要道路桥梁下方时,不允许用崩落法采矿。

4.2　矿井充水条件

矿井开采前在矿体和围岩中赋存的水，称为矿井充水；矿井采掘时流入井巷的水称为矿井涌水；瞬时突发性的大量涌水称为矿井突水。上述充水、涌水和突水的水量分别称为充水强度、涌水强度和突水强度。这些水源需要通过不同的充水通道涌出，所以把矿井充水水源、充水通道以及影响矿井充水的性质和强度等诸多因素，统称为矿井充水条件。正确认识矿井充水条件，对计算涌水量、预测突水、有效开展防治水工作等皆有重要意义，是进行矿井水文地质工作的基础。

4.2.1　矿井充水水源

矿井充水水源，是指在矿井建设和生产过程中，可流入井筒、巷道及采煤工作面的大气降水、地表水、地下水和老窑积水。矿井充水水源涌入井下，便成为矿井水。矿井水的存在，给煤矿的采掘活动带来一定的影响。但在适当的条件下，又可利用矿井水来解决水力采煤等生产及生活用水等问题。我国多数矿井往往被地表水、含水层水、老窑积水、断层水 4 种形式的水体所包围，有的水体直接流入井下，而有的水体不产生影响。要弄清水体对矿井的影响，首先应确定矿井水的水文地质特征，以便选择合理的采煤方法和经济合理的措施，防止水体突然涌入矿井。

在形成矿井涌水的过程中，必须有某种水源的补给，这些水源可以通过一个或数个途径涌入，它们可以是赋存于岩层空隙中的地下水，或者是老窑水、地表水，也可以是能直接渗入的大气降水。

4.2.1.1　大气降水水源

大气降水是地下水的主要补给来源，因此，它在大多数矿区也是矿井水的主要补给来源。对于开采分水岭段的矿床，降水还是矿井涌水的唯一来源。对于露天开采的煤矿来说，大气降水便成为直接充水水源，矿井涌水量随季节的变化幅度很大。对于地下开采的矿井，大气降水一般通过补给含水层后转变为地下水，再进入矿井中，它是间接充水水源。大气降水对矿井的影响取决于降水量本身的大小以及充水含水层接受大气降水的条件，所有矿井充水都直接或间接地与大气降水有关。有的大气降水也会直接流入矿井，造成淹井。如 2008 年 8 月 9 日，吉林省通化市二道江区普降暴雨，当地大罗圈沟河流域降水量达到116.2 mm，河水水位暴涨。事发煤矿正位于河边，河水上涨漫堤后，倒灌入井，发生淹井事故。

直接接受大气降水入渗补给的矿床或露天矿区，多位于包气带或埋藏较浅、充水层裸露、分水岭地段。大气降水的渗入量与该地区的气候、地形、岩石性质、地质构造等因素有关，当成为矿井涌水主要来源时，大气降水有如下特征。

(1) 矿井涌水动态与当地降水的变化过程一致或具有相似性，常表现出明显的季节性和多年周期性的变化规律。矿井涌水量在旱季、雨季或枯水年、丰水年相差悬殊，一年中的涌水量最大值在雨季和融雪期，最小值在旱季。矿井最大涌水量出现在丰水年，干旱年最小，突水事故则多发生在丰水年的丰水期。矿井涌水量随气候具有明显的季节性变化，但涌水量出现高峰的时间往往比雨季的后延，后延时间的长短，因条件差异而有所不同。

(2) 同一矿井，随开采深度增加矿井涌水量逐渐减少，且其涌水高峰值的滞后时间加长。滞后时间一般为数小时至数十日。大气降水的渗入量随开采深度的增加而减少,即同一矿井不同的开采深度,对大气降水渗入量的影响不同。

(3) 矿井涌水量的大小与降水性质、强度、延续时间、入渗条件密切相关。一般来说,连续长时间地降中到大雨对入渗有利。入渗条件主要由渗透途径和地形汇水类型决定,渗透途径可分为面状渗入式和集中灌入式两种;地形汇水类型可分为散流地形(如山脊、山坡等)、滞流地形(如平原、台地等)和汇流地形(如低洼谷地等)三类。若大气降水为面状渗入方式,降水入渗量将受到入渗速率的限制,只有有效降水量才对矿井充水有影响,对于汇流地形中的灌入式通道,矿井涌水量可随降水强度的增大而增加。通常,长时间连续降中雨对入渗有利。汇水条件好、充水层裸露、地表渗透性大的矿区的矿井涌水量大,反之则小。一般来说,我国南方矿区受降水的影响就大于北方的矿区。

4.2.1.2 地表水水源

开采位于海、河、湖泊、水库、池塘等地表水体影响范围内的煤层时,在某种情况下,这些水便会流入巷道成为矿井涌水的水源。地表水能否进入井下,主要取决于巷道距水体的远近、水体与巷道之间的地层及构造以及所采用的开采方法。

根据地表水进入矿井的方式和强度,地表水补给方式可分为四种情况:① 地表水不补给。矿体顶部有较厚的可靠隔水层,矿体与地表水之间无水力联系。② 地表水微弱补给。矿体顶部有弱隔水层,少量地表水可通过此隔水层补给井巷。③ 地表水渗入式补给。疏干漏斗以地表水为界,地表水通过渗透通道,能较多地进入井下。④ 地表水灌入式补给。疏干漏斗以地表水为界,地表水通过强导水通道溃入井巷,易造成灾害性突水。后两者就是以地表水充水为主的矿床,且多为大水矿床。

我国华北与华南的许多煤田分布在山区边缘,矿区中常有小河和湖泊分布,它们多处于渗透性良好的砂、砾层之上,这是地表水体下渗的有利条件。另外,多数季节性河流,在旱季地表虽然断流,但冲积层中的地下水流依然存在,仍然起到补给基岩含水层的作用。例如,山东淄张煤田有淄河流过,其最大流量为 3 200 m^3/min,最小流量为 27 m^3/min。据山东省煤田地质局 121 队资料,有 47%的流量转为地下水流,成为该煤田的主要补给水源。

1. 地表水渗入井下的途径

(1) 通过第四纪松散砂、砾层及基岩露头,先渗入补给地下水,然后在适当条件下进入巷道,如图 4-8(a)所示。

(2) 通过构造破碎带或古井直接溃入井下,如图 4-8(b)所示。

(3) 洪水期间可通过地势低洼处的井口(或冲破围堤)直接灌入。例如大新煤矿,1992 年雨季,洪水冲垮井口围堤,造成淹井事故,如图 4-8(c)所示。再例如,2007 年 8 月,山东新泰地区由于连降暴雨,8 月 17 日 14 时 30 分,猛兽般的洪水把柴汶河岸撕开了一道口子,溃口宽达 65 m,洪水冲开了一片低洼地十余米厚的砂土,而洼地下方正是华源煤矿一条废弃多年的矿井,洪水以 50 m^3/s 的流量灌入矿井,这导致新汶矿务局张庄煤矿发生地表水溃入井下事故,所有井下作业面都被淹没,尽管 19 日柴汶河溃口被成功封堵,但仍有1 260 万 m^3 的水灌入井下,造成了重大损失。

(4) 在水体下采煤时,煤层开采后,顶板岩层垮落和产生裂缝,从而使地表水进入井下[图 4-8(d)]。

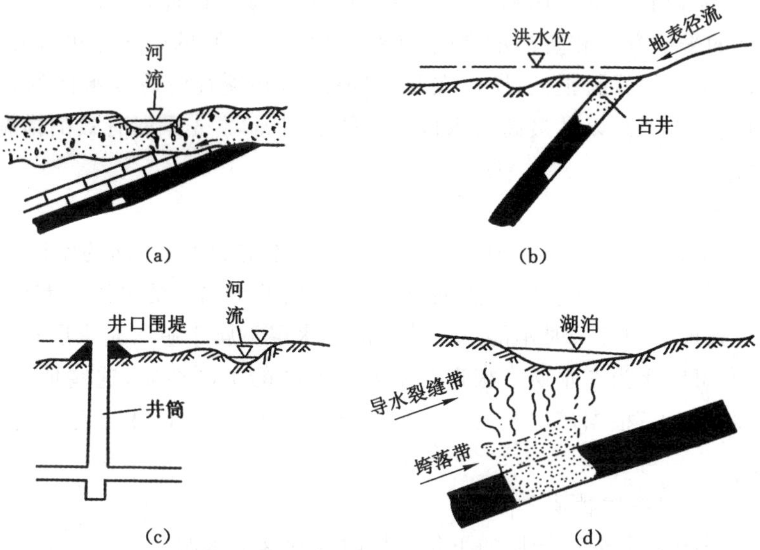

图4-8　地表水对矿井充水的影响示意图

2. 地表水为主要充水水源的涌水规律

主要受地表水影响的矿床赋存在山区河谷和平原区河流、湖泊和海洋等地表水附近或其下方，地表水可通过导水通道溃入井巷造成灾害性突水。其涌水规律主要有：

(1) 矿井涌水动态随地表水的丰枯呈现季节性变化，且其涌水强度与地表水的类型、性质和规模有关。受季节流量变化大的河流补给的矿床，其涌水强度亦呈季节性周期变化；有常年性大水体补给时，可造成定水头补给，稳定的大量涌水难于疏干；有汇水面积大的地表水补给时，涌水量大且衰减过程长。

(2) 矿井涌水强度还与井巷到地表水体间的距离、岩性和构造条件有关。一般情况下，其间距越小，涌水强度越大(图4-9)；其间岩层的渗透性越强，涌水强度越大。当地表水体间分布有厚度大而完整的隔水层时，则涌水甚微或无影响。地表水体间地层受构造破坏严重，井巷涌水强度亦越大。

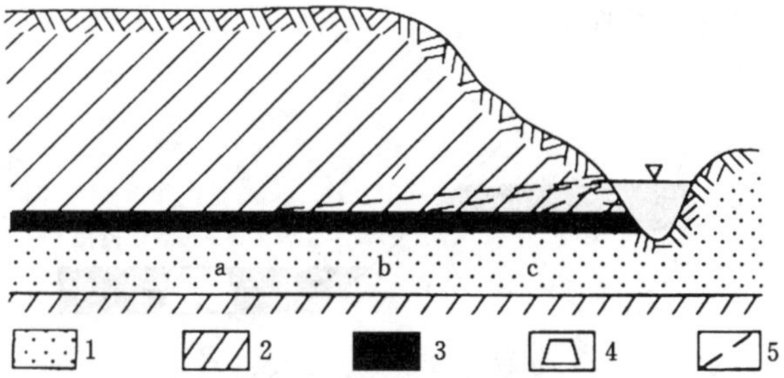

1—含水层；2—隔水层；3—矿层；4—排水巷道；5—排水水位线。

图4-9　排水矿井与河流距离示意图

(3) 受采矿方法的影响。根据矿床水文地质条件，当选用正确的采矿方法开采近地表水体的矿床时，其涌水强度虽会增加但不会过于影响生产；如选用的方法不当，则可造成导水裂缝带与地表水体相通或形成塌陷，发生突水和泥沙冲溃。因此，只要掌握了地表水充水的特征，采取正确的采矿方法和防治水措施，多数受地表水威胁的矿床是可以安全开采的。

由于地表水对采矿的威胁很大，所以在开采过程中，必须查清地表水体的范围大小，距离巷道的远近(垂直、水平)，以及最高洪水位淹没的范围等，事先采取有效的措施，以避免地表水的危害发生。

4.2.1.3 地下水水源

矿层本身通常不含水，但邻近的围岩往往具有大小不等、性质不同的空隙，其中常含有地下水源，当它们利用通道与采掘空间连通时，就会成为井下涌水的水源。有些含水层虽接近矿井，但在天然条件下和开采时不能进入井巷的含水层不属于矿床充水层；而采矿活动破坏其隔水条件时亦可转化为充水层。根据含水岩层空隙的不同性质，这些地下水可以分为孔隙水、裂隙水和岩溶水；根据矿层与充水岩层不同的接触关系，矿床可分为直接充水矿床和间接充水矿床。

1. 根据含水岩层空隙的性质分类

(1) 孔隙水。多在开采松散岩层的下伏煤层时遇到这类水源。

(2) 裂隙水。往往在采掘工作面揭露含裂隙水的围岩时，这种地下水就流入工作面。其一般特点是水量虽小，但水压往往很大。当裂隙水和其他水源无水力联系时，在多数情况下，涌水量会逐渐减少，乃至干涸；反之，涌水量便会逐渐增加，造成突水事故。

(3) 岩溶水。这种水源在我国华北和华南许多矿区较为常见。如华北石炭二叠纪地层，假整合于岩溶比较发育的奥陶纪石灰岩强含水层之上。不少矿区发生的重大突水事故，其直接或间接水源绝大多数为石灰岩含水层中的岩溶水。这类水源突水的特点是水压高、水量大、来势猛、涌水量稳定、不易疏干、危害性较大，其突水规律受岩溶的发育程度和空间分布的控制。

2. 根据矿层与充水岩层接触关系分类

(1) 间接充水水源。间接充水水源是指充水含水层主要分布于矿体的周围，但和矿体并未直接接触的充水水源。常见的间接充水水源包括间接顶板含水层、间接底板含水层、间接侧帮含水层或它们之间的某种组合。应该指出，间接充水水源的水只有随某种导水构造穿过隔水围岩进入矿井后才能作为充水水源。图 4-10 为我国华北地区最常见的以地下水作为矿井间接充水水源的示意图。

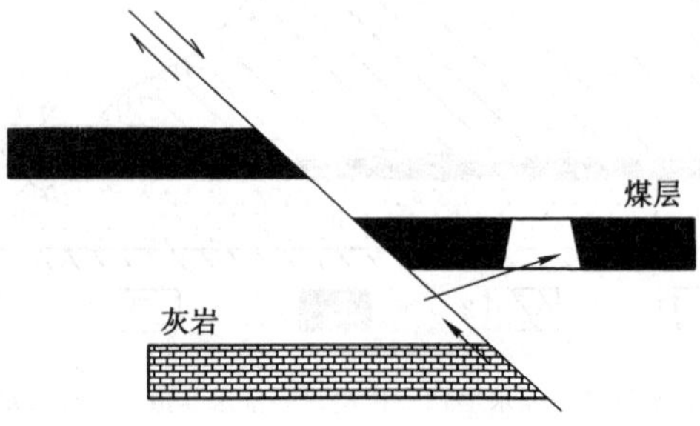

图 4-10 底板灰岩水通过断层突入矿井示意图

(2) 直接充水水源。直接充水水源是指含水层与矿体直接接触或矿山生产与建设工程直接揭露含水层,从而导致含水层水进入矿井。常见的直接充水水源包括矿体直接顶板含水层、直接底板含水层、露天矿井剥离第四纪含水层及直接穿过含水层。直接含水层中的地下水并不需要由专门的导水构造导通,只要采矿或地下工程进行,其必然会通过开挖或采空面直接进入矿井。图4-11为直接顶板含水层作为直接充水水源的典型示意图。

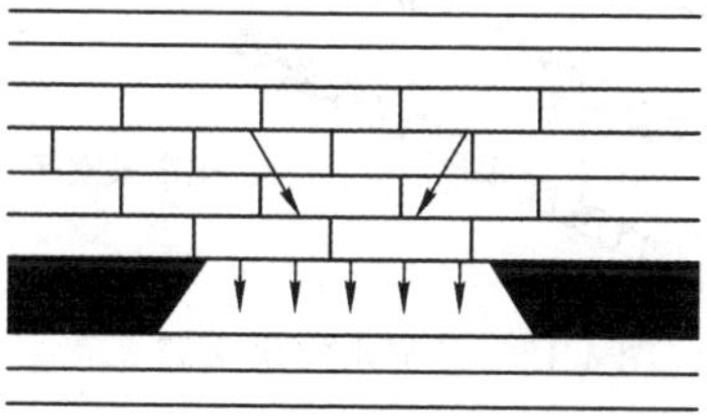

图4-11　直接顶板含水层充水示意图

此外,根据矿层与充水岩层相对位置的不同,矿床还可分为顶板水充水矿床、底板水充水矿床和周边水充水矿床。

3. 以地下水为主要充水水源的涌水特点、强度和规律

(1) 矿井涌水强度与充水层的空隙性质(地下水类型)及富水程度有关。一般情况下,裂隙水的充水强度小,孔隙水的中等,岩溶水的最大。以岩溶水和巨大砾石层中的孔隙水为充水水源的矿床,多为大水矿床,且岩溶水一般都来势猛、水量大而稳定,不易疏干。矿井或井巷位于富水地段者,其涌水量大,处在弱含水地段的涌水量则小。

(2) 矿井涌水强度与充水层的厚度和分布面积有关。充水层巨厚、分布面积大者,矿井涌水量大,反之则小。

(3) 矿井涌水量及其变化与含水层中地下水的组成(或性质)及水量大小有关。流入矿井的地下水是由储存量和补给量两部分组成的,储存量的大小取决于充水层空隙中所含水的体积和给水能力;补给量即地下水径流量,其大小主要取决于含水系统规模和补给条件。若充水水源以地下水储存量为主,则排水初期涌水量大,易突水,之后水量逐渐减少,易于疏干;若充水水源以地下水补给量为主,则矿井涌水量由小到大,而后趋于相对稳定,不易疏干。

总之,地下水往往是矿井涌水最直接、最常见的主要水源。突水量的大小及其变化,则取决于围岩的富水性和补给条件。地下水流入矿井通常包括静储量与动储量两部分。开采初期或水源补给不充沛的情况下,往往以静储量为主。随着生产的发展,长期排水和采掘范围不断扩大,静储量逐渐被消耗,动储量的比例就相对增加。

4.2.1.4　老窑水水源

在我国许多老矿山的浅部,有很多老窑、采空区和废弃的旧巷道,其中往往有大量积水,称为老窑水或老空水。当生产井巷接近或垮落带达到它们时,其中存水便会涌入矿坑(井),成为突水水源(图4-12)。

大多数老窑水积水范围不明,连通复杂,水量大,酸性强,水压高。老窑水一般为容积储存量,其充水特征是:水势猛,时间短,破坏性大,多为酸性水,对井下设备有较强的腐蚀性。尽管老窑突水水量大,但突水量会随时间的延长急剧减少。

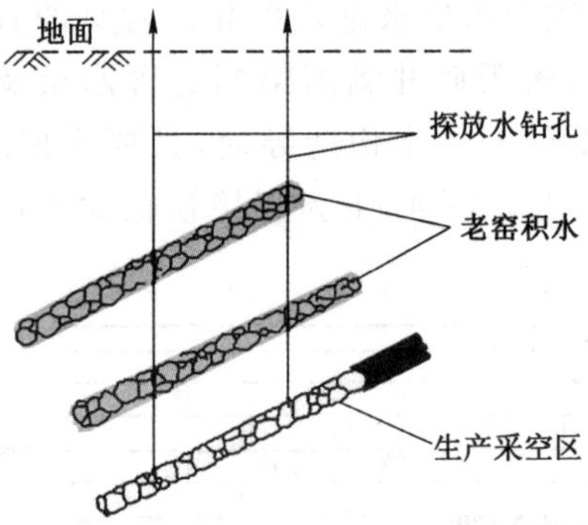

图 4-12　老窑水突水水源

例如，2020 年 11 月 29 日，湖南省衡阳市耒阳市导子镇源江山煤矿发生透水事故，在－500 m 水平上山处超深越界巷道式开采急倾斜(56°)煤层，在矿压和上部水压共同作用下发生抽冒，导通上部导子二矿－350 m 至－410 m 水平老空积水，大量老空积水迅速溃入源江山煤矿－500 m 水平，并迅速上升稳定至－465 m 水平，造成人员伤亡。再如，河南登封矿区东风煤矿，2003 年 7 月 13 日，矿工违章作业，打通了顶部一存满积水的废弃巷道，从而导致大量积水从天而降，发生突水事故，造成矿井被淹的惨剧。

老窑水水源涌水时有如下特点：

(1) 在短促的时间内可以有大量的水涌入矿井，来势猛，具有很大的破坏性。

(2) 水中含有大量的 SO_4^{2-}，因此具有腐蚀性，容易损坏井下设备。

(3) 当与其他水源无联系时，则易于疏干；若与其他水源有联系时，则可造成量大而稳定的涌水，危害较大。

上述是常见的几种主要充水水源。涌水过程，常常是由某一种水源主导，多种水源的共同作用。因此，在分析矿井充水水源时，必须要进行充分的调查研究，找出它们的主次关系。

4.2.2　矿井充水通道

矿井充水通道是指连接充水水源与矿井之间的流水通道，是矿井充水因素中最关键也是最难以准确认识的因素，大多数矿井的突水灾害正是对矿井充水通道认识不清楚所致。充水通道既有天然的也有人为的，往往前者是后者的基础，后者可增强前者的导水性。

4.2.2.1　天然充水通道

矿井中天然充水通道主要包括构造断裂(裂隙)带、岩溶陷落柱、岩溶塌陷和“天窗”以及地震裂隙等。

1. 构造断裂(裂隙)带通道

由构造断裂形成的断层破碎带，往往具有较好的透水性，会成为矿井充水的良好通道。对于一些巨大的断裂，由于断层两盘的牵引裂隙广泛发育，该类断层(断层带)除了具有导水性质外，其断裂带本身就是一个含水体，因而它还具有充水水源的性质。由于断层面或断层牵引的裂隙带导水而引发的矿井突水灾害，在矿井突水事故中占有绝对主导的位置。但断裂带能够成为充水通道，主要取决于断裂带性质和矿床开采时人为采矿活动的方式与强度。

各矿层(体)间有不透水层隔开的充水岩层中的地下水,往往是通过断裂带突入矿坑的。如华北石炭-二叠系煤田的底板奥陶系碳酸盐岩岩溶裂隙水,一般都以断裂带为导水通道。又如山东淄博矿区北大井,在 1935 年 3 月 13 日发生特大型突水,岩溶水通过导水断裂带涌入矿坑,突水流量峰值达 7.4 m^3/s,矿井瞬间被淹没。该矿井在被淹没 39 年之后,于 1974 年才得以恢复生产。据矿井恢复时查明,其突水点就位于一正断层的上盘(图 4-13)。

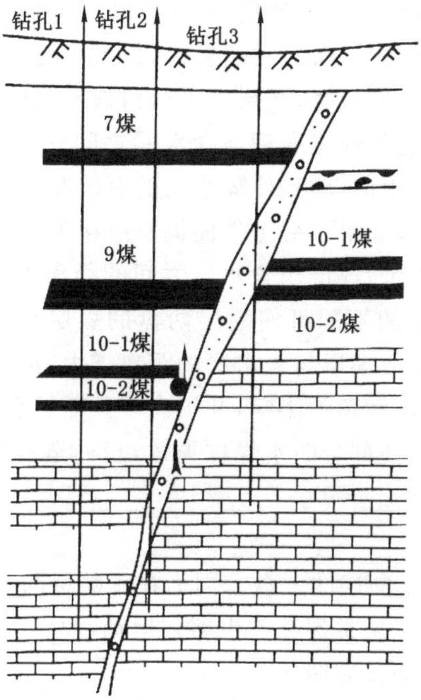

图 4-13　山东淄博矿区北大井突水点

根据断裂带的导水性能,可将其划分为如下几种类型,详见表 4-1。

表 4-1　断裂带的导水类型

断裂带类型	导水性能	情况说明
隔水断裂带	天然隔水	开采后仍然隔水
		开采后变为透水
透水断裂带	与其他水源无联系	断层本身导水
		本身及两端皆导水
	与其他水源有联系	有垂直水力联系
		有水平水力联系
		有垂直和水平水力联系

(1) 隔水断裂带

在自然条件下,隔水断裂带本身不含水,又隔断了断层两侧含水层间的水平水力联系,多分布于较软的塑性岩层中,或因断层构造岩或充填物被压密或胶结所致。井巷通过时,隔水断裂带多处于干燥状态，这对区分疏干或防治水有利。在垂直方向上，断裂带可为阻水的，也可为导水的，即可在一侧或两侧破碎带中发生上下含水层间的水力联系，成为涌水通道。煤层开采后，这类断裂有可能转变为水平透水或垂直导水的断裂带。

(2) 导水断裂带

导水断层所处位置不同，其水文地质性质亦不同。当导水断层位于区域边界时，常形成充水含水层或临近充水含水层的补给通道；当导水断层与地表水连通时，常形成地表水体补给矿床的主要通道；当充水岩层分布导水断层时，将增加充水岩层与外界的水力联系程度；当导水断层切割矿层隔水顶、底板时，断层常引起顶板或底板突水问题。当断层切过煤层和含水层时，断层两盘的位移会使煤层底板与含水层之间的相对位置和距离发生变化。这在许多情况下会使两者之间的距离缩短，使隔水层的有效厚度减小，有时甚至会使煤层与含水层直接接触。在这种情况下，如果采掘工作面揭露或接近断层带，就会使原来处于封闭状态的承压水突然涌出而形成突水，煤层与含水层之间的距离缩短多少则取决于断层的落差和断层的倾角。断层落差大小的不同可使断层两盘的煤层与含水层之间产生不同的接触关系。如隔水层有效厚度变小或煤层与含水层的距离增大，都有可能引起突水，但突水时的来水方向、涌水量不同。受断层倾角的影响，井田内多数断层在平面上和垂向上的位置变化较大。断层倾角的变化可能会使部分防水煤柱失效，从而造成煤层与含水层之间的距离变短而引起突水。

(3) 煤矿断层突水特征

① 大多数突水位置为正断层的上盘。因为在正断层的上盘开采时，产生的矿山压力通过煤柱作用在断层面上，使断层带裂隙产生剪切运动，而下盘开采产生的矿山压力通过煤柱作用在下伏岩层上，对断层面没有明显的影响。

② 断层的交汇处和尖灭端易突水。断层的交汇处和尖灭端是应力集中的地段，裂隙发育，易于突水。

③ 小断层密集带也是易发生突水的部位。当主断层派生的次级序次的小断层成群出现时，裂隙就会发育，有利于导水通道的形成，同时因与主断层构造联系，还易诱发突水。

④ 2 条及以上的近距离平行的正断层的上盘易突水。断层之间的岩层受断层错动的影响，岩石破碎，裂隙发育，断层带较宽，隔水底板破坏范围较大，因而易突水。

⑤ 同一条断层愈往深部愈易发生突水。

⑥ 采空区周边断层或小断裂地段的岩层易发生底鼓突水。

⑦ 突水水源多为奥灰水(奥陶系灰岩水)，且突水前水头压力值较大。

⑧ 断层带突水往往带有岩石碎屑冲出特征。

⑨ 有时会发生滞后突水。因为断层不是任何部位都导水，巷道或工作面揭露断层后，也不是立即突水，而是长时间在矿压作用下，断层带可能会发生活化及相对移动直至与含水层沟通，从而造成滞后突水。

由于断层面或受断层牵引的裂隙带导水而引发的矿井突水灾害在矿井突水事故中占有绝对主导的位置。

在分析断层的导水性时，应特别注意不要轻易将某条断层简单地划分为导水断层或隔水断层，而应充分认识到断层的水文地质性质具有方向性和局部性，即一条断层可以在某一方向导水，而在另一方向隔水，或在同一断层的某一部位导水，而在另一部位隔水。有些断层在初次揭露时隔水，但随着采矿扰动可能发生滞后导水。因此，在研究和探测断层的水文地质性质时，一定要将其视为在不同部位具有不同岩性对接关系，不同部位具有不同应力状态，不同部位具有不同水理性质的复杂面状地质结构体，并进行整体分析和分区评价，而不应以片面的资料就对整条断层作出评价。

2. 岩溶陷落柱通道

岩溶陷落柱在我国北方较为发育，这是由于我国广泛分布的华北石炭二叠纪煤层的基底发育巨厚的奥陶纪石灰岩含水层（一般厚度在600～800 m），巨厚层可溶碳酸盐岩的存在使得其在漫长的地质历史过程中，在地下水的长期物理和化学作用下，形成了大量巨大的古岩溶空洞，在上覆岩层和矿层的重力作用下，空洞溃塌并被上覆岩层下陷填实，被下陷的破碎岩块所充填的柱状岩溶陷落柱像导水管道，沟通了煤系含水层中地下水与中奥陶世灰岩水的联系。特别是位于富水带上的岩溶陷落柱，可造成不同充水含水层组中的地下水发生密切的水力联系。

在基岩裸露地区或覆盖层松软且较薄地段，岩溶陷落柱的地表特征比较明显：陷落柱出露处岩层产状通常杂乱，无层次可寻，乱石林立，充填着上覆不同地层的破碎岩块。陷落柱周围岩层因受塌陷影响而略显弯曲，并多向陷落区内倾斜。井下陷落柱形态一般呈下大上小的圆锥体，陷落柱高度取决于陷落的古溶洞的规模，溶洞空间愈大，则陷落柱发育高度也愈高，甚至可波及地表。堆积在陷落柱内的岩石碎块呈棱角状，形状不规则，排列紊乱。

陷落柱的导水形式多种多样，有的陷落柱柱体本身导水，有的柱体是阻水的，但陷落柱四周或局部由于受塌陷作用影响，可形成较为密集的次生带，从而沟通了多层含水层组之间的地下水；还有的陷落柱柱体内部分为导水部分和阻水部分。影响岩溶陷落柱分布的因素众多且复杂，其展布规律至今还未研究清楚。但根据目前研究成果，认为地质构造是控制岩溶陷落柱分布规律的主要因素之一。

例如，1984年6月2日，河北开滦矿区范各庄煤矿2171工作面奥陶系灰岩水通过岩溶陷落柱进入采矿井巷（图4-14），最大突水量达2 053 m^3/min，造成特大突水事故，从而使年产300万t的矿井被淹，并导致邻近两个矿井也被淹，此次水害影响产煤近100万t，直接和间接经济损失达40亿元。此外，这次突水还使影响区域内的许多供水井失去供水能力，造成近10万人用水困难，并在矿区地面出现17个岩溶塌陷坑，建筑物也遭到部分破坏。

点状岩溶陷落柱涌水通道具有隐蔽性和难以探知性。陷落柱的形成原因决定了其具有点状导水构造的特点，尽管有些陷落柱的直径可达数百米，但和整个地质结构体相比，其仍具有很大的局部性。特别是陷落柱的周边区域，底层层序仍保持着正常状态，这就使得通过地层层序和构造形态分析预测陷落柱十分困难。陷落柱的隐蔽性和难以探知性，决定了陷落柱具有突发性和难以防范性。

3. 岩溶塌陷和“天窗”通道

(1) 基本概念和充水特征

岩溶塌陷，是指覆盖于充水（或空气）空间之上的土层，因外力（抽、放水或暴雨）作用发生瞬间塌落。它是岩溶动力地质作用的结果，与非可溶岩中产生的塌陷不同。其形成过程如下：首先是洞隙上覆土层在地下水变动带内遭浅蚀崩解脱落，然后土层物质受地下水流动影响形成大洞并逐渐扩大而使土洞顶板变薄，最后在自然和人为作用下洞顶向下陷落。岩溶塌陷是岩溶充水矿床的一种严重的水文地质问题，它不仅可造成突发性矿井溃水，也可破

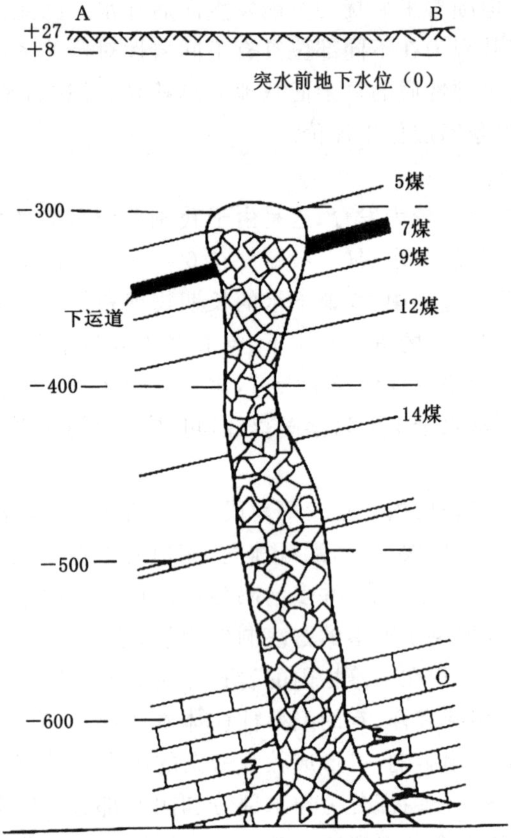

图 4-14　开滦矿区范各庄煤矿 2171 工作面陷落柱剖面图(单位:m)

坏多种地面设施,甚至可导致河水断流而破坏水资源。我国岩溶塌陷多集中发生在南方溶洞充水矿床,北方溶隙充水矿床仅占 1.8%。

"天窗",是指岩溶充水含水层与上覆冲积层之间的未胶结、半胶结地层,因沉积相变成河谷下切而变薄甚至消失,导致充水含水层与上覆第四系含水层直接接触,从而形成导水"天窗"。天然状态下,"天窗"是充水含水层水的排泄通道,也是岩溶塌陷的有利部位。例如,山东莱芜某铁矿在 1995 年对中奥陶统灰岩水进行大型疏干工程放水试验,最大放水量为 10.6 万 m^3/d,平均水位降深为 59.04 m,地面出现岩溶塌陷 27 处,其中位于汶河及其支流的覆盖层变薄处的占 88.9%(即 24 处)。一旦天窗形成坍塌,其补给方式会立即由渗透补给演变为集中灌入式补给。

(2) 成因和分布规律

控制岩溶塌陷形成的主要因素有:可溶岩浅部岩溶发育,上覆盖层薄而松散,水动力场急剧变化。岩溶塌陷的分布位置是:地下水降落漏斗范围内,构造断裂和裂隙密集带,河床及沿岸,地面低洼常年积水或岩溶水排泄带,可溶岩与非可溶岩接触带,岩溶水位在覆盖层附近的地段等。

(3) 预测方法

研究岩溶塌陷最有效的方法是利用抽水、排水和暴雨过程,观测岩溶塌陷的分布规律和形成发展过程及其与抽水、排水、暴雨时的流场变化关系，并根据塌陷形成的三要素，建立预测模型，预测发展趋势。预测方法有以下 3 种。

① 地质分析法。综合历史与现状，根据岩溶发育的地质背景与内外动力因素，预测开采状态下的发展趋势。

② 多元逐步回归分析。用塌陷强度(因变量)与影响因素(自变量)构建回归方程，通过两者之间的显著程度检验，确定关系密切的自变量进入回归方程，建立预测模型。

③ 经验公式。如利用抽水、放水试验，建立塌陷范围(或强度)与水位降深的关系式。

4. 地震裂隙通道

位于地震活动区的矿井，地震作用可以在充水水源与井巷之间产生新的裂隙，彼此连接，成为漏水通道，使水流入井巷，增加矿井涌水量。若顶板或底板为隔水层，则地震裂隙可破坏它的隔水性，形成新的导水通道。若地震裂隙发育在含水层内，则形成新的汇水通道，并可导致矿井涌水量急剧增加。

根据开滦矿区唐山矿在唐山地震时的矿井涌水量和矿区地下水的水位观测资料，当地震前区域含水层受张力时，区域地下水水位下降，矿井涌水量明显减少；当地震发生时，区域含水层压缩，区域水位瞬时上升数米，矿井涌水量瞬时增加数倍；强烈地震过后，区域含水层逐渐恢复正常状态，区域地下水水位逐渐下降，矿井涌水量也逐渐减少。震后区域含水层仍存在残余变形，所以矿井在很长时间内恢复不到正常涌水量。矿井涌水量的变化幅度与地震强度成正比，与震源距离成反比。

4.2.2.2　矿井人为充水通道

矿井中人为充水通道主要包括采空区顶板破坏带、隔水底板与突水通道、地面岩溶疏干塌陷带和封闭不良或未封闭钻孔等。

1. 采空区顶板破坏带

(1) 形成过程

采矿活动对矿井涌水的影响不仅表现为煤层采空后矿山压力对采空区上部岩层(包括含水层)的破坏，同时也破坏煤层底板隔水层的完整性。

煤层开采以后，采空区上方的岩层因其下部被采空而失去平衡，产生塌陷裂隙，岩层的破坏程度向上逐步减弱。对于缓倾斜煤层，根据采空区上方岩层变形和破坏的情况不同，可划分为三个带(以下简称“三带”)(图 4-15)。

① 垮落带(第Ⅰ带)：直接顶板分裂为碎块向下垮落的范围，可分为不规则冒落段和规则冒落段。这一带岩石碎胀堆积，透水性好，可形成上部地下水或地表水向下灌入的通道，引起突水，一般不允许这一带发展到上部强含水层或地表水体。

② 裂缝带(第Ⅱ带)：在垮落带之上出现大量切层、离层的采动裂隙的范围。该带可分为三段：严重断裂段、一般开裂段、微小开裂段。该带裂隙连通性好、透水性强，当该带沟通补给水源时，能使矿井涌水量急剧增加，甚至造成突水。

③ 弯曲下沉带(第Ⅲ带)：该带位于裂缝带之上，一般表现为地层整体弯曲变形或剪切位移，或带内整体弯曲下落，一般不产生裂隙，不会构成充水通道。

从矿井水害的角度来看，采空区上方三带的分布，决定了矿井充水条件，其中第Ⅰ带(垮落带)和第Ⅱ带(裂缝带)与地表水和地下水源沟通时，都能成为涌水通道。第Ⅰ带透水性好，它与水源直接接触时，往往可造成突水事故；第Ⅱ带接触水源时，能引起突然充水，使涌

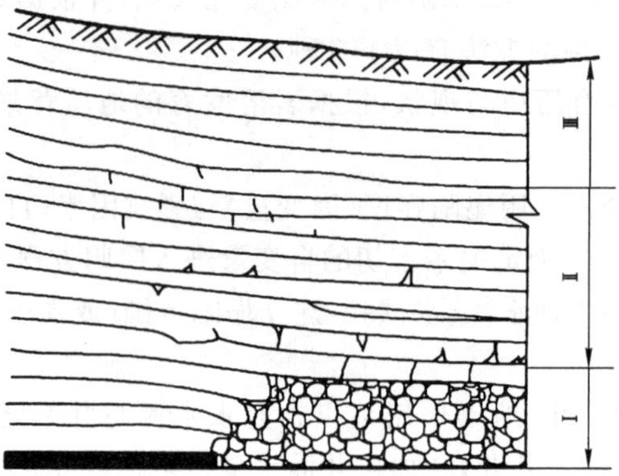

Ⅰ—垮落带；Ⅱ—裂缝带；Ⅲ—弯曲下沉带。

图 4-15　顶板破坏分带示意图

水量激增；第Ⅲ带则保持原有性能，如果这一带是黏土岩，沉降弯曲后仍为良好的隔水层，如果是厚度不大的脆性砂岩层，沉降弯曲后则有轻微的透水现象。可见，确定第Ⅰ带和第Ⅱ带的高度 H_1、H_2，对分析矿井充水条件具有重要意义。

例如，2015 年 1 月 30 日，淮北矿业（集团）有限责任公司朱仙庄煤矿发生较大透水事故，是朱仙庄煤矿 866-1 综采工作面在治理顶板水害期间发生的一起透水事故。事故原因是对“五含”水害防治的复杂性认识不足，对特定工程地质条件下形成的顶板离层水害的认知能力不足，对 866-1 综采工作面顶板出水治理效果的分析评估不足，未对顶板离层水害进行分析论证，从而造成经济损失和人员伤亡。

（2）预测分析

一般地，将垮落带和裂缝带统称为导水裂缝带，其最大高度的计算，由于影响因素十分复杂且不确定，至今尚无理论公式。根据厚煤层分层开采研究成果，缓倾斜煤层导水裂缝带的最大高度 h 的计算可选择煤炭科学研究总院给定的经验公式。

对于坚硬顶板，有：

$$h = \frac{100M}{1.2M + 2.0} \pm 8.9 \tag{4-1}$$

对于中硬顶板，有：

$$h = \frac{100M}{1.6M + 3.6} \pm 5.6 \tag{4-2}$$

对于软弱顶板，有：

$$h = \frac{100M}{3.1M + 5.0} \pm 4.0 \tag{4-3}$$

对于极软弱顶板，有：

$$h = \frac{100M}{5.0M + 8.0} \pm 3.0 \tag{4-4}$$

式中　M——累计采厚，m；单层 1～3 m，累计不超过 15 m。

以上为依据累计采厚计算导水裂缝带的经验公式，其他的经验公式可参见《建筑物、水体、铁路及主要井巷煤柱留设与压煤开采规范》。

2. 隔水底板与突水通道

当采空区位于高压富水的岩溶含水层上方时，在矿山压力和底板承压水压力水头的作用下，岩溶水会突破采空区底板隔水层的薄弱地段而涌入矿井。因此，隔水层的薄弱地段可视作不同于其他导水通道的另类通道。

例如，2013 年 2 月 3 日 0 时 20 分，淮北矿业(集团)有限责任公司桃园煤矿南三采区 1035 开切眼掘进工作面发生突水事故，突水量为 29 000 m^3/h，事故总突水量在 400 万 m^3 以上，最终淹没水位标高为 −52.14 m，距离地表仅 77 m，造成全矿井被淹。事故原因为 10 号煤层底板存在隐伏陷落柱，当 1035 开切眼掘进工作面接近该陷落柱时，在承压水和掘进扰动作用下，奥陶系灰岩承压水突破有限隔水岩柱形成集中过水通道，从而造成底板突水。

(1) 隔水底板和突水通道的形成条件

① 有富水性强的充水含水层，大突水点均分布在岩溶发育的强径流带上。

② 矿井底板长期处于高水头压力下。

③ 隔水底板厚度变薄或裂隙发育的地段是突水高发的地段，据统计 50%～90%及以上的突水点与断裂有关。

④ 矿山压力是诱发底板突水的外力，该诱发作用有一个过程，少则数天，多则数月乃至多年。

(2) 预测方法

底板突水对我国石炭二叠系煤田威胁极大。底板突水预测的难度很大，至今仍无理想方法，勘查阶段均用半经验公式——突水系数法进行计算：

$$T = \frac{p}{m} \tag{4-5}$$

式中　T——突水系数，MPa/m；

p——底板隔水层承受的水压，MPa；

m——底板隔水层厚度，m。

考虑隔水层岩性和强度因素，计算 m 时应采用等效厚度，即以砂岩每米能承受的水压为标准，计算时将不同岩性隔水层换算成等效的隔水层厚度。根据全国统计资料，底板受构造破坏块段临界突水系数一般不大于 0.06 MPa/m，正常块段不大于 0.15 MPa/m。勘查阶段主要采用临界突水系数的经验值作为充水因素分析的依据。

3. 地面岩溶疏干塌陷带

随着我国岩溶充水矿床大规模的抽放水试验和疏干实践的开展，矿区及其周围地区的地表岩溶塌陷随处可见，地表水和大气降水通过塌陷坑充入矿井。有时，随着塌陷面积的增大，大量砂砾石和泥沙可与水一起溃入矿井。如 2007 年 7 月 29 日的河南省三门峡市陕县支建矿业有限公司支建煤矿(原河南省陕县支建煤矿)东风井，河床水通过塌陷采空区涌入井下，透水量达 3 000 m^3/h。

4. 封闭不良或未封闭钻孔

常因底板充水矿床的封孔质量不良，某些钻孔变成了人为导水通道，当掘进巷道或采区工作面经过没有封好的钻孔时，顶底板含水层地下水将沿着钻孔补给矿层，从而造成涌(突)水事故。例如，河北峰峰矿区王凤矿大煤二巷因遇旧钻孔，突水量达 3 600 m^3/h。河南平顶山煤矿在 1967 年、1974 年和 1975 年都在开采中遇旧钻孔突水，突水量分别为 160 m^3/h、

420 m^3/h 和 140 m^3/h。因此,完成勘探任务后,矿床各种地质勘探钻孔应按要求封闭,当矿床开采中靠近可疑钻孔时,应进行探放水,以免突水。

封闭不良钻孔是典型的由于人类活动所留下的点状垂向导水通道,该类导水通道的隐蔽性强,垂向导水通畅,一旦发生该类导水通道的突水事故,不仅初期水量大,而且还会有比较稳定的补给量。所以在进行矿井设计和生产时,必须查清井巷揭露区或其附近地区各种钻孔的技术参数及其封孔技术资料,以确保不会因钻孔封闭不良而引发突水事故。

导水通道在充水过程中具有突发性、复杂性、灾害性,三种特性相互依存,在大水矿床开采中得到了充分体现。我国大水矿床的主要突水通道各异,北方以底板突水为主,南方以地面塌陷为主,但均与断裂有关。

例如,开滦矿区东风煤矿有 7 号、8 号、9 号、10 号四个煤层,第四灰岩是 8 号煤层的直接顶板,石灰岩平均厚度为 4 m,裂隙发育,透水性强。贯穿石门的涌水点分布如图 4-16 所示。

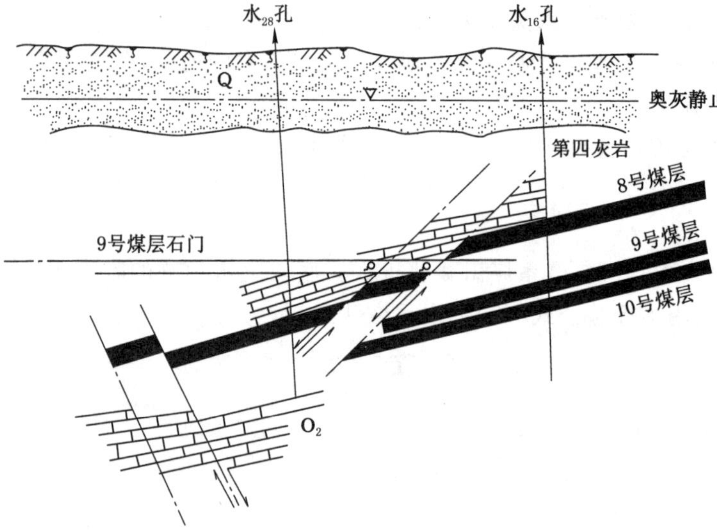

图 4-16　开滦矿区东风煤矿贯穿石门的涌水点分布示意图

该煤矿自 1960 年 10 月在南石门打通第四灰岩以后,井下涌水量骤然增加,虽然采取超前探放水、开凿疏水巷道等措施,但全矿总涌水量仍达 855 m^3/h,其中第四灰岩水涌水量达 788 m^3/h,占全矿总涌水量的 92%。排水 5 年多,仍没有疏干。该层灰岩水为何这么多?动储量是从哪里来的?

通过分析,认为大水量与旧钻孔有关。为此启封了水$_{28}$孔,井下涌水量立刻减少 309 m^3/h。接着又启封水$_{16}$孔,井下涌水量又减少 86 m^3/h。前后共启封 18 个旧钻孔之后,全矿总涌水量减少了 84%。事实证明,第四灰岩水的补给来源主要是封闭质量不好的旧钻孔把煤层底板(本溪组徐家庄灰岩 C_2x 和奥陶系灰岩 O_2)水引了进来。通过对旧钻孔的处理,该煤矿不仅恢复了原来的设计生产能力,而且解放了 8 号、9 号、10 号三个可采煤层。

4.2.3　矿井充水强度

矿井充水强度,一般用矿井涌水量来衡量。矿井涌水量的大小,除与充水水源和充水通道的性质和特征有关外,还有一些因素也影响矿井充(涌)水强度,简述如下。

4.2.3.1　充水岩层出露和接受补给的条件

矿井涌水强度与充水层的出露程度、盖层透水性及与补给水源的接触面积有关。一般来说，充水层或含水矿体的出露程度愈高，盖层的透水性愈强，与补给水源接触面积愈大，则矿床充水愈强，矿井涌水量愈大。直接受大气降水补给的矿床和受地下水补给的矿床的充水强度均受这些条件的制约。当然，间接充水层的影响，则跟间接充水层与直接充水层的接触特征（即“天窗”）有关。

地形也影响矿井涌水量，当矿井高于当地侵蚀基准面时，涌水量较小；矿井低于当地侵蚀基准面时，涌水量则较大。一般认为，矿区内若分布有一定厚度（大于 5 m）的稳定弱透水层时，就可以有效地阻挡地表水和大气降水的下渗。

综合华北型煤田开采上部几层煤所得到的资料，上部煤层的主要充水层是煤系中的薄层灰岩，但由于其出露和接受补给的条件不同，矿井涌水量有很大的变化。图 4-17 是充水岩层补给条件示意图，分为以下五种情况：① A 巷道所处部位的矿床，分布在缺乏侧向补给的山前地带，而且上覆大面积较厚的第四系黏土、粉质黏土层，当开采疏排时，初期涌水量稍大，而后显著减少，涌水量一般在 50～200 m^3/h，且季节变化小，随疏排工作的进行，地下水位不断下降，主要消耗充水层储存量；② B 巷道所处部位的矿床，分布在平原地区，基岩充水层与上覆大面积富水的砂砾石含水层直接接触，疏排时可形成充足的补给源，矿井涌水量可达 500～1 000 m^3/h，还可导致泥沙冲溃；③ C 巷道所处部位的矿床，分布在湖水之下，充水层伸入湖底形成水下采矿，开采长年受地表水威胁，若发生突水，则水量大而稳定，既会发生淹井又难于恢复，因而开采时须留足够的安全矿柱和严格控制导水裂缝带的发育高度，以不导致地表水涌入为目标，这类矿床的矿井涌水量多在中等以上；④ D 巷道的充水岩层或矿体直接出露地表，仅接受大气降水补给，这类矿井涌水量一般较小，且随季节变化，疏排时水位下降较快；⑤ E 巷道处的矿床分布在季节性河流的下方，受河水补给，矿井涌水量也呈季节性变化，河流流量的大小直接影响矿井涌水量的多少。

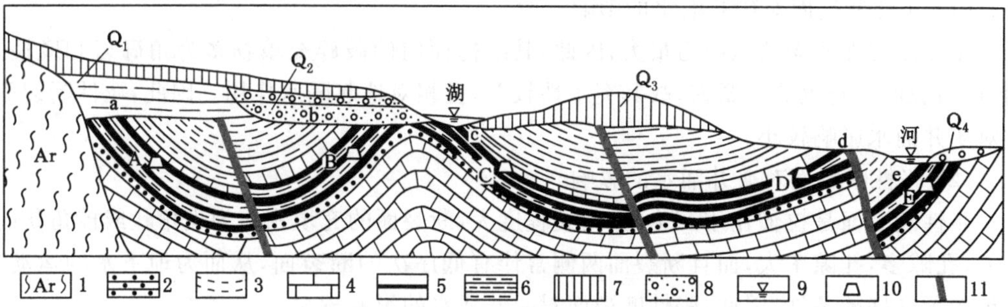

1—片麻岩；2—砂岩；3—砂页岩；4—灰岩；5—开采煤层；6—黏土层；7—黄土；

8—砂砾石层；9—地表水位；10—巷道；11—隔、阻水断裂带。

图 4-17　充水岩层补给条件示意图

上述五种矿井，薄层灰岩充水层在 5 个（a、b、c、d、e）部位上各自得到补给，矿井充水强度亦各异。

4.2.3.2　矿井的边界条件

矿井及与之相连含水层的边界条件，主要指侧向边界和顶底板条件。边界的形态及透水或隔水性质，对矿井地下水的补给有控制作用，对未来矿井涌水也起主要控制作用。矿井的边界条件要在水文地质调查阶段予以查明。

1. 矿井的侧向边界条件

当矿井和侧向外系统之间有强透水边界时，则开采时外系统地下水或地表水会迅速而大量地流入矿井，供水充足的边界越长，其涌水量越多、越稳定。若矿体或直接充水层被隔水边界封闭，则矿井涌水量较小或由大变小甚至干涸。如果因开采而导致原非充水层或新水源进入矿井，则将形成新的充水系统，矿井涌水量必将增大，原边界条件将转变成新的边界条件。

2. 矿床的顶底板边界条件

(1) 矿床及其直接顶底板的隔水或透水条件：这是影响矿床充水强度的关键性因素之一。一般来说，顶底剖面边界有4种情况：① 直接顶底板均是可靠隔水层，基本无外部水补给；② 底板隔水，矿体或直接含水层仅能获得大气降水或地表水通过透水盖层或“天窗”补给；③ 顶板隔水(降水补给为零)，仅通过弱透水底板产生越流或直接补给；④ 顶板及底板均由强或弱透水层构成。

(2) 顶底板的隔水能力：当补给源为间接水源时，顶底板的隔水能力是影响矿床充水强度的最主要因素。顶底板的隔水能力主要取决于隔水层的岩性、隔水层的厚度和稳定性、隔水层的完整性和抗张强度等。如隔水层的岩性致密、厚度大、完整性好则隔水能力强；在其变薄、缺失或破碎等抗张强度降低的地段隔水能力弱，矿井涌水量会增加。

4.2.3.3 地质构造条件

在煤层分布范围内，受构造体系控制的蓄水构造类型和它的规模，既决定了煤层的赋存规律，也决定了汇集地下水的条件，如动、静储水量的比例和大小，所以地质构造直接影响矿井涌水量。

1. 断裂面对矿井涌水的影响

(1) 压性断裂面对矿井涌水的影响

压性断裂面所受的压应力最大，因此，其结构面内的破碎充填物多为角砾岩和糜棱岩；同时，断裂面本身也非常紧密，故其突水性较差，且相对地起隔水作用。因此，压性断裂面通常对矿井涌水影响较小。

(2) 张性断裂面对矿井涌水的影响

张性断裂面是拉伸作用产生的，张裂程度大，断裂面的充填物多为尖角状或棱角状的角砾岩，孔隙多，孔隙率大，而且断裂面两侧常伴有低序次的断裂面，从而为地下水的运动、赋存创造了良好的条件，因此，张性断裂面对矿井涌水的影响较大。

(3) 扭性断裂面对矿井涌水的影响

扭性断裂面是剪切作用产生的(有的也有张应力和压应力)。结构面内有糜棱岩，两侧有规律地排列着破碎角砾岩和棱体。同时，扭裂面一般呈闭合型或较窄的裂缝状，但延展较远，发育深度大，低序次的断裂也较发育，因此扭裂面及其两侧也常具有良好的导水性。

2. 同一构造体系不同部位对矿井涌水的影响

(1) 任一断裂面在形成时，其不同部位的受力是不均衡的，因此造成同一断层不同部位破碎程度的不均匀性；另外，就其端点而言，都不是以位移消释应力，而是以破裂、变形消释应力，故在断层的层面部位及其两侧的岩层裂隙发育，从而为地下水运动、埋藏创造了良好的条件。

(2) 在一个构造体系的主干断裂与分支断裂的交叉点处，应力比较集中，各种断裂面均很发育，岩石破裂，充填和胶结程度较差。尤其在石灰岩中，岩溶也特别发育。故在断层的交叉点处，突水性强，导水性好。采掘工作面接近上述地段时，经常发生突水事故。如焦作矿区的有些矿井，在断层交叉点处，曾发生过多次突水。

(3) 断层密度大的块段，不仅应力集中，且受多次应力作用，易造成岩层破碎，裂隙发育，这是地下水运动和赋存的良好场所，采掘工作面一旦接近或通过这些块段时，则易发生突水。例如，焦作矿区几个生产矿井，突水次数与断层密度成正比，见表 4-2。

表 4-2　断层密度与突水次数的关系

井田名称	演马	王封	朱村	焦西	韩王	李封
每平方千米断层数	0.34	0.83	1.5	3.0	3.1	3.3
突水次数	1	2	4	6	6	9

(4) 断层的形成，是两盘相对运动的结果。在相对运动过程中，必然有主动与被动之分，这种主动与被动是受力的边界条件和重力作用造成的。如高角度断层的发生，因上部临空，故在水平外力作用下，上盘易向上滑动，在重力作用下，它又易向下滑动。所以从作用力与反作用力来看，上盘为主动盘，其中低序次的断裂面相应比下盘(被动盘)发育，故上盘部位的突水性强。焦作矿区某些矿井的突水点绝大部分发生在断裂面的上盘部位，当然这与断裂面两盘的岩性、富水性及补给条件也有一定关系，如图 4-18 和图 4-19 所示。

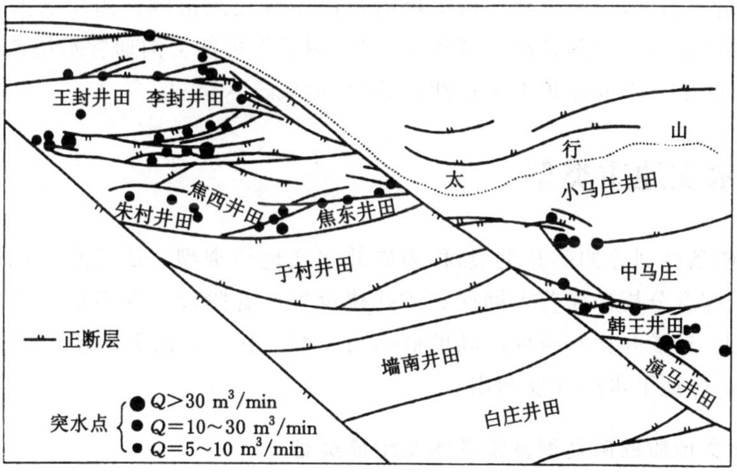

图 4-18　焦作矿区断层交叉与突水点关系

综上所述，地质构造对矿井涌水的影响是复杂的，是多种因素决定的。在分析矿井涌水条件时，既要看到地质构造决定地下水的埋藏条件，也要看到地质构造控制了地下水的运动并影响矿井涌水。因此，在分析判断断层导水性及富水性时，要对每一个断层的具体情况作具体分析，从而确定每一个断层的导水与隔水的相对性、可变性和不均一性。

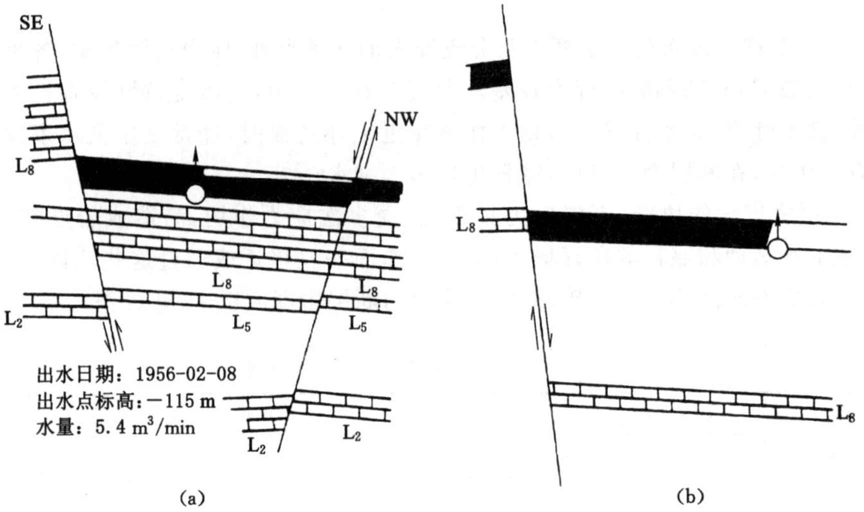

图 4-19　断层上盘与突水点的关系

4.2.3.4　*煤层埋藏深度、倾角及厚度*

煤层的埋藏深度、倾角及厚度均影响矿井的充水程度。我国华北某些石炭二叠纪煤田，在矿井延深及开采深部煤层时，就受到了奥陶纪灰岩喀斯特自流水的严重威胁，当巷道与自流水含水层之间的隔水岩层强度小于承压水头的压力时，巷道就会变形，进而引起突水事故。

煤层的倾角和厚度，影响顶板岩层的垮落带高度和波及范围。当煤层的倾角很大或煤厚较大时，煤层开采后的垮落带高度就较大，导水裂缝带可能会沟通含水层或达到冲积层甚至地表，从而引起地下水或地表水大量涌入巷道，造成透水事故。

4.3　矿井水文地质类型

按水文地质条件划分的矿井类型，称为矿井水文地质类型。矿井水文地质类型的划分是在系统整理、综合分析矿床普查勘探和矿井建设生产各阶段所获得的水文地质资料和经验教训的基础上，对矿井充水条件的高度概括与归纳。其目的在于指导矿井水文地质勘探、矿井防治水和矿区地下水的开发利用。

4.3.1　矿井水文地质勘探类型及矿井水文地质类型

矿井水文地质工作是矿井建设和生产过程中所必须要做的工作，它是矿井地质工作的重要组成部分。矿井水文地质分类是矿井水文地质工作中的重要工作之一。分类原则上除应突出矿井的水文地质特征和影响开采的主要水文地质问题外，还应力求界限清楚、形式简单、便于应用。国内外有不少学者进行研究，提出了很多分类方案，目前应用较多的是建立在矿井水文地质勘探类型基础上的分类。

4.3.1.1　*矿井水文地质勘探类型*

根据矿井主要充水含水层的含水空间特征，将充水矿井分为以下 3 类。

1. 孔隙充水矿井

孔隙充水矿井指以孔隙含水层充水为主的矿井，主要分布于山间盆地、山前平原和河流冲积平原。涌水量主要取决于岩层孔隙、岩层厚度、分布范围以及自然地理条件。

2. 裂隙充水矿井

裂隙充水矿井指以裂隙含水层充水为主的矿井，多分布于山区和丘陵区。涌水量主要取决于岩体结构、裂隙发育程度及力学性质、裂隙发育宽度和深度以及裂隙充填情况、构造复合情况等自然地理条件。

3. 岩溶充水矿井

岩溶充水矿井指以岩溶含水层充水为主的矿井，该类矿井分布较广。涌水量主要取决于溶洞的发育情况、充填情况、地质构造、古地理和自然地理条件等。

按水文地质、工程地质条件的复杂程度，各类充水矿井又可分为水文地质工程地质条件简单型、中等型、复杂型的矿井等 3 种类型。

4.3.1.2　矿井水文地质类型

根据矿井充水特征、矿井及其周边老空水的分布状况、矿井受采掘破坏或影响的含水层性质及补给条件、矿井涌水和突水分布规律及水量大小、矿井开采受水害影响程度以及防治水工作难易程度等，将矿井水文地质划分为简单、中等、复杂、极复杂等 4 种类型(表 4-3)。

例如，赵固二矿为新建大型矿井，根据地质勘探报告提交推荐的矿井涌水量，即初期采区－800 m 水平的为 1 644.69 m^3/h，中期开采地段－950 m 水平的为 1 764.22 m^3/h。根据焦作矿区多年的观测统计，雨季矿井最大与正常涌水量的比值为 1.2～1.5。该矿井采掘工作面位于深部，二煤层底板涌水量受季节变动的影响程度较弱，因此，采用 1.35 的比值计算矿井最大涌水量。－800 m 水平为 2 220.33 m^3/h，－950 m 水平为 2 381.70 m^3/h。即该矿井的水文地质类型为复杂。

4.3.1.3　矿井水文地质类型报告

矿井应当对本单位的水文地质情况进行研究，编制矿井水文地质类型划分报告，并确定本单位的矿井水文地质类型。矿井水文地质类型应当每 3 年修订 1 次。发生重大及以上突(透)水事故后，矿井应当在恢复生产前重新确定矿井水文地质类型。

4.3.2　各类充水矿井的特征及防治水措施

4.3.2.1　孔隙充水矿井

1. 水文地质条件简单的矿井

这种矿井的主要含水层为半胶结或松散的细砂层，含水层厚度小或呈透镜体状分布，补给条件差。含水层与地表水之间无水力联系，涌水量一般小于 1 m^3/min(60 m^3/h)。个别地段可出现涌砂，甚至较严重。

2. 水文地质条件中等的矿井

这种矿井的主要充水岩层为半胶结或松散的中粒-粗粒砂、卵砾石层。含水层厚度较大，与煤层之间的隔水层较薄，或含水层与古河床、地表水之间有一定的水力联系，涌水量一般小于 10 m^3/min(600 m^3/h)。

3. 水文地质条件复杂的矿井

对于这种矿井，通常可见地表水和含水丰富的冲积层直接覆盖于煤层之上，煤层顶板含水层较薄，且分布稳定，与地表之间有密切的水力联系，涌水量大于 10 m^3/min(600 m^3/h)。

表 4-3　矿井水文地质类型划分表

分类依据		类别			
		简单	中等	复杂	极复杂
受采掘破坏或影响的含水层及水体	含水层(水体)性质及补给条件	为孔隙、裂隙、岩溶含水层，补给条件差，补给水源少或极少	为孔隙、裂隙、岩溶含水层，补给条件一般，有一定的补给水源	为岩溶含水层、厚层砂砾石含水层、老空水、地表水，其补给条件好，补给水源充沛	为岩溶含水层、老空水、地表水，其补给条件很好，补给水源极其充沛，地表泄水条件差
	单位涌水量 q /[L·(s·m)$^{-1}$]	$q \leqslant 0.1$	$0.1 < q \leqslant 1.0$	$1.0 < q \leqslant 5.0$	$q > 5.0$
矿井及其周边老空水的分布状况		无老空积水	存在少量老空积水，位置、范围、积水量清楚	存在少量老空积水，位置、范围、积水量不清楚	存在大量老空积水，位置、范围、积水量不清楚
矿井涌水量 /(m^3·h^{-1})	年平均 Q_1	$Q_1 \leqslant 180$	$180 < Q_1 \leqslant 600$	$600 < Q_1 \leqslant 2\ 100$	$Q_1 > 2\ 100$
	年最大 Q_2	$Q_2 \leqslant 300$	$300 < Q_2 \leqslant 1\ 200$	$1\ 200 < Q_2 \leqslant 3\ 000$	$Q_2 > 3\ 000$
突水量 Q_3/(m^3·h^{-1})		$Q_3 \leqslant 60$	$60 < Q_3 \leqslant 600$	$600 < Q_3 \leqslant 1\ 800$	$Q_3 > 1\ 800$
开采受水害影响程度		采掘工程不受水害影响	矿井偶有突水，采掘工程受水害影响，但不威胁矿井安全	矿井时有突水，采掘工程、矿井安全受水害威胁	矿井突水频繁，采掘工程、矿井安全受水害严重威胁
防治水工作难易程度		防治水工作简单	防治水工作简单或易于进行	防治水工程量较大，难度较高	防治水工程量大，难度高

注：1. 单位涌水量 q 以井田主要充水含水层中有代表性的最大值为分类依据。

2. 在单位涌水量 q，矿井涌水量 Q_1、Q_2 和突水量 Q_3 中，以近 3 年最大值并结合地质报告中预测涌水量作为分类依据。

3. 同一井田煤层较多，且水文地质条件变化大时，应分煤层进行矿井水文地质类型划分。

4. 按分类依据就高不就低的原则，确定矿井水文地质类型。

4.3.2.2　裂隙充水矿井

1. 水文地质条件简单的矿井

这种矿井位于侵蚀基准面以上，但远离地表水体，区域降水量小，补给条件差。主要充水岩层为细砂岩含水层，裂隙不发育，构造简单，涌水量小于 5 m^3/min(300^3/h)，一般为 1～2 m^3/min(60～120 m^3/h)。

2. 水文地质条件中等的矿井

这种矿井位于侵蚀基准面以下，主要含水层为粗砂岩含水层、砂砾石含水层，裂隙较发育，含水层裸露于地表，降水影响大，或受煤系基底承压裂隙水的补给，动储量较充沛，涌水量为 5～10 m^3/min(300～600 m^3/h)。

3. 水文地质条件复杂的矿井

这种矿井位于侵蚀基准以下，煤系上覆较厚的砂砾冲积层，并与地表水体有水力联系，涌水量可达 10 m^3/min(600 m^3/h)及以上。

4.3.2.3　*岩溶充水矿井*

1. 水文地质条件简单的矿井

这类矿井是指位于干旱、半干旱区、侵蚀基准面以上、以溶隙为主充水含水层的矿井,或者位于侵蚀基准面以下、构造简单、与地表水无水力联系、厚度不大、以溶隙为主充水含水层的矿井,涌水量小于 10 m^3/min(600 m^3/h)。

2. 水文地质条件中等的矿井

水文地质条件中等矿井的特征如下:

(1) 降水丰沛区,溶隙充水层裸露地表,或有厚层砂、砾石层覆盖。

(2) 主要充水层以溶隙为主的含水层,但厚度不大,与地表水无水力联系。

(3) 裂隙构造发育,与地表水有水力联系,涌水量为 10～20 m^3/min(600～1 200 m^3/h)。

3. 水文地质条件复杂的矿井

水文地质条件复杂矿井的特征如下:

(1) 处于降水充沛区,岩溶发育的充水岩层裸露地表,地形低洼,有利于地表水汇集。

(2) 处于地表水体下方,或临近地表水体,岩溶发育。

(3) 处于地下暗河或岩溶集中径流带附近。

(4) 顶底板有高压强岩溶化含水层,隔水层薄或虽厚但断层裂隙发育,经常与强岩溶化含水层对接。

(5) 与第四系等强充水含水层有密切的水力联系。

(6) 涌水量大于 20 m^3/min(1 200 m^3/h)。

4.3.2.4　*不同水文地质类型矿井的防治水措施*

不同水文地质类型矿井的防治水措施,见表 4-4。

表 4-4　不同水文地质类型矿井的防治水措施

类型	水文地质条件简单	水文地质条件中等	水文地质条件复杂
孔隙充水矿井	正常排水;留设一定厚度的防水煤柱;穿过流沙时,采用特殊施工方法或设置挡砂墙等	适当加强排水能力;留设足够的防水煤柱,防止垮落带贯通含水层;采取地表防治水措施,减少矿井涌水量	防治措施与水文地质条件中等类型的相同
裂隙充水矿井	正常排水	以足够的排水能力进行疏干;采取预防地表水涌入的措施,以减少涌水量;对井下裂隙发育的出水点适当进行堵水	强排疏干;留设防水煤柱,预防煤柱塌陷、裂隙贯通地表水体
溶隙充水矿井	准备足够的排水设备;正常排水;适当采用堵水措施	地面加强防洪排涝;井下加强排水、疏水降压;井下大突水点要注浆堵水;设置防水闸门;留设防水煤柱	增强排水能力,留有充分余地;留设防水煤柱;设置密闭式泵房、建筑防水闸门,以便分区隔离

此外,对岩溶复杂型矿井,还应对地表河流采取防渗、改道等措施;查明集中径流带、暗

河通道后进行堵塞，灌注防水帷幕截流；堵塞地表塌陷裂缝和井下突水点；加强对断层和强含水层的探放水工作；带压开采或疏水降压。

4.3.2.5　水文地质条件复杂、极复杂的矿井

《煤矿安全规程》规定：水文地质条件复杂、极复杂的煤矿，应当设立专门的防治水机构。水文地质条件复杂、极复杂矿井，应当每月至少开展 1 次水害隐患排查，其他矿井应当每季度至少开展 1 次。

水文地质条件复杂、极复杂或者有突水淹井危险的矿井，应当在井底车场周围设置防水闸门，或者在正常排水系统基础上，另外安设由地面直接供电控制，且排水能力不小于最大涌水量的潜水泵。在其他有突水危险的采掘区域，应当在其附近设置防水闸门；不具备设置防水闸门条件的，应当制定防突(透)水措施，报企业主要负责人审批。

思考与练习

1. 试述矿井水文地质工作的含义和目的。

2. 试述矿区、矿田、井田、阶段(中段)、采区、水平的概念。

3. 矿床开采方式有几种？各适用于什么条件？

4. 矿床开采通常分几个步骤？

5. 采空区顶板岩层破坏有什么特征？分哪几个带？

6. 什么是矿井充水条件？矿井充水水源有几种？各有什么特征？

7. 矿井充水通道(充水途径)有几种？各有什么特点？

8. 对断层如何进行水文地质分类？

9. 如何计算采空区顶板垮落带和裂缝带高度？

10. 影响矿井充水强度的因素主要有哪些？

11. 矿井边界条件主要包含什么边界？

12. 矿井水文地质分类应遵循什么原则？

13. 矿井水文地质类型是如何划分的？

14. 以孔隙含水层充水为主的矿井有什么特征？调查重点是什么？开采时期的水文地质问题是什么？

15. 以裂隙含水层充水为主的矿井有什么特征？调查重点是什么？开采时期的水文地质问题是什么？

16. 以岩溶含水层充水为主的矿井有什么特征？调查重点是什么？开采时期的水文地质问题是什么？

17. 某矿区剖面示意图如图 4-20 所示，试回答下列问题。

(1) 分析天然情况下灰岩含水层地下水的补给、径流和排泄条件。

(2) 分析铁矿床充水条件及煤矿床充水条件(注意对 100 m、0 m、－100 m 等不同开采水平的充水条件进行对比)。

(3) 开采 100 m 水平煤层时，是否会造成矿井充水？开采 0 m 水平煤层时，最大可能性充水水源是哪种？开采－100 m 水平煤层时，充水水源可能是什么？并分析说明其理由。

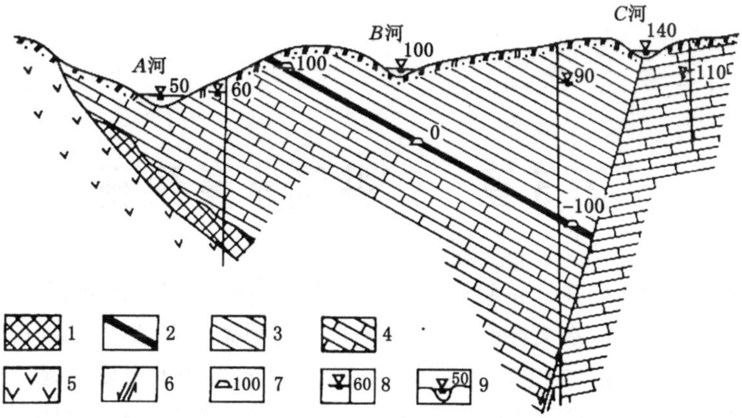

1—铁矿；2—煤层；3—页岩；4—灰岩；5—闪长岩；6—断层；7—巷道及标高(m)；
8—揭露灰岩的钻孔水位及其标高(m)；9—河水位及其标高(m)。

图 4-20　某矿区剖面示意图

第5章 矿井涌水量预测

矿井涌水量是指从矿井开拓到回采过程中单位时间内流入矿井(包括井、巷和巷道系统)的水量,它是确定矿床水文地质类型、矿床水文地质条件复杂程度和评价矿床开发技术条件的重要指标之一,也是制定矿井疏干设计、确定生产能力的主要依据。矿井涌水量不仅是对煤田建设进行技术经济评价的重要指标,更是煤矿生产设计部门制定采掘方案、确定矿井排水能力和制定疏干措施的主要依据。因此,正确地预测矿井涌水量是矿井水文地质工作的重要任务之一。

5.1 概　　述

5.1.1 矿井涌水量预测的内容

预测矿井涌水量是矿床水文地质调查的核心任务,也是一项复杂工作,所以在各调查阶段都要求按相应精度认真、正确地预测出未来各种开采条件下的涌水量。其预测内容有:

(1) 预测矿井正常涌水量。指开采系统达到某一标高(水平或中段)时,正常状态下相对稳定的总涌水量,通常指年平均涌水量。

(2) 预测矿井最大涌水量。指正常状态下开采系统在丰水年雨季的最大涌水量。对某些受暴雨控制的裸露型及暗河型矿床,还应根据当地气象周期特征,据历史最大暴雨强度,预测数十年一遇的特大暴雨时可能出现的特大矿井涌水量值,以预测突水和制定应变措施。

(3) 预测开拓井巷涌水量。指开拓各种井巷过程中的涌水量。

(4) 预测疏干工程排水量。指在设计疏干时间内,将水位降至某规定标高时的疏干排水量。

在各地质调查阶段,均以预测矿井正常涌水量和最大涌水量为主,由矿床水文地质人员担任;开拓井巷涌水量和疏干工程排水量预测,则多由矿山基建或生产部门负责,但水文地质人员亦应参与相关工作。

5.1.2 矿井涌水量预测的特点

虽然矿井涌水量的预测方法与供水勘探中的水资源评价类同,但其预测条件与思路仍有以下诸多特点。

(1) 供水水资源评价,一般以确保枯水期最小开采量为目的;而矿井涌水量预测则以准确地预测丰水期最大涌水量为目标。

(2) 我国矿床大多分布于基岩山区,充水条件差异悬殊,补排条件复杂。在边界条件概化中,非确定性因素多,含水介质非均匀性突出,参数的代表性难于解决;地下水流态复杂,常出现紊流、非连续流与管道流。组成概化模型的三大要素——边界、结构与流态复杂，定量化难度大。

(3) 矿山井巷类型与空间分布千变万化，开采方法、开采速度与规模等生产条件复杂且不稳定，与供水的建筑物的结构简单、生产条件稳定形成鲜明对比，给矿井涌水量预测带来诸多不确定性因素。

(4) 矿井涌水量预测多针对大降深矿井。大降深疏干又必然导致矿区水文地质条件的严重干扰与破坏，其破坏强度又比较难于预料与定量化。这与小降深供水有明显差异，使用供水时的计算理论与方法，通常难以满足要求。

(5) 在矿床地质调查中，一般对水文地质工作投入的技术条件较差、投资少、工程控制程度低，这在客观上也给涌水量预测带来较大困难。

以上特点决定了矿井涌水量预测存在诸多可产生误差的客观条件。因此，勘探阶段的涌水量预测应属于评价性计算，其精度难以与供水水资源评价相提并论。为了满足生产要求，除了通过完善勘探方法，提高预测精度外，还应完善预测成果的表达形式，指出预测成果的使用方法与注意事项，为设计与生产部门结合生产条件进行成果再开发提供依据，以提高预测成果的使用价值。

5.1.3　矿井涌水量预测的步骤

矿井涌水量预测是随矿床地质勘探程度的深入和对矿床水文地质条件认识的深化而逐渐完成的，可分为三个步骤。

第一步是建立水文地质(概化)模型。其要求是：① 概化已知状态下矿区水文地质条件；② 给出未来开采井巷的内部边界条件；③ 预测未来开采条件下的外部边界。

对于条件复杂的大水矿床，建立一个可靠的概化模型，大致须经历以下3个阶段：① 通过初勘资料的收集、整理，提出模型的“雏型”，并作为下一步勘探设计的依据；② 据进一步勘探提供的各种信息资料，特别是大型抽(放)水资料，调整“雏型”模型，建立“校正型”模型；③ 在①、②阶段的基础上，结合开采方案，预测排水后内、外边界的变化，建立“预测型”水文地质概化模型。

随调查阶段的深入，虽然某些矿区根据“雏型”“校正型”和“预测型”等概化模型皆可进行矿井涌水量预测，但其结果的精度则大不相同。

第二步是选择计算方法，建立相应的数学模型。据当前矿井涌水量预测中常用的数学模型，可将涌水量预测划分为不同类型，计算时可依据当地条件和已有资料进行选择。

第三步是求解数学模型，评价预测结果。数学模型的解，不能仅看作单纯的数学运算，而应看作对水文地质模型和数学模型的全面识别与验证，也是对矿区各种条件从定性到定量深化认识的过程。

5.1.4　矿井涌水量预测的方法

实质上，如将矿井排水视作供水“大井”在取水，则进入矿山井巷的预测涌水量，也就相当于对供水“大井”或水源地进行地下水资源量的计算与评价。两者应用的计算预测或评价方法基本上是相同的，只是因具体目的不同，在应用原则、观点和处理上有所区别而已。

据此，可引用地下水资源评价方法的分类，作为矿井涌水量预测方法的分类，并将两者统一在一个分类之中，如图5-1所示。本章就分类中的解析法、数值法、水文地质比拟法、相关分析法、Q-S曲线外推法及水均衡法在矿井涌水量预测中的应用条件进行介绍。

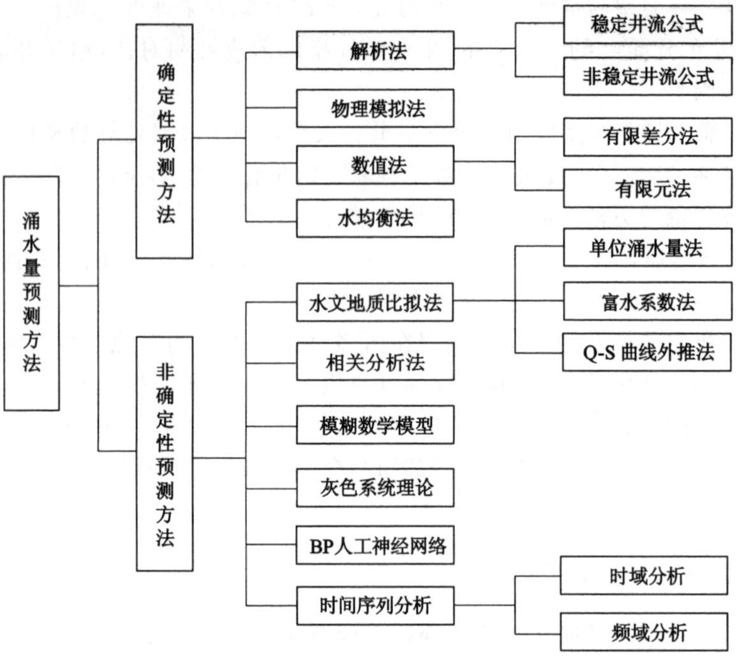

图5-1　矿井涌水量预测方法划分

5.1.5　矿井涌水量预测失误的原因分析

矿井涌水量预测虽为矿床地质调查的核心工作，但研究得还很不够，仍处于近似计算水平，预测失误的例子屡见不鲜，突水灾害还时有发生。据岩溶充水矿山回访调研，将勘探时期预测的矿井涌水量与开采后实际涌水量对比后发现：误差小于30%的矿区仅占总数的10%；有80%的矿区的误差均超过50%；个别矿区的误差竟达数十倍，甚至百倍以上。

导致矿井涌水量预测失误的原因，主要有：

(1) 对矿床水文地质条件的复杂性认识不足，对矿床水文地质条件未予查清。矿床水文地质条件复杂是客观存在的，而对它认识正确与否，则随勘探程度和因调查者认识事物能力的不同，而有较大的差异。

(2) 水文地质概化模型概化不当，水文地质参数取值不妥。概化模型概化不当有两层含义：一是水文地质条件未查清楚，导致概化模型失误；二是虽条件已查明，但计算者概化不当。容易出现的问题是边界的位置和性质不确定，参数不准，计算分区不当。参数不准包括参数本身的失真和计算时对参数使用不当。如许多矿区，把浅部求得的参数用于深部涌水量预测，从而造成误差。

(3) 数学模型处理欠妥。数学模型是工具，是用来对水文地质概化模型进行数学描述的。即使概化模型概化得正确，还有赖于建立一个适合于概化模型的数学模型，才能获得满意的涌水量预测值。20世纪50—60年代，国内普遍采用稳定井流理论计算模型，在应用上多有不妥，故失误多。当地下水非稳定流推广后，加之数值模拟理论的应用，这些均为矿井涌水量预测提供了有效的方法，从而使预测成功的实例大增。但复杂的水文地质条件和开采系统，通常较难用数学式确切地表达出来，这为数学模型的建立带来了困难，稍有不慎就会使数学模型失真。

据以上讨论可得出如下结论：只有在水文地质条件认识清楚，水文地质模型概化合理，数学模型建立和运用正确，使用的参数有代表性，符合开采条件时，才能获得准确的涌水量预测值，从而满足采矿要求。

5.2 解　析　法

5.2.1　应用条件分析

1. 矿床疏干过程中地下水运动状态分析

矿床疏干时的地下水运动，严格地讲，都属于非稳定运动，这是开采条件不断变化所致。但人们发现，一些矿区在长期开采疏干中，其涌水量变化过程仍可以有相对的稳定阶段。在开滦矿，矿井涌水量随巷道走向的延展而增加，延展暂停，涌水量即出现相对的稳定，总涌水量不变。而在复洲湾矿，矿井涌水量随采深变大而增加，当某水平进入回采期，其涌水量亦逐渐稳定，保持到开拓下水平或突水为止。将上述资料绘成矿井涌水过程曲线(图 5-2)，就可看出该矿区多水平在不同开采阶段地下水运动的非稳定运动状态与稳定状态间的转变过程。因此，在矿床开拓及采准阶段，涌水量预测应使用非稳定流方法；而对回采水平涌水量进行预测，稳定流方法则有实用价值。

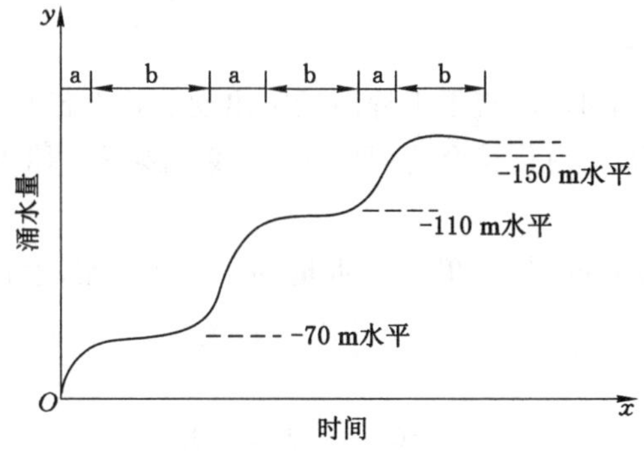

a—开拓阶段；b—回采阶段。

图 5-2　矿井涌水过程曲线示意图

2. 解析法的应用条件

解析法是目前矿井涌水量预测中应用最广的方法之一。它根据地下水动力学原理，结合矿床疏干实际需要，对不同条件下流向各类井及巷道系统的地下水流建立相应的偏微分方程，用解析法计算它们的涌水量。解析法还能为疏干设计提供疏干时间、疏干范围和疏干水位等数据。

(1) 稳定井流解析法的应用

在矿床疏干过程中，当某水平地下水位降落漏斗呈相对稳定状态时，可认为形成的辐射流场基本满足稳定井流条件，可以近似地应用裘布依方程进行涌水量计算。该方程可用于：① 在已知某开采水平最大水位降深条件下，预测矿井总涌水量；② 在给定某疏干水平排水能力前提下，计算区域地下水位降深(或压力降低)值。

(2) 非稳定井流解析法的应用

在矿床长期疏干过程中，地下水位不断降低，疏干漏斗不断扩展，地下水辐射流场是非稳定的。在已知初始条件和边界条件的情况下，当参数一定时，则有：① 已知采深的水位降深(S)、疏干时间(t)，求涌水量(Q)；②已知 Q、S，求疏干某水平或漏斗扩展到某处的时间(t)；③ 已知 Q,t，求 S，以确定漏斗的发展和计算各点水头随时间的变化规律。求得的这些参数可用于规划各项开采措施。

5.2.2 计算过程

5.2.2.1 疏干流场的水力特征

矿床疏干流场是在采前天然地下水流场的基础上，叠加开采因素演变而成的。因此，应主要分析疏干条件下流场的水力特征，以选择相应的计算方法。

1. 稳定流与非稳定流的区分

矿山开采初期(开拓阶段)，开拓井巷不断发展变化，疏干漏斗的外边界不断扩展，涌水量(或疏干量)以消耗含水层储存量为主，该阶段疏干场一般为非稳定流。矿山开采后期(回采阶段)，疏干量主要受流场外边界的补给条件所控制，在补给条件不充分的矿区，疏干流场以消耗含水层储存量为主，仍为非稳定流；在补给条件充足或具定水头补给边界的矿区，涌水量与补给量平衡，一般可出现相对的稳定流，此时，涌水量预测可以稳定井流理论为基础。

2. 层流与紊流的区分

当矿区进行大降深疏干时，在疏干工程附近常出现非达西流。据研究，这种复杂水流状态出现的范围不大，而大面积内仍符合达西定律，故线性渗透定律仍然是建立渗流型确定性模型的理论基础。

通常以抽(放)水试验为依据，用单位涌水量(q_i)法对层流、紊流进行判别，计算公式见式(5-1)和式(5-2)。

承压水：

$$q_i \approx \frac{Q_1}{S_1} \approx \frac{Q_2}{S_2} \approx \frac{Q_3}{S_3} \tag{5-1}$$

潜水：

$$q_i \approx \frac{Q_1}{(2H - S_1)\ S_1} \approx \frac{Q_2}{(2H - S_2)\ S_2} \approx \frac{Q_3}{(2H - S_3)\ S_3} \tag{5-2}$$

式中　H——承压含水层的水头；

Q_i,S_i——抽水试验各流程的稳定水量与稳定水位降深值，$i=1,2,3$。

若各次计算的 q_i 为一常数或接近常数，则地下水为层流运动，否则为紊流运动。

3. 平面流与空间流的区分

矿床疏干流场受控于开采井巷的类型与分布状态，呈复杂的流态，在宏观上可概化为流向完整井巷的平面流和流向非完整井巷的空间流。

(1) 流向完整井巷的平面流

流向完整井巷的平面流又分为竖井排水产生的平面辐射流和水平巷道排水产生的剖面平面流(其两端仍出现辐射流)。巷道系统则复杂得多,排水初期,在统一降落漏斗形成前,巷道系统各边缘部分都呈单方向的剖面平面流;当继续排水,形成统一降水漏斗后,流向巷道系统的地下水才过渡为近似的平面辐射流。

(2) 流向非完整井巷的空间流

据研究,在流向非完整井巷的地下水辐射流范围内,存在空间流带与平面流带两种运动形式。但前者往往仅限于非完整井巷附近,范围为含水层厚度的 1.5～2.0 倍。空间流的计算,常采用平面分段法、剖面分段法或经验公式法。

4. 潜水与承压水的区分

据勘探资料来区分潜水与承压水是容易的。但与供水不同的是,在疏干中常常出现由承压水转为承压-无压水或无压水。在某些条件下,还可出现一侧保持承压状态,而另一侧则由承压转为无压或承压-无压状态(图 5-3),计算时应区别对待。

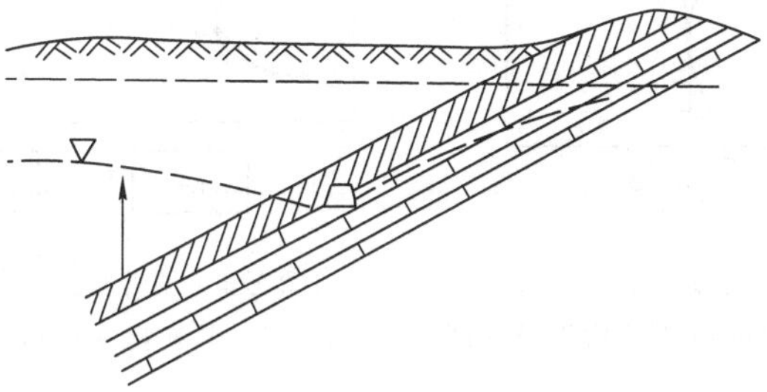

图 5-3　某矿区疏干漏斗示意图

5. 倾斜巷道的处理

据阿勃拉莫夫证明,巷道的倾斜对巷道涌水影响不大。若巷道倾斜度大于 45°时,则可视为与竖井类似,可用辐射井流公式计算;若巷道倾斜度小于 45°时,则可视为与水平巷道相似,可用剖面流的单宽流量公式计算。

5.2.2.2　确定边界类型

1. 侧向边界类型的概化

(1) 边界进水类型的划分:应将边界概化为隔水和补给两类。值得注意的是,开采后,隔水边界可能被破坏,转化为补给边界,或原排泄边界转化为补给边界。

(2) 边界形态的简化:解析法计算模型,要求将不规则形状的边界简化为一些理想的几何图式边界,如半无限直线边界、直交边界、斜交边界和平行边界等。

例如,在对湖北铜录山铜矿的露天矿涌水量进行预测时,矿井充水来自围岩大理岩含水层,与东西两侧岩浆岩隔水层呈 30°交角,向南敞开(图 5-4)。20 世纪 60 年代勘探时,矿区边界被概化为东侧直线隔水的环状供水边界,采用非完整井稳定井流公式,预测的矿井涌水量为 5 958～7 985 m^3/d,而实际涌水量仅为 3 790 m^3/d,误差为 57%～111%。70 年代回访调查验证计算时,采用 30°扇形补给边界的稳定流近似计算,得到的涌水量为 3 685 m^3/d,周期实际涌水量为 3 416 m^3/d,误差仅为 7.9%。这证明了边界形态概化的重要性。

(3) 各种类型边界条件下的计算方法:常采用映射法或分区法(卡明斯基平面辐射流法),

即根据疏干时地下水流场的状态，沿流面或等水压面分割为若干扇形分流区(图 5-5)，各分区常用卡明斯基平面辐射流公式计算其涌水量，各分流区涌水量总和即全矿区总涌水量。

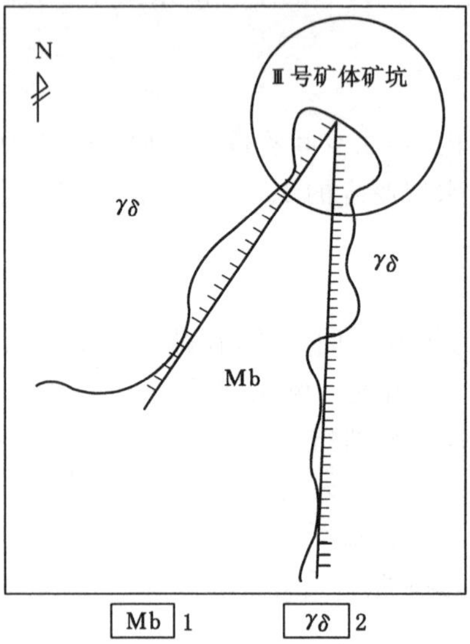

1—大理岩；2—岩浆岩。

图 5-4 湖北铜录山铜矿的露头矿边界概化图

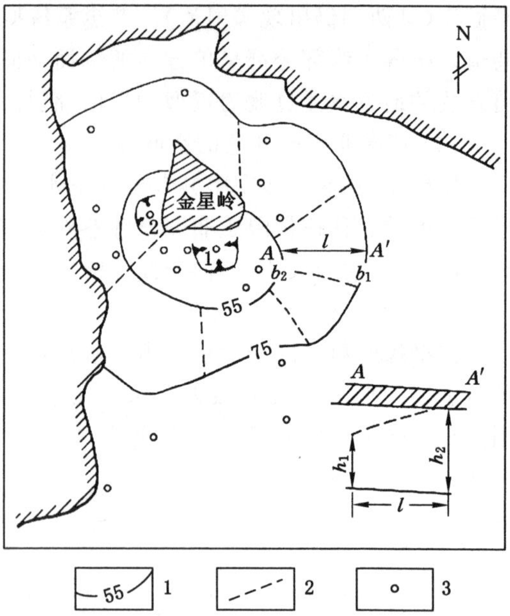

1—1、2 号汇水点等水位线；2—块段分界流线；3—观测孔。

图 5-5 某矿区采用分区法计算总涌水量示意图

2. 垂向越流补给边界类型的确定

越流补给边界分定水头和变水头两类，用解析法主要解决定水头越流补给边界，其计算方法与供水的相同。

5.2.2.3 确定矿井涌水量预测方程

可依据具体矿区的前述各种条件，即疏干流场的水力特征、地下水类型、边界条件及疏干工程类型、疏干时间等，选定具体的计算方程。

(1) 映射法，即根据地下水动力学中的映射叠加原理，获得矿井涌水量预测所描述的各种特定边界条件下的解析公式。可采用式(5-3)或式(5-4)的形式表示。

稳定流：

$$Q=\frac{2\pi KU}{R_{\mathrm{A}}} \tag{5-3}$$

非稳定流：

$$Q=\frac{4\pi KU}{R_{\mathrm{r}}} \tag{5-4}$$

式中 K——含水层渗透系数；

U——势函数，无压水时等于$(H^2-h^2)/2$，承压水时等于 $M(H-h)$，H 为从含水层底板算起的地下水天然水位，M 为承压含水层厚度，h 为从含水层底板算起到井中动水位的距离；

R_{A}，R_{r}——稳定流和非稳定流的边界类型条件系数。

用汇点、源点的映射法原理和水流叠加规则所求得的各种理想化边界类型条件系数见表 5-1。表 5-1 中所列各式均非解析解的原形，系经过简化的近似表达式。

表 5-1　理想化边界类型条件系数

边界类型	图示	R_A $[Q=2\pi KU/R_A]$	R_r $(Q=4\pi KU/R_r)$
直线隔水	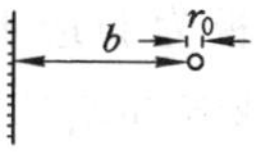	$\ln\frac{R^2}{2br_0}$	$2\ln\frac{1.12at}{r_0 b}$
直线供水	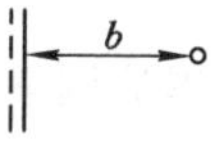	$2\ln\frac{2b}{r_0}$	$2\ln\frac{2b}{r_0}$
直交隔水	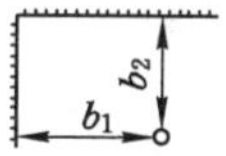	$\ln\frac{R^4}{8r_0 b_1 b_2\sqrt{b_1^2+b_2^2}}$	$2\ln\frac{(2.25at)^2}{8r_0 b_1 b_2\sqrt{b_1^2+b_2^2}}$
直交供水	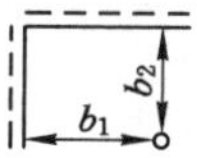	$\ln\frac{2b_1 b_2}{r_0\sqrt{b_1^2+b_2^2}}$	$2\ln\frac{2b_1 b_2}{r_0\sqrt{b_1^2+b_2^2}}$
直交隔水供水	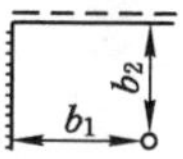	$\ln\frac{2b_2\sqrt{b_1^2+b_2^2}}{r_0 b_1}$	$2\ln\frac{2b_2\sqrt{b_1^2+b_2^2}}{r_0 b_1}$
平行隔水	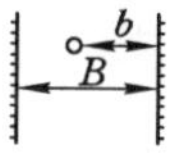	$\ln(\frac{b}{\pi r_0}+\frac{\pi R}{2B})$	$\frac{7.1\sqrt{at}}{B}+2\ln\frac{0.16B}{r_0\sin\frac{\pi b}{B}}$
平行供水	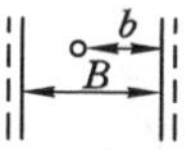	$\ln(\frac{2B}{\pi r_0}\sin\frac{\pi b}{B})$	$2\ln(\frac{2B}{\pi r_0}\sin\frac{\pi b}{B})$
平行隔水供水	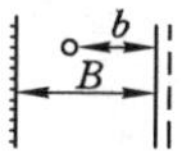	$\ln(\frac{4B}{\pi r_0}\cot\frac{\pi b}{B})$	$2\ln(\frac{4B}{\pi r_0}\cot\frac{\pi b}{B})$

(2) 分区法，也称卡明斯基平面辐射流法。它是从研究稳定状态下的流网入手，根据疏干流场的边界条件与含水层的非均质性特点，沿流面和等水压面将其分割为若干条件不同的扇形分流区（以下称扇形区），每个扇形区内的地下水流都呈辐射流，沿流面分割所得的各扇形区边界为阻水边界，而沿等水压面分割所得的扇形区边界为等水头边界。常用卡明斯基平面辐射流公式[式(5-5)或式(5-6)]分别计算各扇形区的涌水量 Q_i。

潜水：

$$Q_i=\frac{b_1-b_2}{\ln b_1-\ln b_2}\cdot\frac{h_1^2-h_2^2}{2l} \tag{5-5}$$

承压水：

$$Q_i=\frac{b_1-b_2}{\ln b_1-\ln b_2}\cdot\frac{M(h_1-h_2)}{2l} \tag{5-6}$$

式中　b_1,b_2——扇形区辐射状水流上、下游断面的宽度；

h_1,h_2——b_1,b_2 断面隔水底板以上的水头高度；

M——承压含水层厚度；

l——b_1与b_2断面的间距。

按式(5-7)求各分区流量的总和：

$$Q = \sum_{i=1}^{n} Q_i = Q_1 + Q_2 + \cdots + Q_n \tag{5-7}$$

每个扇形区内的下游断面，以直接靠近井巷的疏干漏斗等水头线的一部分为准；而上游断面则以远离井巷的供水边界等水头线的一部分为准。

(3) 垂向越流补给边界的计算。当疏干含水层的顶底板为弱透水层时，其垂向相邻含水层就会通过弱透水层对疏干含水层进行越流补给，出现越流补给边界。越流补给边界分定水头和变水头两类，解析法对后者的研究尚待验证。

存在定水头垂向越流补给的矿井涌水量计算，可用增加越流因素 B 的形式来表示。

稳定流：

$$Q = \frac{2\pi KMS}{K_0\left(\dfrac{r_0}{B}\right)} \tag{5-8}$$

非稳定流：

$$Q = \frac{4\pi TS}{W\left(u \cdot \dfrac{r_0}{B}\right)} \tag{5-9}$$

式中 K ——含水层渗透系数；

M——含水层厚度；

T——含水层的导水系数；

S——水位降深；

$W(u \cdot \dfrac{r_0}{B})$——定流量越流补给井函数；

B——越流因素，$B=\sqrt{\dfrac{TM'}{K'}}$，K'为垂向弱透水层渗透系数，M'为垂向弱透水层厚度；

$K_0\left(\dfrac{r_0}{B}\right)$——零阶第二类修正贝塞尔函数。

5.2.2.4 确定各项参数

利用解析法预测矿井涌水量的精度，除取决于前述各项条件之外，最主要的就是采用各项参数的精确程度及其代表性，以及是否正确地预估了开采后条件的变化。这里仅结合矿井涌水的特点，对某些参数的确定方法予以介绍。

1. 含水层厚度(M)的计算

解析法视含水层的厚度为等厚，因此要求采用总体平均的数值。计算时，应根据岩性、地质特征等分为若干计算区，各区的面积为 F_i，分区计算各区的平均厚度 M_i，最后用面积加权平均法求得矿区的总体平均厚度 M_{cp}：

$$M_{cp} = \frac{\sum_{i=1}^{n} F_i M_i}{\sum_{i=1}^{n} F_i} \tag{5-10}$$

2. 渗透系数(K)的计算

渗透系数是解析法计算中极为重要的参数,但由于自然和开采条件的复杂性与测试计算方法的缺陷,它不易被精确测得,这是涌水量预测失误的主因之一。解析法主要适用于均质含水层。因而首先应区分含水层是均质的还是非均质的。我国矿床多产于非均质的裂隙和岩溶含水层充水地区,一般当非均质程度尚不太高时,可用求平均渗透系数(K_{cp})的方法(相差程度较大者,则应分区计算)来计算渗透系数,常用的方法有加权平均值法和流场分析法。

(1) 加权平均值法

加权平均值法又可分为厚度平均、面积平均、方向平均等方法。例如,厚度平均法的计算公式为:

$$K_{cp}=\frac{\sum_{i=1}^{n}M_iK_i}{\sum_{i=1}^{n}M_i} \tag{5-11}$$

式中　M_i——承压(潜水)含水层各垂向分段厚度;

K_i——相应分段的渗透系数。

(2) 流场分析法

有等水位线图时,可采用闭合等值线法,其计算公式为:

$$K_{cp}=-\frac{2Q\Delta r}{M_{cp}(L_1+L_2)\Delta h} \tag{5-12}$$

或据流场特征,采用分区法进行计算,其计算公式为:

$$K_{cp}=\frac{Q}{\sum_{i=1}^{n}\left(\frac{b_1-b_2}{\ln b_1-\ln b_2}\cdot\frac{h_1^2-h_2^2}{2L}\right)} \tag{5-13}$$

式中　L_1,L_2——任意两条(上、下游)闭合等水位线的长度;

Δr——两条闭合等水位线的平均距离;

Δh——两条闭合等水位线间的水位差;

M_{cp}——含水层平均厚度;

Q——矿井涌水量;

b_1,b_2——辐射状水流上、下游断面的宽度;

h_1,h_2——b_1,b_2断面隔水底板以上的水头高度;

L——b_1,b_2断面之间的距离。

3. 疏干"大井"引用半径(r_0)的计算

井巷系统的形状较供水井复杂得多,且分布极不规则,范围广阔,又处于经常变化之中,构成了复杂的内边界。解析法要求将它理想化,故常将此形状复杂的井巷系统看成一个"大井",把井巷系统圈定的或者以降水漏斗距井巷最近的封闭等水位线圈定的面积(F)看成该大井的面积。此时,整个井巷系统的涌水量,就相当于大井的涌水量,从而可使用各种井巷公式计算矿井涌水量,这就是大井法。近圆形大井的引用半径 r_0的计算公式为:

$$r_0=\sqrt{\frac{F}{\pi}}=0.564\sqrt{F} \tag{5-14}$$

4. 疏干“大井”影响半径(R)的计算

用大井法预测矿井涌水量时，其降落漏斗的影响半径(R_0)应从大井中心算起，等于大井的引用半径(r_0)加上排水影响半径(R)，即

$$R_0 = R + r_0 \tag{5-15}$$

由于疏干漏斗形状不规则，在解析法中以 R_{cp} 代表 R_0 较为合理。计算狭长水平巷道涌水量时，也常用引用宽度(L_{cp})。其确定方法有：

(1) 用经验公式、半经验公式进行确定，如库萨金公式、奚哈脱公式等。实践证明，这类公式计算结果的精度一般不高。

(2) 用塞罗瓦特科公式确定。复杂井巷系统的影响半径可据井巷边缘轮廓线与天然水文地质边界线之间距离的加权平均值求得，即

$$R_{cp} = r_0 + \frac{\sum_{i=1}^{n} b_{cp} L_i}{\sum_{i=1}^{n} L_i} \tag{5-16}$$

式中 r_0——大井的引用半径；

b_{cp}——井巷轮廓线与各不同类型水文地质边界线间的平均距离；

L_i——各类型水文地质边界线的宽度。

矿井疏干水位降深(S)较大，影响范围常达含水层的补给或隔水边界，因此，计算时多取井巷系统中心至边界距离为影响范围。

当井巷系统处在近圆形补给边界[图 5-6(a)]时，R 可取平均值 b_{cp}；当其处在直线补给边界[图 5-3(b)]时，R 则取 $\sum_{i=1}^{n} b_{cp} L_i / \sum_{i=1}^{n} L_i$。

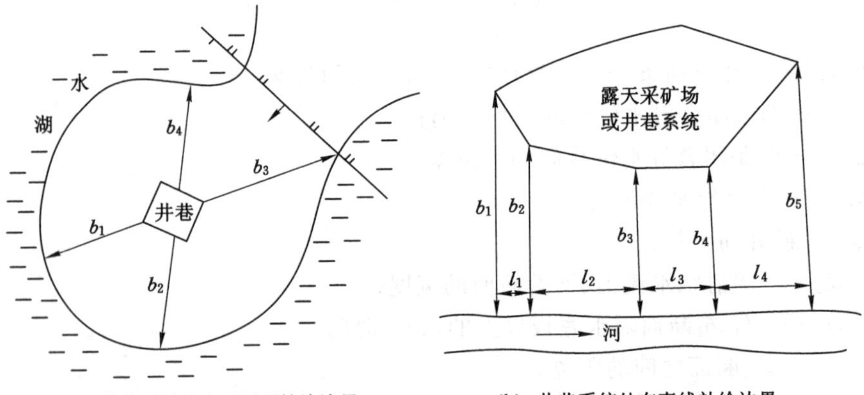

(a) 井巷系统处在近圆形补给边界　　(b) 井巷系统处在直线补给边界

图 5-6　井巷系统与补给边界分布关系示意图

5. 最大疏干水位降深(S_{max})的计算

在矿井涌水量预测中，通常不考虑供水中对 S_{max} 的要求，而以地下水位降至巷道底板为目的。对直接充水含水层来说，有两种情况，如图 5-7 所示。据观测，在长期疏干条件下，大面积井巷系统外缘从巷道底板向上的 h 值一般不超过 1～2 m，约相当于图 5-7(a)中的 Δh，图 5-7(b)中的 h 等于 Δh。因此，矿井涌水量预测时常取 $S_{max} = H$[图 5-7(b)]或降低至巷道

底板[图 5-7(a)],它使涌水量计算值偏大 0.5%～1%。当 $S_{max}=H$ 时,用稳定流理论是不合适的。据研究,当水位降深超过含水层厚度的 30%时,用非稳定流公式计算也要偏离实际情况,会出现明显的误差。因此,不难看出,用解析法预测最大降深时的涌水量,一般是不适宜的,会产生一定的误差。

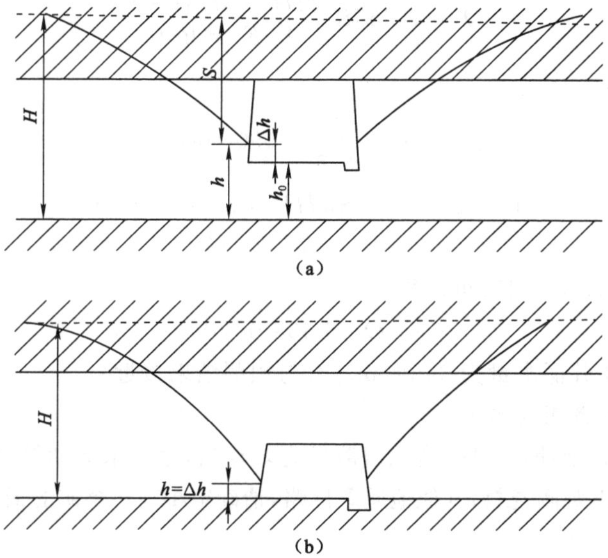

图 5-7　巷道排水水位图

5.2.2.5　求解方程,论证所得涌水量

可利用解析法的各种方程(公式)来预测矿井涌水量。而对于所预测涌水量的可靠程度,一般认为,可用矿区开采条件下的水均衡方法求得井巷的补给水量,并以此为标准进行比较论证。

5.2.3　解析法预测实例

5.2.3.1　稳定流预测涌水量

某煤矿的煤层埋藏在二叠系砂岩承压含水层之下,含煤地层被断层切割,该断层透水但富水性不强。巷道系统面积为 $1.094\times10^6\ m^2$,其轮廓为不规则的圆形。砂岩含水层平均水头为 100 m,含水层厚度为 30 m,渗透系数为 0.2 m/d。巷道系统布置在隔水的页岩底板中(图 5-8),地层倾角为 13°。试预测矿井涌水量。

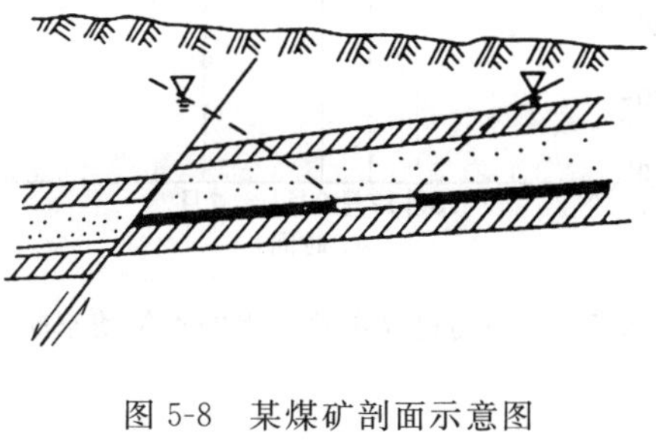

图 5-8　某煤矿剖面示意图

根据已知条件,断层透水,说明它不是隔水边界,富水性不强,说明它不是供水边界,因此可将其视为无限边界。地层倾角为13°,可视为水平含水层。含水层的厚度和渗透系数已经概化过。由图5-8可以看出,矿井排水时水位已降至隔水顶板以下,属承压-无压水,因此应选用无限边界承压-无压公式计算矿井涌水量:

$$Q = 1.366K\frac{(2H-M)M-h^2}{\lg R_0 - \lg r_0} \tag{5-17}$$

r_0和R_0由下式求出:

$$r_0=\sqrt{\frac{F}{\pi}}=590\ (\mathrm{m})$$

$$R_0=R+r_0=2S\sqrt{HK}+r_0=1\ 500\ (\mathrm{m})$$

$$h=0(S_{\max}=H)$$

将有关数值代入式(5-17)可求得:

$$Q=3\ 438\ \mathrm{m^3/d}$$

实际开采时,矿井涌水量为3 500 $\mathrm{m^3/d}$,与预测结果接近。

5.2.3.2 非稳定流预测涌水量

焦作小马村煤矿地处灰岩区,裂隙岩溶发育较均匀,地下水运动符合达西定律,矿区内有部分地下水长期动态观测资料,其他地质条件略,请确定小马村煤矿的最佳疏干量($Q_{最}$)。

1. 要求

若当疏干水平(或中段)的水位降深(S)确定后,则疏干量(Q)是时间(t)的函数。这样,疏干量就是与疏干时间有关的一组数据。某水平的正常疏干量,应是该水平预测的矿井涌水量。设计部门要在一组不同疏干强度与相应时间的对比中,选出最佳疏干方案,即选择排水能力要求不过大,而疏干时间又不长的方案。

2. 任务

给定的条件是:① 疏干中段的水位降深确定为0 m标高;② 疏干时间要求在两个雨季间完成。

3. 最佳疏干量的计算与分析

第一步:初选疏干时间段。据第2项任务,在现有地下水动态曲线(图5-9)上初选3个时间段,即270 d、210 d、150 d,以供计算分析。

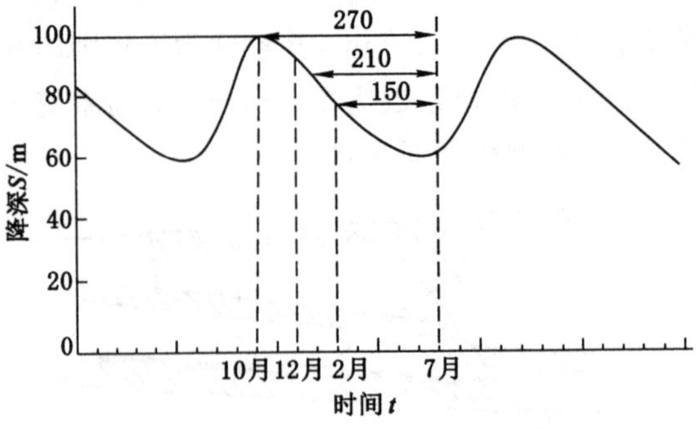

图5-9 小马村煤矿地下水的水位动态曲线

第二步：确定相应的 S 值。根据给定的 0 m 标高，从动态曲线图上确定出各时间段相应的 S 值，见表 5-2。

表 5-2　不同时间段对应的 S 值

t/d	270	210	150
S/m	100	90	80

第三步：求相对应的 Q 值。利用的公式(符号为常用地下水动力学符号)为：

$$Q = \frac{4\pi TS}{W\left(\frac{\mu r^2}{4Tt}\right)} \tag{5-18}$$

在已知 t_1、S_1、t_2、S_2、t_3、S_3 的条件下，求得的 Q_1、Q_2、Q_3 作为第四步分析的初值。

第四步：绘制不同疏干量条件下的 $S=f(t)$ 曲线。在初值 Q_1、Q_2、Q_3 的范围内，通过内插给出一组供进一步分析的疏干量数据，其计算公式为：

$$S = \frac{Q}{4\pi T}W\left(\frac{\mu r^2}{4Tt}\right) \tag{5-19}$$

然后分析不同疏干量的 S 随 t 的变化规律，并绘制不同疏干量条件下的 $S=f(t)$ 曲线(图 5-10)。

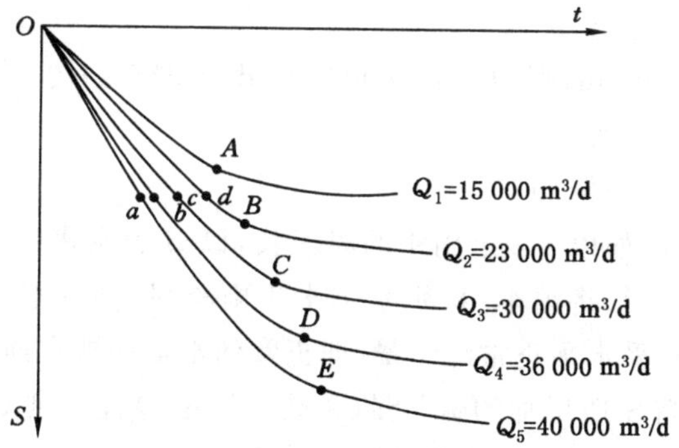

图 5-10　不同疏干量条件下的 $S=f(t)$ 曲线

第五步：绘制不同降深条件下的 $Q=f(t)$ 曲线。根据图 5-10 作出不同降深条件下的疏干量与时间的关系曲线 $Q=f(t)$(图 5-11)，进行不同降深条件下疏干量与疏干时间的对比分析。

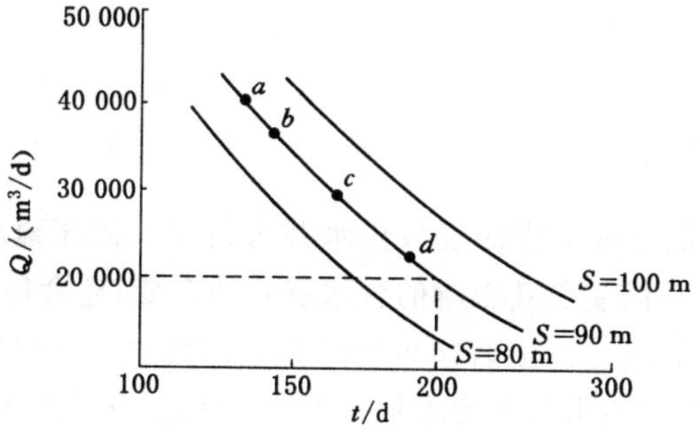

图 5-11　不同降深条件下的 $Q=f(t)$ 曲线

第六步：绘制降深条件与最佳疏干量的关系曲线。根据图 5-10 中各 $S=f(t)$曲线的拐点，求出不同降深条件下的最佳疏干强度，即降深与拟稳定疏干量的关系曲线(图 5-12)。

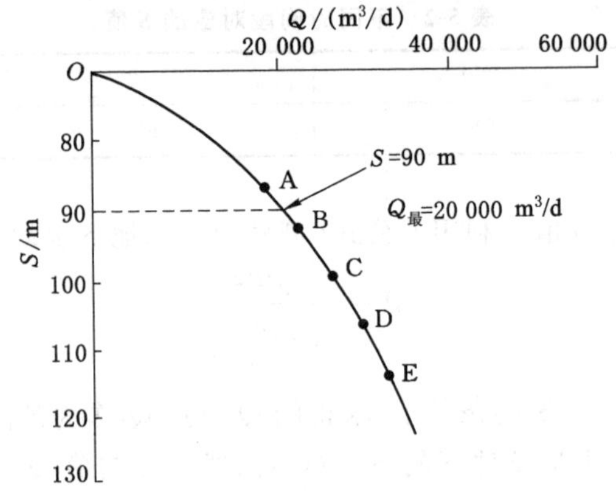

图 5-12　降深与拟稳定疏干量的关系曲线

第七步：确定最佳疏干量，并检验其可行性。根据图 5-12 取得的不同降深的最佳疏干量 $Q_{最}$，检验它们达到 S 时所需的时间 t 是否满足任务要求，即是否能在两个雨季之间完成疏干任务。如符合要求，预测就算完成；不符合，则还要重复进行，直至所选取的最佳疏干量满足任务要求的 S 与 t 为止。

从图 5-12 中取 $S=90$ m，则 $Q_{最}$ 为 20 000 m^3/d；由图 5-11 求得 $t=200$ d。可行性检验：200 d<210 d，故符合技术要求。

然后，求雨季最大疏干量 Q_{max}。

雨季地下水位上升，如以 t 表示雨季的时段长，以 S 表示水位上升幅度，为保证开采水平(中段)的正常生产，必须将雨季(特别是丰水年雨季)抬高的水头 S 降下去。因此，雨季的最大疏干量应包括开采水平正常疏干量(即正常涌水量亦即在前面所确定的最佳疏干量)Q，以及雨季 t 时段抬高 S 所增加的疏干量(称疏干增量 $Q_{雨增}$)，则 $Q_{max}=Q_{最}+Q_{雨增}$。

上述计算 Q_{max} 的关键，是雨季及其时段内地下水位上升幅度的确定，一般取动态观测资料给出的抬高 S 的平均值较为可靠。将所得 t、S 代入前面所列公式，则可求出雨季增加的疏干量 $Q_{雨增}$。

5.3　数　值　法

5.3.1　数值法预测的特点

(1) 矿床疏干的面积与疏干降深远较供水井大得多。矿床疏干与供水不同，由于其水位降深大，疏干范围广，不仅使受其影响的含水层复杂多变，还会使地下水的流场状态、边界位置与性质等发生较大的改变。虽然这些条件变化用数值法可以解决，但这些变化多是勘探阶段难以查清的，这就给涌水量预测增加了困难。因此，要在勘探中对大面积和大降深疏干可能引发的问题予以充分研究。

(2) 在已知采矿方案(疏干工程内边界)时，预测疏干流场外边界的变化规律对涌水量预测非常重要。数值法能真实地模拟边界的复杂几何形态和较好地描述边界的性质和水力特征。若对外边界判断失误，则会使预测的矿井涌水量值严重失真。因此，对各种边界都要进行水文地质论证，必须严格控制边界地下水位变化值和论证区域补给量。

(3) 数值法摆脱了解析法求微分方程时的种种理想化要求。它能真实地刻画水文地质(概化)模型的各种特征，能够解算诸如含水层形状不规则、含水层非均质性差异大、多井干扰排水、各矿井疏干水平不同和各矿开拓时间各异等复杂条件下的矿井涌水量。

(4) 用数值法可解决求参困难的问题。可用已知某时段的水头值反求参数 T、μ 等的值，称为反演计算。

(5) 正确地认识与概化矿区水文地质条件仍是重要的。同解析法一样，数值法也要求正确地简化各种具体条件，使其主要方面能在数学模型中表达出来，这是基础工作。如果将条件认识错了，数值法的计算结果也必然是错误的。

从上述各特点可以看出，用数值法预测矿井涌水量较用解析法有明显的优点，如果运用得当，定能获得满意的结果。

5.3.2　数值法预测可解决的问题

1. 可反求水文地质参数，验证边界条件和进行水文地质概化模型的识别

实践证实，用数值法反求参数也需要考虑地质条件，并应有一定数量的实测值作为依据。因为数值法要求的是分布参数系统，点与面上都需要有该参数分布，所以调查时应取得该参数的位置，并应照顾到点与面，而以往的勘探工作难于做到这点。通过流量和水位拟合的反复进行，不仅能求得较真实的有关参数值，同时也可对边界条件进行验证和提高水文地质模型的概化精度。

2. 可预测矿井涌水量

可预测矿井开采期内各种水文地质条件、各种开采条件及各种设计降深条件下的各类井巷的正常涌水量和最大涌水量。通常在求得参数后，将疏干井巷作定水头Ⅰ类边界处理，并依据外边界条件求得相应疏干条件下的流场，最后输出预测井巷的正常涌水量、水位和时间。还可预测最大涌水量，即先根据地下水动态分析，求出雨季地下水位的回升速度；然后计算时间，对疏干巷道仍作Ⅰ类定水头边界处理，在稳定流场基础上，按雨季地下水位的回升速度给出边界及节点水头，即可求出雨季末期或水位回升速度最大时期的某种疏干井巷的最大涌水量预测值。

3. 可模拟不同疏干方案的地下水疏干过程

预报疏干地下水位的空间分布及选择最佳疏干方案，预报最佳(有效)疏干量是在对应疏干时间内完成的，又颇受具体疏干工程(如排水数量、人为因素)的影响。因此，它与矿井涌水量的概念有所区别，但又多以矿井涌水量预测值为依据。计算时需要通过每个疏干方案的一组疏干时间及其相对应的疏干量数据，进行技术经济条件对比分析，并作出选择。有效疏干量可用插值法和自选法计算。

采用插值法计算时，先根据已知设计开采水平的水位降深给出不同的疏干量(Q_1、Q_2、…、Q_n)，再求得相应的疏干时间(t_1、t_2、…、t_n)，作出该水平的疏干量 $Q_s=f(t_s)$ 曲线，作为优选有效疏干量的依据。

采用自选法计算时，应先给出疏干量初值及其递增率，由计算机自动按规定的疏干水平

和疏干时间进行计算。当不能在规定时间内达到疏降要求时，计算机则自动按水量递增率增加疏干水量，重复计算，直至达到规定要求为止。这时的疏干水量，即最佳的有效疏干量。

上述两种方法均是在给定疏干量的条件下进行的，因而疏干工程均按Ⅱ类流量内边界处理最后疏干时间、疏干量和节点水位。

4. 对可能发生的情况进行预报

用数值法预测矿井涌水量时，还可反映出预报区在疏干条件下各种水文地质条件的变化、疏干对天然排泄点和供水源地水量的袭夺，并作出相应的预报。

5.3.3 数值法预测实例

5.3.3.1 湖南恩口煤矿涌水量预测实例

湖南恩口煤矿，其地下水盆地面积约为 123 km^2，由栖霞组李子塘段泥岩构成天然隔水边界。含煤面积约 68 km^2，煤层系晚二叠世龙潭组。主要充水层(计算对象)为早二叠世茅口组与栖霞组上部裂隙岩溶含水层，含水丰富，并构成煤系的直接底板。向斜两侧－800 m处为隔水底边界。煤系和上覆地层含水性微弱。矿区气候常年湿润多雨，多年平均降水量为 1 378 mm；降水是地下水的主要补给来源。该矿利用疏干巷道排水降压的方式进行生产。矿井涌水动态曲线显示，涌水量取决于降水量，而与巷道长度、回采面积和开采水平无明显关系。1999 年，三对有水力联系的矿井(1 号井－100 m 水平、2 号井－95 m 水平、3 号井－100 m 水平)要在 2004—2006 年分别延深至－300 m、－240 m、－200 m 水平，当年急需预测 2004—2006 年延深各矿井的涌水量。

计算区的形状很不规则，含水层为非均质的，地下水部分是潜水，部分是承压水，部分受河水渗入补给，各疏干巷道间存在着水力联系，巷道延深的水平和时间均不相同。如此复杂的条件，可用有限元法作预测。

该矿的地下水运动基本上符合达西定律，且裂隙岩溶含水层具有双重介质的特点，因此，渗流方程中有滞后项。研究表明，在长期排水中，滞后效应影响很小，可忽略不计，故可近似地采用二维多孔介质渗流方程，即

$$\frac{\partial}{\partial x}\left(T\frac{\partial H}{\partial x}\right)+\frac{\partial}{\partial y}\left(T\frac{\partial H}{\partial y}\right)+W=S_t\frac{\partial H}{\partial t} \tag{5-20}$$

式中 T——导水系数；

S_t——储水系数；

W——补给区单位面积上单位时间的补给量(非补给区为 0)；

H——含水层水头。

在计算区东面有两个、西面有一个第Ⅰ类边界，取该处不受矿山排水影响的泉水和观测孔的水位作已知水位。其余方向都是隔水边界，内部疏干巷道也作为第Ⅰ类边界。在地下水的补给区划分出 5 个入渗区，由逐步回归分析给出入渗补给系数初值。

据地质构造、岩溶发育程度和抽水试验资料，将计算域分成 14 个非均质区、247 个节点，划分成 429 个单元。

1. 反求参数

拟合时间段为 2003 年 1 月 1 日至 2003 年 12 月 31 日，分两个阶段(前 24 个时段，后 26 个时段)。因老矿区有系统的流量观测资料，故采用以流量为主、水位为辅的全线拟合方法，拟合

的结果良好。各井的预测最大流量值与实测最大流量值相比较，有半数拟合的相对误差在 2.5%以下。虽 1 号井东大巷误差较大，但绝对误差最大者仅为 +43 m^3/h，因此对总流量影响不大。

根据拟合结果，反求出各区岩层的参数：导水系数 T、给水度 μ 和储水系数 S_t(数值略)。

2. 矿井涌水量预测

据 1 号井 −300 m 巷道 1999 年的突水资料，建立了每天的水位降幅和日平均降水量之间的回归方程，即

$$\Delta S = 0.763 - 0.11W \tag{5-21}$$

式中　ΔS——疏干时每天的水位降幅；

W——日平均降水量。

线性相关系数为 −0.803。当显著性水平 d=0.01 时，相关关系是显著的。据此可算出疏干时日水位降幅及巷道上方的第 Ⅰ 类边界水位，然后计算出涌水量。

降水量丰水年取 1 600 mm，常水年取 1 300 mm。预测了连续 3 年的丰水年和常水年各疏干巷道的涌水量。现将部分矿井的最大涌水量预测结果列入表 5-3。

表 5-3　预测的最大涌水量　　单位：m^3/h

矿井涌水量预测位置	1994 年		1995 年		1996 年	
	常水年	丰水年	常水年	丰水年	常水年	丰水年
1 号井 −300 m 巷道	2 302.0	2 559.6	2 133.5	2 373.0	2 223.3	2 459.3
3 号井 −200 m 巷道			2 026.0	2 217.4	2 486.6	3 174.1

预测结果的可靠性验证：时间取 1993 年 1—12 月(共 14 个时段)，用实际降水量，将部分井巷的预测流量过程线和实测流量过程线相对比，两者是比较接近的。

误差值：1 号井 −300 m 巷道的最大涌水量预测值的绝对误差达 18.0 m^3/h，相对误差达 −0.66%；3 号井 −200 m 巷道的最大涌水量预测值的绝对误差达 58.1 m^3/h，相对误差达 −3.19%。全线拟合误差比反求参数时的大，但绝大多数不超过 15%，仍能满足要求。预测中虽存在某些问题，但预测的矿井涌水量基本上是可信的。

5.3.3.2　超化煤矿 22121(东)预采工作面涌水量预测实例

应用有限元软件 FEFLOW，以超化煤矿 22121(东)预采工作面为例，建立煤层底板下不同层位的水文地质概念模型，并对该工作面下部的 $L_{7\text{-}8}$ 灰岩直接充水含水层和 $L_{7\text{-}8}$ 灰岩与下伏 $L_{1\text{-}4}$ 灰岩复合充水含水层两种情况下的涌水量进行了数值模拟和解析计算。研究结果表明，数值模拟与解析计算的涌水量预测结果基本一致，$L_{7\text{-}8}$ 灰岩直接充水时的初始水量不大，且衰减较快，但若存在 $L_{1\text{-}4}$ 灰岩水补给条件，不但水量较大，而且水量衰减较慢。

随着煤矿开采深度的逐渐增加，特别是华北型煤田下组煤的逐渐开采，矿井工作面受底部灰岩水的威胁越来越大。为安全回采，工作面涌水量预测问题成为一项非常重要也是最不容易确定的矿山开采难题。随着计算机技术的发展，采用数值模拟预测工作面涌水量的方法以能处理复杂的边界条件和含水层的非均质性等为优点而逐渐被推广应用。为此，以超化煤矿 22121(东)预采工作面为背景，采用有较强模拟能力的 FEFLOW 软件对其工作面涌水量进行数值模拟，并与解析结果进行了对比，这可为该工作面的安全回采提供一定的参考依据。

1. 工作面概况

22121(东)预采工作面位于超化煤矿−100 m水平22采区,地面标高为+190～+221 m,工作面标高为−186～−263 m。该工作面北部为22101工作面及22101(西)采空区,南部为22141工作面,东部为22采区下山保护煤柱,西部为22121(西)采空区。该工作面走向长620 m,倾向长93～106 m(平均为101 m),面积为62 620 m^2。$二_1$煤层厚度变化较大,厚度为4.0～17.0 m,平均为10.0 m;$二_1$煤层倾角变化较大,东部陡西部缓,在10°～29°范围内,平均为17°,煤层整体上呈现单斜形态。经过井下实地观察,煤层破碎、松软,容易产生煤尘,顶板和底板均为较软的泥岩,这属于典型的"三软"煤层。

该工作面构造复杂,掘进送巷时揭露了18条断层,其中F_{15}为逆断层,其余为正断层。受构造影响,煤层底板起伏较大,直接充水水源为$L_{7\text{-}8}$灰岩水。

2. 模型的建立及相关条件分析

煤矿北部为一走向近东西、倾向为北向、落差为50～250 m的超化断层,下盘太原组地层与上盘二叠系山西组以上地层对接,为隔水边界;南部为北降南升的龟山断层,落差为300 m,上盘太原组与下盘寒武系中统对接,为补给边界;东部崔庄断层走向为北东-南西,倾向为北西,落差为50 m左右,上盘太原组灰岩含水层与下盘奥陶系灰岩含水层对接,为补给边界;西部除$二_1$煤层露头以外,奥陶系灰岩大面积出露,接受大气降水的补给,其动储量约为205 m^3/s,为矿井主要补给边界。因此,超化煤矿的补、径、排基本特征是:大气降水通过西部大面积出露的奥陶系灰岩入渗,在灰岩含水层中向煤矿东南部径流,而后通过煤矿东南部的崔庄断层补给井下各含水层,区内地下水的排泄则以人工取水及井下排水为主。

根据超化煤矿及其22121(东)预采工作面的水文地质资料综合分析,利用FEFLOW软件处理二维非均质各向异性非稳定流的强大功能,完成了计算模型的建立、水文地质参数模拟与检验、涌水量预测等工作,其数学模型的基本方程为:

$$\left.\begin{aligned}
&\frac{\partial}{\partial x}\left(T_x\frac{\partial H}{\partial x}\right)+\frac{\partial}{\partial y}\left(T_y\frac{\partial H}{\partial y}\right)+Q=S_t\frac{\partial H}{\partial t},(x,y)\in\Omega,t>0\\
&H(x,y,0)=H_0(x,y),(x,y)\in\Omega,t>0\\
&H(x,y,t)\mid_{\Gamma_1}=H_0(x,y,t),(x,y)\in\Gamma_1,t\geqslant 0\\
&T_x\frac{\partial H}{\partial x}\cos(n,x)+T_y\frac{\partial H}{\partial x}\mid_{\Gamma_1}=q(x,y,t),(x,y)\in\Gamma_2,t\geqslant 0
\end{aligned}\right\}\tag{5-22}$$

式中 T_x,T_y——x,y方向的主导水系数,m^2/d;

S_t——储水系数;

$H(x,y,t)$——地下水水头函数,m;

$H_0(x,y)$——初始时刻的地下水水头函数,m;

Γ_1,Γ_2——第一类和第二类边界;

$H_1(x,y,t)$——第一类边界Γ_1上已知地下水水头函数,m;

$q(x,y,t)$——第二类边界Γ_2上侧向单宽补给量,m^3/d;

Q——工作面涌水量,m^3/h;

Ω——计算域;

n——边界的外法线方向。

3. 典型工作面涌水量预测

(1) 建立水文地质概念模型

工作面水文地质概念模型是在超化煤矿水文地质概念模型的基础上建立的。超化煤矿主采煤层二$_1$煤底板 $L_{7\text{-}8}$ 灰岩含水层的水文地质条件，可概化为非均质各向异性且有越流的承压二维模型，同时评价区域以煤矿西部、南部、东部边界为补给边界，北部为隔水边界。在计算过程中，根据超化煤矿实际情况，补给边界取现在 $L_{7\text{-}8}$ 灰岩的平均水位(0 m)。$L_{7\text{-}8}$ 灰岩厚度取 10 m，$L_{1\text{-}4}$ 灰岩的平均水位为＋50 m，厚度取 16 m。

(2) 用数值法预测工作面涌水量

22121(东)预采工作面 $L_{7\text{-}8}$ 灰岩涌水过程预测：假设工作面内边界水头降至－263 m，边界条件不变，则计算所得的该工作面涌水量随时间变化的数据见表 5-4。

表 5-4　22121(东)工作面 $L_{7\text{-}8}$ 灰岩涌水量 Q 的预测

t/d	Q/(m^3/h)	t/d	Q/(m^3/h)	t/d	Q/(m^3/h)
1	452.97	16	264.84	31	255.61
2	369.76	17	263.76	32	255.30
3	333.16	18	262.80	33	255.02
4	312.79	19	261.92	34	254.75
5	300.14	20	261.12	35	254.49
6	291.55	21	260.39	36	254.26
7	285.69	22	259.73	37	254.04
8	281.39	23	259.11	38	253.83
9	277.97	24	258.55	39	253.64
10	275.12	25	258.03	40	253.46
11	272.70	26	257.54	41	253.29
12	270.65	27	257.10	42	253.13
13	268.90	28	256.69	43	252.98
14	267.37	29	256.30	44	252.84
15	266.03	30	255.95	45	252.71

由表 5-4 可以看出，22121(东)预采工作面开采后 $L_{7\text{-}8}$ 灰岩水在一开始的水量比较大，约为 453 m^3/h，但其衰减得特别快，不到 10 d 就衰减到 275 m^3/h 左右，43 d 后基本稳定在 253 m^3/h左右。由此可知，在没有构造的情况下，$L_{7\text{-}8}$ 灰岩水对工作面开采不会造成突水的危险。

(3) 预测 22121(东)预采工作面 $L_{1\text{-}4}$ 灰岩补给充水情况

$L_{1\text{-}4}$ 灰岩平均水位在＋50 m 左右，一旦 $L_{7\text{-}8}$ 灰岩水与 $L_{1\text{-}4}$ 灰岩水导通，矿井涌水量将大增。为预测该种情况下的涌水量，采用双含水层模型处理。根据实际资料，$L_{1\text{-}4}$ 灰岩厚度取 16 m，初始与边界水位均取 50 m，模型结构如图 5-13 所示。

$L_{7\text{-}8}$ 灰岩与 $L_{1\text{-}4}$ 灰岩的间距为 46 m，在采空区由于底板破坏而沟通，并形成统一的水位。采用数值分析所得的涌水量随时间的变化过程曲线如图 5-14 所示。

由图 5-14 可知，一旦 $L_{7\text{-}8}$ 灰岩含水层与 $L_{1\text{-}4}$ 灰岩含水层沟通，由于 $L_{1\text{-}4}$ 灰岩水位高，其局部与奥灰水有水力联系，一开始涌水量较大，达 4 135 m^3/h，会对工作面造成极大威胁，会导

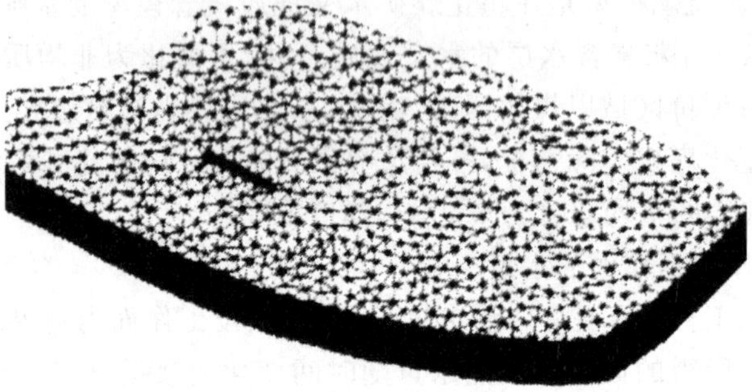

图 5-13　双含水层结构模型示意图

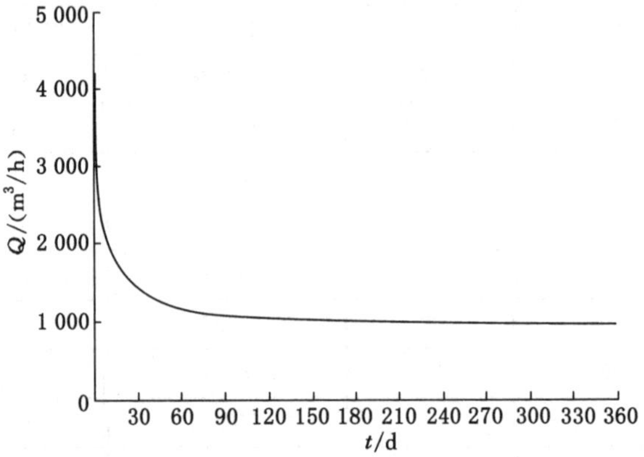

图 5-14　$L_{1\text{-}4}$灰岩水补给条件下 22121(东)预采工作面的涌水过程曲线

致工作面很快就被淹没。随着时间的推移,涌水量有一个从突然下降到缓慢下降的过程,但直到 1 a 后,涌水量仍然大于 1 000 m^3/h,这将会导致工作面在不采取相关措施的情况下无法正常开采。

4. 数值法预测工作面涌水量

为预测 22121(东)预采工作面的涌水量,按大井法承压转无压公式并结合超化煤矿实际相关资料进行了计算,计算式为:

$$Q = 1.366K\frac{(2s-M)M}{\lg R_0 - \lg r_0} \tag{5-23}$$

式中　K——渗透系数,m/d;

s——水位降深,m;

r_0——大井的引用半径,m;

R_0——降落漏斗的影响半径,m;

M——含水层厚度,m;

Q——正常涌水量,m^3/d。

(1) 22121(东)预采工作面受 $L_{7\text{-}8}$ 灰岩补给的涌水量的计算

工作面最低标高为−263 m,对于 $L_{7\text{-}8}$ 灰岩水,$s=0-(-263)=263$ m,$M=10$ m,$K=$

0.835 m/d，$r_0=\eta\dfrac{a+b}{4}\left(1.12\times\dfrac{620+101}{4}\right)=202$ (m)；$R_0=r_0+R=r_0+10s\sqrt{K}=2\ 603$ (m)。

将有关数据代入式(5-23)得 $Q_{L_{7\text{-}8}}=5\ 291\ m^3/d=220\ m^3/h$。

工作面最低标高为−263 m，对于 $L_{1\text{-}4}$ 灰岩水，$s=[50-(-263)]=313$ (m)，$M=16$ m，$K=2.471\ 5$ m/d，$r_0=\eta\dfrac{a+b}{4}\left(1.12\times\dfrac{620+101}{4}\right)=202$ (m)，$R_0=r_0+R=r_0+10s\sqrt{K}=5\ 123$ (m)。

(2) 22121(东)预采工作面受 $L_{1\text{-}4}$ 灰岩补给的涌水量的计算

将有关数据代入式(5-23)得 $Q_{L_{1\text{-}4}}=23\ 462\ m^3/d=978\ m^3/h$。

若把 $L_{1\text{-}4}$ 灰岩水和 $L_{7\text{-}8}$ 灰岩水对工作面补给的涌水量进行叠加，即 $(220+978)\ m^3/h=1\ 198\ m^3/h$，这与数值法模拟的结果基本一致。

5. 预测结果

(1) 利用 FEFLOW 软件处理二维非均质各向异性非稳定流的强大功能，结合超化煤矿及其 22121(东)预采工作面的相关资料，完成了计算模型的建立、水文地质参数的选取与检验以及涌水量的预测计算。

(2) 通过数值模拟和解析计算，对超化煤矿 22121(东)预采工作面的涌水量进行了预测。$L_{7\text{-}8}$ 灰岩向工作面补给的涌水量采用数值法模拟，最后基本稳定在 253 m^3/h 左右，与解析法计算所得的 220 m^3/h 基本一致；$L_{1\text{-}4}$ 灰岩向工作面补给的涌水量采用数值法模拟并考虑了上下两个含水层导通的情况，最后基本稳定在 1 168 m^3/h，与解析法计算所得的 1 198 m^3/h 也基本一致。

(3) 通过数值法对 $L_{7\text{-}8}$ 灰岩直接充水和 $L_{7\text{-}8}$ 灰岩与下伏 $L_{1\text{-}4}$ 灰岩复合充水两种情况下的涌水量进行了分析。数值法的模拟结果表明，$L_{7\text{-}8}$ 灰岩直接充水时的初始涌水量不大，且衰减较快，但若存在 $L_{1\text{-}4}$ 灰岩水补给条件，不但涌水量较大，而且涌水量衰减较慢，从而反映出沟通深部灰岩含水层后形成的煤矿充水对二$_1$煤的安全开采是主要威胁。

5.4　水文地质比拟法

在矿井涌水量预测中，水文地质比拟法和 Q-S 曲线外推法是两种常用的方法。它们都以研究涌水量与影响因素之间的数学规律为基础，建立某种可以表达这种规律的函数关系，并据此关系来外推未来设计疏干条件下的矿井涌水量。所不同的是，前者通常出于经验，且多用于计算巷道系统的涌水量；后者则通过数理统计的方法对试验成果建立数学模型，常用于井筒涌水量预测。

5.4.1　水文地质比拟法的原理和应用条件

水文地质比拟法，是在水文地质条件相似的情况下，由已知涌水量推测未知涌水量。为此，借助老矿区收集和整理的矿井涌水量实际资料，根据对新矿井的地质和水文地质条件的了解，将获得的资料依据经验列出数学表达式，从而反映出它们之间的关系，达到预测新矿井涌水量的目的。

水文地质比拟法的应用条件，最主要的是新、老矿井的水文地质条件要基本相似，老矿井要有长期详尽的矿井水文观测资料。一般而言，水文地质比拟法主要适用于水文地质条件比较简单、充水岩层的透水性比较均一的孔隙或裂隙充水矿床，特别是用于已有多年生产历史的矿井，即根据上水平的实际排水资料预测延深水平的涌水量，或根据生产采区的排水资料预测新扩大采区的涌水量，效果较好。此方法也可用于根据矿区勘探阶段的抽水试验资料来预测未来开采地段涌水量。但应注意，水文地质比拟法是一种近似的计算方法。

5.4.2 水文地质比拟法的计算方法

1. 富水系数比拟法

富水系数是指一定时期内从矿井排出的总水量 Q_0（单位：m^3）与同期内的矿石开采量 P_0（单位：t）之比，以 K_p 表示：

$$K_p = \frac{Q_0}{P_0} \tag{5-24}$$

根据矿井涌水量与矿石开采量成正比的规律，生产矿井的 K_p 值乘以同时期新矿井的设计开采量 P，即可得新矿井的涌水量 Q：

$$Q = K_p \cdot P \tag{5-25}$$

富水系数不仅取决于矿区的自然条件，而且与开采条件有关，故采用此法时，要充分考虑生产条件。为了排除生产条件的影响，人们对该法作了修正，提出了采空面积（F_0）富水系数（$K_F = Q_0/F_0$）、采掘长度（L_0）富水系数（$K_L = Q_0/L_0$）等新概念，预测时，一般以上述各富水系数的平均值为比拟依据。

2. 单位涌水量比拟法

单位涌水量（q_0）是指单位水位降深和单位开采面积的平均涌水量。q_0 可根据相似生产矿井的资料求出，根据地下水符合层流状态还是符合紊流状态，按式(5-26)或式(5-27)计算。

层流：

$$q_0 = \frac{Q_0}{F_0 S_0} \tag{5-26}$$

紊流：

$$q_0 = \frac{Q_0}{F_0 \sqrt{S_0}} \tag{5-27}$$

式中 F_0, S_0, Q_0——生产矿井的开采面积、水位降深和排水量。

勘探矿区或新矿井涌水量 Q 的比拟计算公式见式(5-28)和式(5-29)。

层流：

$$Q = q_0 \cdot F \cdot S = Q_0 \frac{FS}{F_0 S_0} \tag{5-28}$$

紊流：

$$Q = q_0 \cdot F \cdot \sqrt{S} = Q_0 \frac{F}{F_0} \sqrt{\frac{S}{S_0}} \tag{5-29}$$

式中 F, S——新矿井的设计开采面积和水位降深。

在许多情况下，矿井涌水量与开采面积和水位降深之间均不呈线性关系，也不符合紊流关系，这时可对比拟计算公式进行改进，即

$$Q = Q_0 \frac{F^m}{F_0} \cdot \frac{S^n}{S_0} \tag{5-30}$$

式中　m,n——待定系数，依矿井的不同条件而异，可根据经验通过计算或曲线拟合确定，或用最小二乘法求得。

5.4.3　水文地质比拟法预测实例

在生产矿井中，煤层采到标高为＋150 m 的水平，坑道面积为 500 000 m^2，总涌水量为 100 m^3/h，地下水位标高是＋250 m。假设邻近新矿井的煤层将揭露出 1 100 000 m^2 的坑道面积，采到标高＋100 m 的水平，两个矿井的地质和水文地质条件相同，邻近新矿井的地下水位标高也等于＋250 m。试确定邻近新矿井的巷道预计涌水量。

先求出生产矿井的单位涌水量：

$$q = \frac{Q}{F} = \frac{100}{500\ 000} = \frac{1}{5\ 000}[\mathrm{m^3/(h \cdot m^2)}]$$

$$q_0 = \frac{q}{S} = \frac{1/5\ 000}{100} = \frac{1}{500\ 000}[\mathrm{m^3/(h \cdot m^2 \cdot m)}]$$

代入新矿井的数值，涌水量为：

$$Q_1 = q_0 S_1 F_1 = \frac{1}{500\ 000} \times 150 \times 1\ 100\ 000 = 330\ [\mathrm{m^3/h}]$$

因此，可以预测新矿井的巷道涌水量为 330 m^3/h。

5.5　相关分析法

相关分析法，是指从矿山水文地质长期观测资料中找出涌水量与影响因素之间的相关关系，并依据这种关系外推预测未来矿山井巷涌水量的一种方法。据经验，在矿井涌水量预测中，多元复相关法远比单相关法的效果明显。

据研究，当相关分析法适用于下述条件时，结果是很准确的：① 含水层富水性较弱、抽水降深很大而外推范围较小的矿区；② 老矿区，用上水平排水统计资料推算下水平的涌水量；③ 用相邻矿井的统计资料推算本矿井的涌水量。

5.5.1　三元复相关法

在用勘探阶段抽水试验资料外推预测时，可以利用大型群孔抽水试验成果，通过数理统计方法建立抽（涌）水量（Q）依水位降深（S）和井径（r）的回归方程，以推算未来开采水平（或开采地段）的涌水量。例如在沙洋矿区，利用群孔抽水试验成功建立了三元复相关曲线型回归（经验）方程：

$$Q = qr^{\frac{1}{n}} S^{\frac{1}{m}} \tag{5-31}$$

式（5-31）中的涌水量（Q）与井径、水位降深呈幂函数关系。若改为对数坐标体系，则可简化为直线型回归方程。

计算时，先据抽水资料（表 5-5）求参数（过程略）；然后将所得参数代入方程：

$$Q = qr^{\frac{1}{1.854\ 3}} S^{\frac{1}{1.536}} \tag{5-32}$$

表 5-5　不同条件下的水位降深

Q/(L/s)	S/m						
	r=50.53 mm	r=54.76 mm	r=125.50 mm	r=127.90 mm	r=150.90 mm	r=202.20 mm	r=216.50 mm
34.49	1.147	1.705					
55.168	2.053	2.033	1.567	1.784	1.427	1.393	
69.145	2.984	2.902	2.116	2.474	2.005	1.865	1.308

用式(5-32)对矿山未来各设计水平及采区进行矿井涌水量预测，预测的矿井涌水量为18 331 m^3/d。疏干时，曾两次测定其总排水量，分别为29 644 m^3/d和42 311 m^3/d，说明预测值分别减小38.2%、56.7%。偏小的主因是疏干时产生了大量的地面塌陷，如人工渠发生的一处塌陷导致渠水灌入井巷，使排水量增大10 000～18 000 m^3/d。若能预估到塌陷和灌入水量，则预测结果必更近实际。

5.5.2　多元复相关法

利用矿山观测资料外推预测，可充分考虑矿井涌水量和各项生产因素间的关系，根据它们之间的密切程度来建立涌水量方程。以焦作矿区一些煤矿的某些涌水量预测为例，首先在10个矿井中建立了120个观测点，获得了涌水量(Q_0)与各生产因素(包括煤矿产量P_0、开采深度H_0、开采面积F_0、生产时间T_0等)之间的相关关系，以及其密切程度，涌水量与各生产因素之间的相关系数r'见表5-6。

表 5-6　涌水量与各生产因素之间的相关系数 r'

生产因素	$\lg Q_0$	$\lg P_0$	$\lg H_0$	$\lg F_0$	$\lg T_0$
$\lg Q_0$	—	0.664	0.451	0.593	0.175
$\lg P_0$	0.664	—	0.340	0.680	0.323
$\lg H_0$	0.451	0.340	—	0.559	0.523
$\lg F_0$	0.593	0.680	0.559	—	0.778
$\lg T_0$	0.175	0.323	0.523	0.778	—

根据判别得知，T_0对Q_0的影响不大(相关系数为0.175)。用多元复相关法计算，求得四元复相关曲线回归方程，即

$$Q_0 = 0.72 p_0^{0.51} H_0^{0.24} F_0^{0.11} \tag{5-33}$$

其复相关系数$r'=0.706$。在此基础上建立了比拟公式，即

$$Q = Q_0 \left(\frac{P}{P_0}\right)^{0.51} \left(\frac{H}{H_0}\right)^{0.24} \left(\frac{F}{F_0}\right)^{0.11} \tag{5-34}$$

预测结果与传统的单位涌水量法相比，误差有所减小(式中的P、H、F取设计值)。应指出，在使用相关分析法时，应重视原始数据的选择，要求参与相关计算的子样必须具备：① 一致性，要求与预测时的条件相一致；② 独立性，所有子样应互不影响或影响甚微，能反映涌水量与影响因素的真实关系；③ 代表性，若子样的系列时间越长，则代表性越好；若子样的系列时间越短，则代表性越差。

5.5.3　相关分析法预测实例 1

隆尧尧山矿区某煤矿位于河北省邢台市北部的临城县，西邻太行山，东为华北平原，区内面积近 3 km^2，有 3/5 面积坐落在河床下方，开采 8 号、9 号煤，年产量为 15 万 t 左右。其中，8 号煤顶板为大青灰岩，平均厚度为 6 m；9 号煤下部为厚层状奥陶系灰岩，是主要充水层的大水矿井。这类矿井与国家统配煤矿相比，通常技术力量较差，地质、水文地质资料少，开拓系统不健全，用先进的办法评价矿井涌水量难以实现，一旦突水，整个系统在短时间内会被全部淹没。因此，选择适当的方法对矿井涌水量进行正确评价和预测，可以减少或避免矿井水害事故的发生，从而对高效安全生产具有积极的作用。

1. 正常涌水量的预测

在该矿井周围存在多个小煤窑，它们属个体或集体行为，开采没有规律，但是这些小煤窑的生产和突水历史给该矿井提供了丰富的水文地质资料，在全面分析这些资料的基础上，可进行矿井－160 m、－150 m 水平正常涌水量和灾害涌水量预测。

矿井西部和东北部分别以 F_{16}、F_{17} 断层为界，两断层相交后构成南部边界，它们均为隔水边界，而北部为人为边界。根据这些特点，采用相关分析法进行正常矿井涌水量预测是比较合适的。

在矿井的西部有正在生产的 5 个小煤矿，属隆尧煤矿的边界，它们开采下组煤，涌水量主要来自大青灰岩含水层(表 5-7)，与隆尧煤矿开采条件相似，可作为比拟的对象。

表 5-7　小煤矿的开采情况与涌水量

编号	小煤矿名称	开采深度/m	开采煤层/号	生产能力/(万 t/a)	涌水量/(m^3/h)
1	南程村矿	52	8	2	50
2	村口矿	55	8	1.5	48
3	村北矿	35	$9_{下}$	1.5	30
4	西头矿	50	8	1.5	45
5	北程村矿	55	$9_{下}$	3	60

从表 5-7 中可以看出，涌水量与开采深度、生产能力密切相关，可建立涌水量、开采深度和生产能力之间的相关方程：

$$Q = aX_1 + bX_2 + c \tag{5-35}$$

式中　Q——涌水量；

X_1——开采深度；

X_2——生产能力；

a,b,c——系数，经最小二乘法计算，取 $a=0.927$，$b=7.5$，$c=-13.5$，相关系数为 0.998。

经预测，当开采－60 m 水平(开采深度为 140 m)，生产能力为 1 万 t/a 时的涌水量为 190.78 m^3/h；经预测，当开采－150 m 水平(开采深度为 230 m)，生产能力为 1.5 万 t/a 时的涌水量为 312.29 m^3/h。

2. 灾害涌水量的预测

分析矿区水文地质条件发现，正常条件下不会发生灾害性突水事故，但是当一些断层的导水性并没有被查清时，在开采过程中有可能发生突水，因而有必要进行灾害涌水量预测。

综合分析有关资料，灾害涌水的来源为奥陶系灰岩水。因此，利用水 3 号供水孔(井)进行抽水试验，3 次抽水试验的降深依次为 4.65 m、6.69 m、8.16 m，相应的涌水量分别是 30.56 m^3/h、38.52 m^3/h、43.20 m^3/h。建立的回归方程如下：

$$Q = 13.81 + 3.61S \tag{5-36}$$

式中 Q——钻孔(水井)的涌水量；

S——钻孔水位降深。

求得的回归系数为 0.999 5，完全满足回归预测。经计算，开采 −60 m 水平时的最大涌水量为 493.76 m^3/h，开采 −150 m 水平时的最大涌水量为 818.55 m^3/h。

以上计算的只是钻孔涌水量，而煤矿井下突水的范围往往呈长条形分布(即一般沿断层或呈长条形底鼓式涌入巷道)，可以看作以突水源头至突水位置的长度为直径的圆形范围，我们称之为“大井”。大井的半径选择不是关键，这是因为在计算中半径是以对数的形式出现，对计算结果影响不大。那么，求突水点的涌水量须经如下公式转换：

$$Q_{井} = Q_{孔}(\lg R_{孔} - \lg r_{孔})/(\lg R_{井} - \lg r_{井}) \tag{5-37}$$

式中 $Q_{井}$——大井涌水量；

$Q_{孔}$——钻孔涌水量；

$R_{孔}$，$R_{井}$——大井、钻孔涌水的影响半径(用库萨金公式计算)；

$r_{孔}$，$r_{井}$——大井、钻孔半径。

考虑实际情况，一般选择突水点的面积为 5 m^2，即大井的半径为 1.26 m，则相应 −60 m水平的灾害涌水量为 679.4 m^3/h，−150 m 水平的灾害涌水量为 1 126.32 m^3/h。

3. 预测结果

通过以上论述得出，用周边小煤矿比拟相关分析计算矿井涌水量，利用大井法计算灾害涌水量是可行的。需要注意的是，在预测涌水量时，应广泛收集和充分利用现有资料，以便使计算结果更加准确。

5.5.4 相关分析法预测实例 2

新驿煤矿位于山东省兖州市境内，煤矿水文地质勘探和分析工作此前处于完善阶段。做好矿井涌水量的预测工作，对矿山合理设计及经济地开发资源十分重要。

1. 矿区地质概况

位于山东省兖州市境内的新驿煤矿，矿区处于汶泗向斜南翼，总体为一向斜构造(半边店向斜)。区内自南向北分别被长沟断层及其支断层切割成阶梯状断块。以长沟支五断层为界，北半部地层倾角为 10°～15°，南半部地层倾角为 5°～10°。

矿区地层自上而下依次为第四系、侏罗系上统、二叠系上统石盒子组、二叠系下统下石盒子组和山西组、石炭系上统太原组和本溪组，奥陶系中统和下统。主要含煤地层为二叠系山西组和石炭系太原组。

2. 矿区水文地质条件

(1) 含水层自上而下依次为第四系砂砾岩孔隙含水层、山西组 $3_{上}$ 煤层顶底板砂岩裂隙含水层、太原组三灰岩溶裂隙含水层、太原组下灰岩溶裂隙含水层。

(2) 隔水层自上而下主要有第四系中部黏土隔水层、石盒子组泥岩隔水层、17 煤下伏的泥岩隔水层。

(3) 断层导水性和富水性弱，但矿区地质构造复杂、煤层受力严重、断层两盘岩石均较破碎，随着采后顶板压力的显现，断层的导水能力会加强。

(4) 矿区内地表水系为河流，因第四纪含黏土类隔水层发育良好，故各基岩含水层与地表水、大气降水无直接水力联系。

3. 矿井充水条件分析

(1) 矿井充水水源：可能存在老窑水、孔隙水和岩溶水。其中，尤以岩溶水对煤矿开采威胁最大。

(2) 地下水导水通道分析：第四系松散层下部孔隙水的导水通道为矿井的采空导水裂缝带、断层带及封闭不良的老钻孔。

4. 充水因素分析

矿区3煤全为隐伏煤层，在全煤厚综放开采条件下，仅$3_{上}$煤层个别地段的导水裂缝带高度可达第四系下部砂砾岩含水层，第四系下部水成为直接充水含水层。其余含水层与第四系下部水间距较大，对第四系下部水影响甚微。$3_{上}$煤层的直接充水含水层为其顶底板砂岩含水层，渗透系数为0.006 8～0.002 3 m/d，富水性弱。

5. 矿井涌水量计算

水文地质条件简单或中等的矿床，其涌水量预计可采用解析法或水文地质比拟法。解析法以井流理论和用等效原则构造的"大井"为主要手段，该方法具有对井巷类型适应能力强，快速、简单、经济等优点，是最常用的方法。水文地质比拟法是一种近似的预测方法，简单易用，其预测结果往往和实际涌水量相符。

兴隆庄煤矿与新驿煤矿水文地质条件极为相似，故可利用兴隆庄煤矿开采−350 m水平3煤的资料计算新驿煤矿开采−430 m水平3煤的涌水量。据资料分析，水位降深S是3煤开采的主要影响因素，与开采面积和巷道长度等的关系不密切。

根据汶5-2孔抽水资料绘出巷道掘进长度不变时的$Q=f(S)$曲线(图5-15)。对Q、S分别取对数可得$\lg Q=f(\lg S)$曲线(图5-16)。

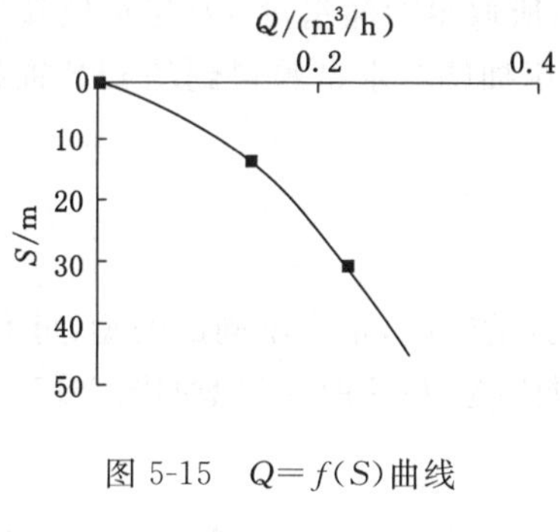

图5-15　$Q=f(S)$曲线

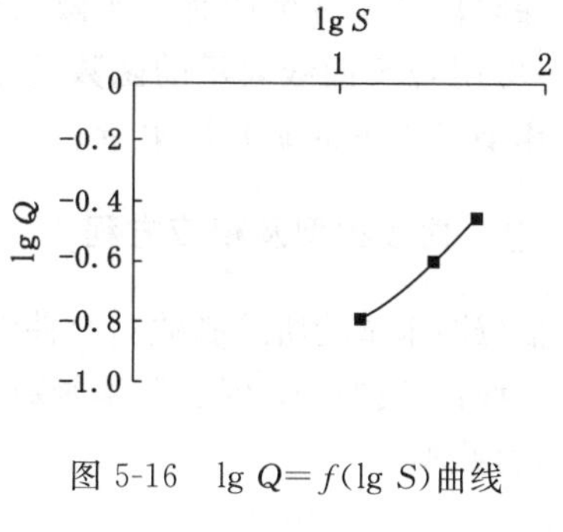

图5-16　$\lg Q=f(\lg S)$曲线

由图5-15可知，$Q=f(S)$曲线近似呈直线关系，由数学图像关系可判断$Q=f(S)$为幂函数。根据开采3煤的预计水位降深S，其涌水量函数方程可表示为：

$$Q = Q_0\sqrt[m]{\frac{S}{S_0}} \tag{5-38}$$

因为$\lg Q=f(\lg S)$曲线近似一条直线，直线的斜率即所求m值的倒数，即$\tan a=$

1/m，图解算出 m=1.733。式(5-38)可简化为：

$$Q = Q_0 \sqrt[1.733]{\frac{S}{S_0}} \tag{5-39}$$

式中 Q_0——兴隆庄煤矿正常涌水量；

S_0——兴隆庄煤矿−350 m 水平的水位降深；

S——预计水位降深；

Q——所求涌水量。

用上述方法对煤矿(−430 m 开采 3 煤时)进行涌水量计算，计算结果见表 5-8。

表 5-8 涌水量计算结果

煤矿名称	计算参数			3 煤	
	开采水平标高/m	含水层埋深/m	水位降深 S_0/m	Q_0 正常/(m^3/h)	Q_0 最大/(m^3/h)
兴隆庄煤矿	−350	40.04	390.04	200	452
新驿煤矿	−430	30.48	461.48	220	498

注：表中水位降深数据来自汶 5-2 孔资料(即水位降深根据含水层埋深减开采水平所得)；表中新驿煤矿的 Q_0 正常和 Q_0 最大由式(5-52)计算所得；表中其他数据根据已知水文地质资料获得。

当新驿煤矿运输大巷在掘至 3 煤顶板时，初期涌水量较大，后期逐渐减小并趋于稳定，其规律与兴隆庄煤矿极为相似，且兴隆庄煤矿有比较可靠的涌水量资料，因此，用 Q-S 曲线外推法计算的结果具有较高的参考价值。新驿煤矿开采 3 煤时，存在着顶底板裂隙含水、采空区突水以及岩溶水等危害或隐患。考虑井下消防洒水、防尘用水、煤层注水、防火灌浆等因素，确定矿井回采时的正常涌水量为 258 m^3/h，矿井后期开采 16、17 煤时的矿井最大涌水量暂按 498 m^3/h 考虑，因此，该结果可作为矿井回采阶段防治水设计的参考依据。

5.6 Q-S 曲线外推法

勘探阶段和矿井生产时期所做的抽(放)水试验，所取得的涌水量(Q)与水位降深(S)之间，具有可用 Q-S 曲线表示的函数关系。因此，可运用抽(放)水试验得到的 Q-S 曲线方程，来预计相似条件下的矿井涌水量。

5.6.1 Q-S 曲线类型及相应方程

由抽(放)水试验所绘制的 Q-S 曲线，因受各种因素的影响，常有不同的类型，可大致归纳为如下 4 种：直线型、抛物线型、幂函数曲线型和对数曲线型，Q-S 曲线类型如图 5-17 所示。

Ⅰ：直线型

$$Q = aS \tag{5-40}$$

Ⅱ：抛物线型

$$S = aQ + bQ^2 \tag{5-41}$$

Ⅲ：幂函数曲线型

$$Q = aS^{1/b} \tag{5-42}$$

Ⅳ：对数曲线型

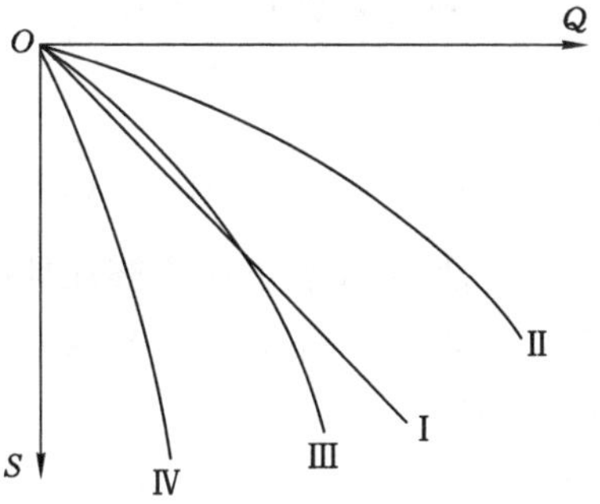

Ⅰ—直线型；Ⅱ—抛物线型；Ⅲ—幂函数曲线型；Ⅳ—对数曲线型。

图 5-17　Q-S 曲线类型

$$Q = a + b\lg S \tag{5-43}$$

式中　a——层流运动部分阻力系数；

b——紊流运动部分阻力系数。

5.6.2　*Q-S* 曲线特征及其影响因素

实践证明，Q-S 曲线之所以出现各种不同的类型，是因为它与抽(放)水试验地层(段)的水文地质条件和其他一系列因素有关。

不同的水文地质条件可对应不同类型的 Q-S 曲线：当含水层厚度大、分布广、补给条件好时，涌水量常随降深的增加而增大，Q-S 曲线远离 S 轴，仍为抛物线型，如图 5-17 中的曲线Ⅱ所示。

当含水层厚度不大，分布规模有限，补给条件较差，但含水层透水性较好时，在抽(放)水过程中，开始涌水量较大，且随着降深的增加而增大；但到一定深度之后，随着降深的增加涌水量增幅很小，这时的 Q-S 曲线出现明显的下垂现象。这种曲线属幂函数曲线类型，如图 5-17 中的曲线Ⅲ所示。

当含水层规模小，补给条件极差，抽(放)水井(钻孔)靠近隔水边界时，涌水量随降深的增加，其增长值很小，Q-S 曲线一般靠近 S 轴，呈对数曲线型，如图 5-17 中的曲线Ⅳ所示。

1. 抽(放)水降深对 Q-S 曲线特征的影响

在抽(放)水试验过程中，降深增大到一定程度后，含水层的水力特征常发生变化，同时还会造成孔(井)本身及其附近含水层中地下水的运动状态发生变化，因而会影响 Q-S 曲线的特征。

如在承压含水层或厚度很大的无压含水层中做小降深抽(放)水试验时，Q-S 曲线常呈现近似的直线型。然而在同一含水层中做大降深抽(放)水试验时，上述特征就会消失，Q-S 曲线则会呈抛物线型或其他曲线类型。

2. 抽(放)水井的结构对 Q-S 曲线特征的影响

实践证明，井的结构对 Q-S 曲线特征也有很大影响，尤其是在降深较大的情况下，更加明显。就井的直径大小来说，小口径井在降深较大时，水流运动阻力的增大，必然会引起水动力条件的改变和出现明显的水跃现象；而大口径井则可避免或减弱上述现象的发生。因此，不合理的抽(放)水井的结构和直径、过滤器的位置和长度及其技术条件等，常会使由抽

(放)水试验得到的 Q-S 曲线的特征和未来疏干条件不符。

5.6.3 Q-S 曲线类型的判别

1. 单位涌水量法

该方法是最简便的一种鉴别方法，它是根据 3 次降深抽(放)水试验取得的 S_1、S_2、S_3 及其相应的 Q_1、Q_2、Q_3 资料，分别用公式求出 q_1、q_2、q_3，然后在 Q-S 直角坐标系中绘制 q-S 曲线(图 5-18)，并以此作为鉴别的依据。

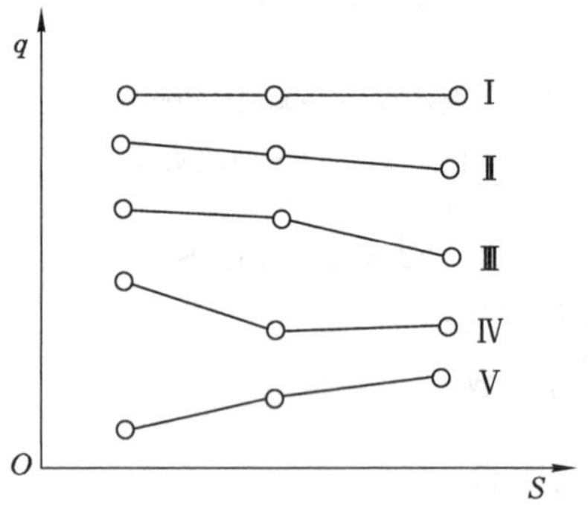

图 5-18 单位涌水量与水位降深关系曲线

曲线Ⅰ(水平直线)为直线型；曲线Ⅱ(向下的斜线)为抛物线型；曲线Ⅲ(侧面向下的折线)为幂函数曲线型；曲线Ⅳ(凹面向上的折线)为对数曲线型；曲线Ⅴ一般不可靠。

2. 伸直法

所谓伸直法，就是将曲线方程变成直线方程，并以直线方程中两个相对应的函数建立直角坐标系，如抛物线方程：

$$S = aQ + bQ^2$$

两端除以 Q，则：

$$S/Q = a + bQ$$

令 $S_0 = S/Q$，则可写成直线式：

$$S_0 = a + bQ \tag{5-44}$$

式(5-44)在 Q-S_0 坐标系中就是直线，即将图 5-17 中的曲线Ⅱ，经上述变换伸直后便成为图 5-18 中的直线Ⅱ的形式。

用伸直法判断抽水试验曲线类型，就是把 3 次降深获得的 S_1、S_2、S_3 和相对应的 Q_1、Q_2、Q_3，放到表征各直线关系式的不同直角坐标系中，进行伸直判断。如果先放在 Q-S_0 坐标系中成直线，就说明抽水试验曲线是抛物线型曲线，其相应的涌水量方程为：$S_0 = a + bQ$。如果不成直线，再用 $\lg Q$-$\lg S$ 坐标系判断，假若在 $\lg Q$-$\lg S$ 坐标系中能伸直，就说明抽水试验曲线是幂函数曲线型，其相应的涌水量方程为：$\lg Q = \lg a + \frac{1}{b}\lg S$。如果在上述两个坐标系中皆不成直线，而在 $\lg S$-Q 坐标系中成直线，就说明抽水试验曲线属于对数曲线型，其相应的涌水量方程为：$Q = a + b\lg S$。

3. 曲度 n 值法

用上述方法判断抽水试验曲线的类型比较麻烦，一是要制作一种直角坐标系图，同时还要计算每一种曲线的参数；二是有些曲线有时在 3 种直角坐标系中都能近似伸直。因此，在生产实际中可采用另外一种方法——曲度 n 值法进行鉴别，进而减少了上述计算过程。曲度 n 值法的求法如下：

$$n=\frac{\lg S_2-\lg S_1}{\lg Q_2-\lg Q_1} \tag{5-45}$$

只要有 2 次抽水试验的涌水量和水位降深的资料，就可按式(5-45)计算曲线的曲度 n 值来判断曲线的类型。当 $n=1$ 时，为直线；当 $1<n<2$ 时，为幂函数曲线；当 $n=2$ 时，是抛物线；当 $n>2$ 时，为对数曲线；当 $n<1$ 时，抽水资料有误。

5.6.4 *Q-S* 曲线外推法的计算步骤

(1) 查清水文地质条件。作出 $Q=f(S)$ 曲线，检查原始资料和抽(放)水试验是否符合要求。

(2) 判断 $Q=f(S)$ 曲线类型。确定曲线方程，判断抽水试验曲线的类型，确定预计涌水量方程式时，只根据某一种曲线就作结论有时是不合适的。这是因为抽水试验曲线往往有可能在两种坐标系中都可近似伸直，这样就给确定涌水量方程带来一定困难。因此，应该结合矿区水文地质条件，按抽水时的全部资料[$Q=f(S)$、$q=f(S)$、$Q=f(t)$、$S=f(t)$、$q=f(t)$]综合分析研究它们之间的关系，Q 和 S 的关系如图 5-19 所示。

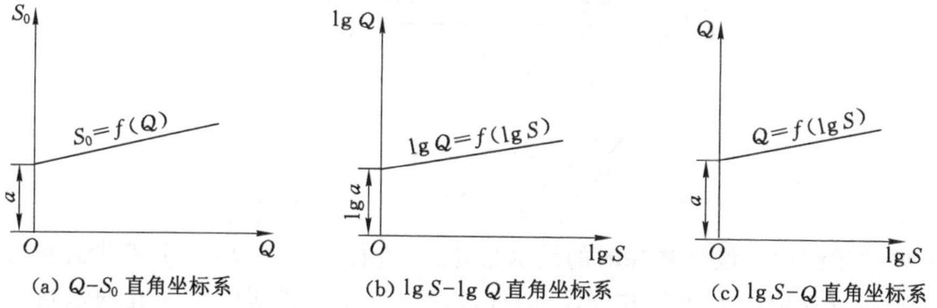

图 5-19　Q 和 S 的关系图

(3) 确定方程中的参数，预测涌水量。

① 图解法：采用 Q-S 曲线外推法预计井巷涌水量时，首先要确定方程中的参数 a 和 b。常用的方法主要是图解法：① 直线方程为 $a=Q/S$；② 抛物线方程为 $b=(S_0-a)/Q$；③ 幂函数曲线方程为 $l/b=(\lg Q-\lg a)/\lg S$；④ 对数曲线方程为 $b=(Q-a)/\lg S$。以上各式中的数值，均可根据直线上任意一点的坐标直接取得，参数 a 为直线在相应直角坐标系纵轴上的截距，b 为直线的斜率(即直线水平倾角的正切)。

② 最小二乘法：当精度要求较高时，通常用最小二乘法计算参数 a、b。计算公式见式(5-46) 至式(5-49)。

直线型

$$a=\frac{\sum_{i=1}^{n} Q_i S_i}{\sum_{i=1}^{n} S_i^2} \tag{5-46}$$

抛物线型

$$\left.\begin{aligned} b &= \frac{n\sum_{i=1}^{n}S_i - \sum_{i=1}^{n}Q_i\sum_{i=1}^{n}\frac{S_i}{Q_i}}{n\sum_{i=1}^{n}Q_i^2 - \left(\sum_{i=1}^{n}Q_i\right)^2} \\ a &= \frac{\sum_{i=1}^{n}\frac{S_i}{Q_i} - b\sum_{i=1}^{n}Q_i}{n} \end{aligned}\right\} \tag{5-47}$$

幂函数曲线型

$$\left.\begin{aligned} b &= \frac{n\sum_{i=1}^{n}(\lg S_i)^2 - \left(\sum_{i=1}^{n}\lg S_i\right)^2}{n\sum_{i=1}^{n}(\lg S_i \lg Q_i) - \sum_{i=1}^{n}\lg S_i\sum_{i=1}^{n}\lg Q_i} \\ \lg a &= \frac{\sum_{i=1}^{n}\lg Q_i - \frac{1}{b}\sum_{i=1}^{n}\lg S_i}{n} \end{aligned}\right\} \tag{5-48}$$

对数曲线型

$$\left.\begin{aligned} b &= \frac{n\sum_{i=1}^{n}(Q_i \lg S_i) - \sum_{i=1}^{n}Q_i\sum_{i=1}^{n}\lg S_i}{n\sum_{i=1}^{n}(\lg S_i)^2 - \left(\sum_{i=1}^{n}\lg S_i\right)^2} \\ a &= \frac{\sum_{i=1}^{n}Q_i - b\sum_{i=1}^{n}\lg S_i}{n} \end{aligned}\right\} \tag{5-49}$$

(4) 外推预测达到设计降深时的涌水量，然后进行井径换算，求出矿井涌水量。将求出的参数和设计降深值代入相应方程式，即可求得达到设计降深时的钻孔涌水量。由于抽水试验时钻孔的孔径远比开采井筒的直径小，为消除井径对涌水量的影响，需要进行井径的换算，从而求出换径后的矿井涌水量。

地下水呈层流时：

$$Q_{井} = Q_{孔}\left(\frac{\lg R_{孔} - \lg r_{孔}}{\lg R_{井} - \lg r_{孔}}\right) \tag{5-50}$$

地下水呈紊流时：

$$Q_{井} = Q_{孔}\sqrt{\frac{r_{井}}{R_{孔}}} \tag{5-51}$$

根据实际经验，一般认为，井径对涌水量的影响，比对数关系的大，比平方根关系的小。

建立经验公式的目的就是预报流量，预报的设计降深往往大于抽水试验降深，因而希望对经验公式进行外推。一些苏联学者曾指出，对直线型经验公式，外推降深的最大范围不能超过抽水试验时最大降深的 1.5 倍，对抛物线型、幂函数曲线型和对数曲线型方程，则不能超过 1.75～3.0 倍。必须指出，经验公式是根据实测数据找出变量之间函数近似表达式的，因此，经验公式只能说明在观测数据范围以内的自变量和因变量之间的关系，严格说来它是不能外推的。因为这种关系不一定就是变量之间真正的函数关系。即使要外推，外推范围也不能过大。考虑经验公式的上述性质和统计学的有关理论，上述苏联学者的意见虽然在我国流传很广，但是允许外推的范围过大，且缺乏依据，因此仍有待商榷。

5.7　水均衡法

水均衡法也称水量平衡法或水量均衡法，是全面研究某一地区（或均衡区）在一定时间段内（均衡期一般为 1 a）地下水的补给量、储存量和消耗量之间的数量转化关系的平衡计算。对一个均衡区（或地段）的含水层组（或单元含水层组）来说，在补给和消耗的不均衡过程中，在任一时段 Δt 内的补给量和消耗量之差恒等于这个含水层组中水的体积（或质量）的变化量。

5.7.1　水均衡法的应用条件及方法原理

1. 应用条件

水均衡法适用于地下水运动为非渗流型且水均衡条件简单的小矿床。

（1）位于分水岭地段地下水位以上的矿床。此类矿床主要受大气降水的补给，矿区水文地质特征主要表现为：地下水位一般停留在下伏弱含水层的顶端，故含水层薄，水位埋藏深，水位变幅大、升降迅速，具有巨大的透水能力却无蓄水能力。抽水试验困难，也无效果。地下水动态与降水直接相关。依照降水方式的不同，地下水动态易形成各种尖峰状动态曲线形态，矿井涌水量往往不随降深的增加而加大，故水位降深在一定程度上失去意义。补给区主要在矿区范围及其附近，补给路径短，以垂向补给为主。矿区地下水与区域地下水不发生水力联系，即无侧向补给。

（2）暗河管道充水矿床。此类矿床的特征包括：① 含水介质为孤立的暗河管道系统，通常各管道系统各自形成补给、径流、排泄系统，互相不发生直接水力联系，有些地区的管流与分散虽有一些联系，但管流占当地地下水排泄量的60％～80％或以上。② 含水层极不均一，无统一的地下水水位，因此不形成统一的含水层（体）。③ 管流发育地区，地表溶蚀洼地、漏斗、落水洞发育，且该三类水转化强烈，地面难以形成长年性水流；地下水动态受降水控制，暴涨暴落，其流量与降水补给面积成正比，变化大，具有集中排泄特点。

很明显，上述特征无法用抽水试验求参，难以根据地下水动力学原理进行矿井涌水量预测，同时，岩溶通道的形状多变，管道组合复杂，也不具备管渠水力学的应用条件。因此，多数上述充水矿床常采用非确定性随机模型和水均衡法解决实际问题。

除分水岭地段外，对处于独立水文地质单元的矿床和露天采场，亦适用水均衡法进行矿井涌水量预测。因为水均衡法可以预测出疏干期矿山井巷获得的最大补给量，所以此法还能作为验证其他方法预测结果准确程度的依据。

2. 方法原理

非渗流型确定性模型——水均衡方程，是根据水均衡原理，在查明矿床开采时的水均衡各收入、支出项之间关系的基础上建立的预测方程。

针对地下水均衡研究工作，首先要对地下水动态与降水量进行长期观测，形成包括钻孔、矿区生产井巷、采空区、老窑，以及有代表性的泉与地下暗河、有意义的地表汇水区等在内的长期观测网，从而为正确地圈定均衡区域、选择均衡期提供依据，为模型提供可靠的参数。

运用水均衡法的关键是正确圈定均衡区域、选择均衡期以及测定均衡要素。但是，在解决上述问题时会遇到一个困难，就是建立在天然条件下的水均衡关系会在矿床开采过程中遭受强烈的破坏。排水使地下水运动的速度和水力坡度增大或因开采而造成降落漏斗范围内巨大岩体的变形坍塌或排水导致大量人工裂隙的产生，均可促使地表水的渗入作用加强。此外，在长期疏干的影响下，降落漏斗的不断扩展，也常导致地下水分水岭发生位移，其结果不仅使补给范围扩大了，甚至形成新的补给源。上述种种现象，常不易通过勘探阶段对天然水均衡的研究而解决。因此，水均衡关系式的建立及水均衡要素的测定应充分考虑开采条件的影响，这样可以提高涌水量预测的精度。

3. 矿井涌水量预测的内容

应用水均衡法可以计算下列三种涌水量。

(1) 多年最大涌水量。这是在多年期间出现的最大涌水量，在矿山服务期间可能遇上数次。它是根据当地气象站所记录的最大暴雨强度计算的涌水量，一般是宏观概括性的，其数值只能达到数量级精度，但其意义重大：① 表明矿山服务期间出现特大涌水量的可能性，警惕由此带来的破坏性灾害。② 多年最大涌水量持续时间短，一般仅数小时至数昼夜，然而流量大，来势迅猛，含泥沙量大，具冲溃性，事前应做好防范准备。③ 依据多年最大涌水量，作为矿井设计排水系统的依据，是不可能也不适宜的，但可作为设计截流引洪平硐等防治水工程的依据，因此，它是矿山开拓设计的重要依据。在四川石屏硫铁矿区，根据最大涌水量预测成果，在地表开凿 1 416 m 截流引洪平硐，矿井最大涌水量减少 93%。四川华蓥山煤矿和湖南香花岭矿区，根据预计的最大涌水量资料，设计平硐截引暗河水后，复杂的充水条件变得简单，引洪效果显著。

(2) 一般情况下的最大涌水量。这是平水年条件下可以出现的最大涌水量，它是设计排水系统的主要依据，如确定水仓、排水沟和选择水泵规格等。

(3) 正常涌水量。它表征全年约 80%时间内的涌水量，是开采设计和安排生产计划的依据。

5.7.2 计算方法

在实际生产中，水均衡法多半用于计算露天采矿场或浅部巷道系统的总涌水量。自然界水均衡关系极为复杂，差异性甚大，因此，水均衡关系式的建立必须立足于开采地段的具体条件，如在某个地区地下水呈均衡时，可建立水均衡方程式：

$$Q_{补} - Q_{消} = \pm \mu F \Delta S \Delta t \tag{5-52}$$

或

$$Q_{补} - Q_{消} = \mu^{*} F \Delta H \Delta t \tag{5-53}$$

式中 μ——含水层的给水度或饱和差；

μ^{*}——承压含水层的储水系数；

F——单元含水层面积；

ΔS——均衡期潜水位变化值，上升为正，下降为负，m；

ΔH——承压水测压水位变化值，m。

$Q_{补}$——$Q_{补} = Q_{流入} + Q_{越入} + Q_{河渗} + Q_{雨渗} + Q_{入补} + \cdots$；

$Q_{消}$——$Q_{消} = Q_{流出} + Q_{越出} + Q_{溢出} + Q_{蒸发} + Q_{实开} + \cdots$。

预测井巷涌水量，就是在上述均衡式中，求出供水和矿井排水量，从中减去供水量即可得矿井涌水量。一般矿区只有上述均衡式中的某几项，所以在具体计算时应根据矿区具体条件建立相应的水均衡方程式。

露天开采时，流入露天采矿场的地下水不外乎是静储量的耗损量(Q_1)和来自固定补给水源的动储量(Q_2)，它们构成了露天采矿场的总涌水量(单位为 m^3/d)，因此水均衡的基本方程式为：

$$Q = Q_1 + Q_2 \tag{5-54}$$

地下水的静储量(W)等于含水层的体积(V)乘以含水层的给水度(μ)，即

$$W = \mu V \tag{5-55}$$

单位时间内，流入露天采矿场的静储量耗损量，应为露天采矿场体积(V_1)内的静储量耗损量(q_1)和露天采矿场外缘降落漏斗体积(V_2)内的静储量耗损量(q_2)的总和，即

$$Q_1 = q_1 + q_2 \tag{5-56}$$

$$q_1 = \frac{\mu V_1}{t} = \frac{\mu F' h_{cp}}{t} \tag{5-57}$$

$$q_2 = \frac{\mu V_2}{t} = \frac{\mu R L h_{cp}}{3t} \tag{5-58}$$

式中　F'——露天矿的面积；

h_{cp}——含水层的平均厚度；

R——从露天矿外部边界算起的影响半径；

L——露天矿的周长；

t——设计疏干时间。

单位时间内，流入露天采矿场的动储量 Q_2 应包括：直接降落在露天采矿场中的降水量 q_3(单位为 m^3/d)，降落在露天采矿场外部集水面积内的降水渗入量 q_4(单位为 m^3/d)，如有河流、湖海等地表水体时，还应包括地表水体的渗入量 q_5(单位为 m^3/d)，则：

$$Q_2 = q_3 + q_4 + q_5 \tag{5-59}$$

$$q_3 = \frac{XF'}{365} \tag{5-60}$$

$$q_4 = \frac{\varphi X F_0}{365} \tag{5-61}$$

$$q_5 = q_{入} - q_{出} \tag{5-62}$$

式中　X——年降水量；

$q_{入}$——地表水流入矿区的流量；

$q_{出}$——地表水流出矿区的流量；

F_0——不算 F' 在内的集水面积；

φ——地表渗入系数，它是均衡参数中一个极重要的参数。

在天然条件下，地表渗入系数 φ 与岩层的岩性、产状、地形和植被等一系列因素有关。它的确定方法很多：有条件时可建立流域观测站进行实测，在缺乏资料时，可参考某些经验数据进行估计，有时也可根据某些经验公式进行计算。如济南地区，根据实际观测建立了一个地区性的经验公式来测定地表渗入系数的近似值，其表达式为：

$$\varphi = \frac{\sum_{i=1}^{n} X_i y_i - nX_i y_i}{\sum_{i=1}^{n} X_i^2 - nX^2} \tag{5-63}$$

式中　X_i, y_i——第 i 年的降水量和地表水流出量的实测值；

X, y——n 年的降水量和地表水流出量的平均值。

此外，地表渗入系数 φ 还受开采条件的强烈影响。观测表明，在某些开采条件下，地表渗入系数 φ 常出现成倍增长的现象。

5.7.3 水均衡法在预测涌水量(供水量)中的应用

水均衡法应用于预测涌水量(供水量)时，上述水均衡法方程式可变为：

$$(Q_{补} + \Delta Q_{补}) - (Q_{排} - \Delta Q_{排}) - Q_{开} = -\mu F \Delta S \Delta t \tag{5-64}$$

式中　$Q_{补}$——开采前的天然补给量；

$\Delta Q_{补}$——开采时的天然补给量增加值；

$Q_{排}$——开采前的天然排泄量；

$\Delta Q_{排}$——开采时的天然排泄量减少值；

$Q_{开}$——人工排水量。

由于开采前的天然补给量与天然排泄量在一个周期内是近似相等的($Q_{补} \approx Q_{排}$)，故 $Q_{开} = \Delta Q_{补} - \Delta Q_{排} + \mu F \Delta S \Delta t$。

上述补给量和消耗量的组成项目很多，且要准确测取这些数据往往很困难，然而对某一具体地区来说常常是不包含全部项目的。情况有时会变得很简单，如下所述。

(1) 在年降水量很少而蒸发强烈的干旱气候条件下的山前洪积扇地区，雨水渗入量($Q_{雨渗}$)可以忽略不计；若山区基岩裂隙不发育，则侧向补给($Q_{流入}$)也可以略去；若含水层单一，则 $Q_{越入}$ 可略去；无各种人工补给时，人工补水量($Q_{人补}$)也可略去。这时地下水的补给量主要是山区流出的河水渗入补给($Q_{河渗}$)。开采后水位降低，使消耗项中的蒸发量($Q_{蒸发}$)、溢出量($Q_{溢出}$)忽略不计。在该情况下，水均衡方程可简化为 $Q_{河渗} - Q_{溢出} - Q_{实开} = \mu F \Delta S \Delta t$。

此时稳定型的最大允许开采量用 $Q_{允开} \approx Q_{河渗}$ 确定。因此，在流经均衡区的河流上、下断面布设流量观测站，求得的上、下断面流量差即地下水的最大允许开采量。

(2) 年降水量丰富的岩溶水地区，地下水的补给来源是 $Q_{雨渗}$ 和 $Q_{河渗}$，其次是侧向流入量($Q_{侧入}$)。消耗项目中主要有 $Q_{溢出}$，其次是 $Q_{流出}$ 和 $Q_{蒸发}$，若充分截取补给以减少消耗，水均衡方程可简化为 $Q_{允开} = Q_{雨渗} + Q_{河渗}$。

(3) 在某些丘陵地区降雨是唯一补给来源，泉水几乎是唯一的排泄方式，如果忽略储存量的多年调节，泉水的年流量总和近似于该泉域范围内的降水渗入补给量，此时 $Q_{允开} = Q_{总}$，这时又称泉水汇总法。

(4) 当储水构造的体积不大(范围小，含水层薄)、调蓄能力有限，仅有季节性的补给时，雨季有水补给而无空间储存，旱季开采则无补充来源。例如，在半干旱地区的间歇性河谷便是这种情况，此时可用局部补偿疏干法求取 $Q_{允开}$，即 $Q_{允开} = \mu F S_{max} - S_0 T_{旱}$。

水均衡法的计算步骤如下。

第一步，首先计算最大允许开采量，即通过旱季抽水试验资料求得单位储存量 μF 值，这是因为旱季无任何补给来源，完全靠疏干储存量来维持抽水。蓄水构造范围有限，抽水时的降落漏斗极易扩展至边界，所以抽水时的水均衡计算式可表示为：

$$Q_{旱出} = \mu F \Delta S \Delta T \tag{5-65}$$

$$\mu F = Q_{旱抽} \Delta T \Delta S = Q_{旱抽}(T_1 - T_0)(S_1 - S_0) \tag{5-66}$$

式中　T_0——抽水时水位急速下降后开始平稳等幅下降的时刻，即降落漏斗扩展到边界的时刻，这时对应的水位降深为 μ_0；

T_1——旱季末或任一抽水延续时刻，此时对应的水位降深为 S_1，这时 μF 值一般可视为常数，求出 μF 值后，再根据含水层的厚度和取水设备的能力，给出最大允许下降值，查明整个旱季的时间 $T_旱$，进而计算 $Q_{允开}$。

则旱季末的疏干体积（$V_{疏干}$）为：

$$V_{疏干} = Q_{允开} \times T_旱 = \mu F(S_{max} - S_0) \tag{5-67}$$

第二步，计算雨季的补给量，可根据旱季延续至雨季抽水试验资料，求出水位回升速率 $\Delta S \Delta T$。

可认为水位回升时的单位补给量（$\mu' F$）与水位下降时的单位储存量（μF）近似相等，则雨季补给水量的体积（$V_补$）为：

$$V_补 = (\mu F \Delta S \Delta T + Q_{雨抽}) T_{雨补} \tag{5-68}$$

式中　$T_{雨补}$——雨季总的补给时间，为了保障安全，可乘以小于 1 的安全系数 R=0.5～1。

把 $V_补$ 分配全年使用，则可得到全年的平均补给量（$Q_补$）：

$$Q_补 = 365 V_补 = 365 t_{雨补} R(\mu F \Delta S \Delta T + Q_{雨抽}) \tag{5-69}$$

则雨季补给时的补偿体积（$V_{补偿}$）为：

$$V_{补偿} = V_补 - V_{雨开} = \mu F T_补 R \tag{5-70}$$

有了以上两步计算结果，则可进行评价。

如果 $Q_补 \geqslant Q_开$，$V_{补偿} \geqslant V_{疏干}$，那么可将计算出的 $Q_开$ 作为允许开采量；

如果 $Q_补 < Q_开$，$V_{补偿} < V_{疏干}$，那么可将计算出的 $Q_补$ 作为允许开采量。

5.7.4　水均衡法预测实例

根据上述情况，现对各种情况下的水均衡法计算式中的项目数据进行假设，求取矿区地下水的排水量，计算结果见表 5-9 至表 5-11。

表 5-9　第一种情况下水均衡计算结果

年份	$Q_{上断面}$/(万 m^3/a)	$Q_{下断面}$/(万 m^3/a)	$Q_{河渗}$/(万 m^3/a)	$Q_开$/(万 m^3/a)	ΔQ/(万 m^3/a)	ΔS/cm
枯水年	8 000	4 000	4 000	3 000	+1 000	+3.0
平水年	5 000	3 000	2 000	3 000	−1 000	−3.0

表 5-10　第二种情况下水均衡计算结果

年份	$Q_{雨渗}$ /(万 m^3/a)	$Q_{流入}$ /(万 m^3/a)	$Q_{河渗}$ /(万 m^3/a)	$Q_补$ /(万 m^3/a)	$Q_开$ /(万 m^3/a)	$Q_{流出}$ /(万 m^3/a)	$Q_消$ /(万 m^3/a)	ΔQ/(万 m^3/a)	ΔS/cm
枯水年	427	804	1 990	3 266	3 185	2 479	5 664	−2 398	−2
平水年	836	804	7 006	8 646	3 185	2 633	4 485	+519	+3.02

表 5-11　第三种情况下水均衡计算结果

年份	$Q_{泉总}$/(万 m^3/a)	$Q_{开}$/(万 m^3/a)	ΔQ/(万 m^3/a)	ΔS/cm
枯水年	2 000	3 000	−1 000	−5.50
平水年	4 500	3 000	+1 500	+6.0

上述第一、二、三种情况的计算结果表明：当开采量及其他消耗量之和大于总的补给量时，将减少均衡区含水层内的储存量，水位将在允许开采时的水位基础上下降；当开采量及其他消耗量之和小于总的补给量时，含水层内的储存量得以增加，水位也随之上升。但计算结果表明其另一重要特点，即只要 $Q_{补}<Q_{开}$，$V_{补偿}<V_{疏干}$，则 $Q_{补}$ 可作为允许开采量，此时既有补给保证又能得到开采量。值得注意的是，安全系数 R 的取值是在分析当地多年水文气象资料的基础上得来的。

鉴于井巷涌水量预测是煤田地质勘探及矿井建设和生产过程中不可缺少的数据，而目前的计算结果一般皆有一定误差，有时误差还很大，这就要求水文地质工作人员在实际工作中，确切地摸清调查区的地质、水文地质和开采条件，在正确掌握区域水文地质条件的基础上，全面掌握矿区的自然条件，弄清与矿井涌水有关的水源和进水通道，熟悉未来的开采方案，分析开采后各种条件的可能变化。这是做好预测工作的基础，并在此基础上正确地选用计算方案，精确地确定边界条件和计算参数，这样预计的结果一般才能满足生产的要求。

思考与练习

1. 矿井涌水量的含义是什么？矿井涌水量预测的内容与要求是什么？
2. 矿井涌水量预测有何特点？
3. 试述矿井涌水量预测的方法步骤。
4. 什么是水文地质比拟法？
5. 如何用富水系数比拟法预测矿井涌水量？
6. 如何用单位涌水量比拟法预测矿井涌水量？
7. Q-S 曲线法的应用条件是什么？
8. 如何用 Q-S 曲线法进行矿井涌水量预测？
9. 试述用解析法预测矿井涌水量的原理和应用条件。
10. 试述用解析法预测矿井涌水量的方法步骤。
11. 在矿井涌水量预测中，稳定流解析法和非稳定流解析法分别适用于什么条件？
12. 如何区分层流和紊流？
13. 如何区分平面流和空间流？
14. 如何区分潜水与承压水？
15. 在矿井涌水量预测中，边界类型有几种？
16. 常用的预测矿井涌水量的解析法有几种？
17. 矿井涌水量预测中，“大井法”的含义是什么？
18. 边界类型条件系数的含义是什么？
19. 用解析法预测矿井涌水量，对参数确定有何要求？

20. 如何确定“大井”的半径?

21. 如何确定疏干井巷(系统)排水时的影响半径?

22. 用稳定流解析法进行矿井涌水量预测,其计算、预测的内容是什么?

23. 用非稳定流解析法进行矿井涌水量预测,其计算、预测的内容是什么?

24. 试述用水均衡法预测矿井涌水量的基本原理和应用条件。

25. 运用水均衡法计算矿井涌水量的关键问题是什么?

26. 小型封闭集水盆地中第四系堆积物覆盖下的露天矿,其矿井涌水量计算的基本原理是什么?

27. 位于分水岭地段的裸露型岩溶充水矿床,其矿井涌水量的计算方法及其原理是什么?

28. 试述自成体系、独立的水文地质单元,其矿井涌水量计算的方法原理。

29. 试比较矿井涌水量预测与供水水文地质地下水允许开采量评价计算方法的异同点。

30. 某煤矿开凿一个直径为6 m的立井,井筒即将穿过岩溶发育的石灰岩充水含水层,并掘至含水层底板。含水层厚度为6 m,根据钻孔抽水测得的水位降低值$S=40$ m,影响半径$R=1\ 520$ m,石灰岩含水层的渗透系数$K=9.07$ m/d,试预计该井筒的涌水量。

第6章　矿井水害及其防治技术

矿井水害是矿山建设和生产中的主要灾害之一。它不仅会严重破坏矿井的正常建设和生产，而且会威胁井下人员的生命安全。矿井水的防治是为了防止水害事故的发生，保证矿井建设和生产的安全，减少矿井正常涌水量及降低生产成本，使国家煤炭资源得到充分合理的回收。

矿区内的大气降水、地表水、地下水通过各种通道涌入井下，称为矿井涌水。当矿井涌水量超过矿井正常的排水能力时，就将发生水害。具体来讲，影响矿井正常生产活动、对矿井安全生产构成威胁以及使矿井局部或全部被淹没的矿井涌水事故，都称为矿井水害。

在矿井水害中，矿井透水事故发生得最多，后果最为严重。矿井透水事故是指在采掘工作面与地表水或地下水相沟通时突然发生大量涌水，造成井巷淹没的事故。另外，泥石流对山区矿山也会造成严重的威胁。泥石流是一种夹带大量泥沙、石块的特殊洪流，具有强大的破坏力。

对有水害威胁的矿井，应坚持“预防为主，防治结合”的方针，按照当前与长远、局部与整体、地面防治与井下防治、防治与利用相结合的原则，根据不同水文地质条件，建立地下水动态观测系统，进行地下水动态观测、水害预测分析。另外，要制定相应的“探、防、堵、截、排”等综合防治措施，对排出地面的水要统一规划、综合利用。各矿应根据水文地质条件编制中长期防治水规划和年度防治水计划，严格检查，认真实施，做好水害防治工作。

6.1　矿井水害类型

造成矿井水害的水源有大气降水、地表水、地下水和老窑水(图6-1)。地下水按储水空隙特征又分为孔隙水、裂隙水和岩溶水等。按水源特征，可把我国矿井水害分为若干类型。多数矿井水害往往是几种水源造成的，单一充水水源的矿井水害很少，故矿井水害类型是按某一种水源或以某一种水源为主命名的，一般分为地表水、老窑水、孔隙水、裂隙水和岩溶水五大类水害。

6.1.1　地表水水害

在有地表水体(如长年有水的河流、湖泊、水库、塘坝等)分布的地区，因煤矿井下防水煤(岩)柱留设不当，当井下采掘工程发生冒顶或沿断层带塌裂导水时，地表水将迅速大量灌入井下，类似水害事故曾多次发生。尤其是在一些平时甚至长期无水的干河沟或低洼聚水区，多年来平安无事，未引起人们的注意和重视。当突遇山洪暴发，洪水泛滥时，某些早已隐没的古井筒、隐蔽的岩溶漏斗、浅部采空塌陷裂缝，甚至某些封闭不良的钻孔，由于洪水的侵蚀渗流而突然陷落，易造成地面洪水大量倒灌井下；洪水也可沿某些强充水含水层的露头强烈

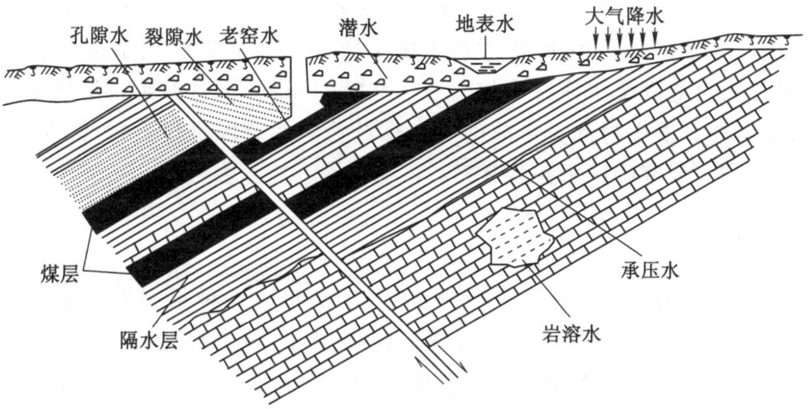

图 6-1　矿井水害的水源类型示意图

渗漏，从而造成水害事故。在特定条件下，洪水有时可冲毁工业广场，直接从生产井口灌入井下，迫使井下作业人员无法撤出。这种水害往往来势突然且迅猛，一时无法抵抗，常会造成重大损失。因此，煤矿生产有一条重要经验，即防水重于排水，防排并治。只有事先做好调查分析，从最坏处着想，做好预防工作，才能真正保证矿井的安全生产。

6.1.2　老窑水水害

所谓老窑水，是指年代久远且采掘范围不明的老窑积水、矿井周围缺乏准确测绘资料的乱掘小窑积水或矿井本身自掘的废巷采空区积水。这种水储集在采空区或与采空区相连的煤巷或岩巷内，水体的几何形状极不规则，不断推进的生产矿井采掘工程与这种水体的空间关系错综复杂，难以分析判断。而这种水体又十分集中，压力传递迅速，其流动与地表水流相同，不同于含水层中地下水的渗透。采掘工程一旦意外接近，老窑水便可突然溃出，发生通常所说的透水事故。事实表明，即使只有几立方米的这种积水，一旦溃出，也可能造成人员伤亡事故；水量较大的老窑水则可毁矿伤人。这种水体不但存在于地下水资源丰富的矿区，也可能存在于干旱贫水的煤矿区，是煤矿生产普遍存在的一种水源，曾发生过多次意想不到的水源案例。2005 年 7 月 18 日，洛阳市新安县石寺镇一煤矿发生老空区透水事故；2010 年 3 月 28 日 14 时 30 分，中煤集团一建公司 63 处碟子沟项目部施工的华晋公司王家岭矿，发生小窑老空区积水突水事故；2020 年 11 月 29 日 11 时 30 分，湖南省衡阳市耒阳市导子煤业有限公司源江山煤矿发生透水事故；等等。

6.1.3　孔隙水水害

我国大部分煤矿目前主要开采中生代侏罗纪和古生代石炭二叠纪地层中的煤炭。新生代第四纪松散孔隙充水含水层以及新近纪、古近纪充水砂砾含水层往往呈不整合接触关系覆盖在这些煤系之上。它直接接受大气降水和展布于其上的河流、湖泊、水库等地表水体的渗透补给，形成在剖面和平面上结构极其复杂的松散孔隙充水含水体。这些含水体长年累月不断地向其下伏的煤层和煤层顶底板充水含水层以及断层裂隙带渗透补给，其水力联系的程度因彼此间接触关系的不同和隔水层厚度及其分布范围的不同而变化，同时还会因各类钻孔封孔质量的好坏而变化。这些变化往往导致有关充水含水层的渗透性和采空区导水裂缝带的导水强度难于真实判断，因而在采掘工作面往往会发生涌水量突然增大的异常现象，情况严重时就会造成突水淹井事故。在一些特定条件下，这甚至可造成水与流沙同时溃入矿井的恶性事故。发生过此类事故的有吉林舒兰矿业有限责任公司、淮北矿区祁东煤矿、徐州矿区新河煤矿、淮南矿区板集煤矿等。

6.1.4 裂隙水水害

裂隙水水害的水源为砂岩、砾岩等裂隙含水层的水。这种水害发生在开采北方二叠纪山西组煤层和侏罗纪煤层以及开采南方侏罗纪煤层中。这些煤层顶部常有厚层砂岩和砾岩，其中的裂隙发育，当与上覆第四纪冲积层和下伏奥陶纪含水层有水力联系时，可导致大的突水事故以及淹井事故。若砂岩层缺乏补给水源，则涌水很快变小甚至疏干，发生过此类水害的矿井有徐州矿区的大黄山煤矿、韩桥煤矿等。

6.1.5 岩溶水水害

这种水害以发生在河南、河北、内蒙古、山东、江苏等地的煤矿居多。这些地区的太原组煤层其顶底板均有灰岩含水层，在开采中必然要揭露这些含水层并予以疏干。一般情况下，这些含水层是可以疏干的。但是，当这些含水层与地表水体或地下水发生水力联系时或被地质构造切割，造成导水通道与厚层灰岩含水层对接发生水力联系时，这些含水层的富水性便大大增加。因此，在具有强水源补给和接近导水通道的部位，常会发生较大灾害性突水事故，曾发生此类事故的典型矿井有淮南谢一矿、肥城大封矿、新密芦沟矿等。

6.1.6 我国煤矿水害的分区特征

根据我国聚煤区的不同水文地质特征和自然地理条件，以及矿井水对生产的危害程度，可将全国煤矿划分为 6 个水害区。

1. 华北石炭二叠纪煤田岩溶-裂隙水水害区

华北石炭二叠纪煤田岩溶-裂隙水水害区主要分布在河北、山东、山西、河南、陕西、江苏、安徽等省份。煤矿突水较频繁，涌水量(1 000～123 180 m^3/h)大或特大。水害主要致灾因素包括奥灰水、断层、陷落柱等。

2. 华南晚二叠纪煤田岩溶水水害区

华南晚二叠纪煤田岩溶水水害区位于我国淮阳古陆以南、川滇古陆以东的长江流域，包括苏南、皖南、江西、湖南、广东、广西、贵州、云南、四川等。煤矿突水频繁，突水量(2 700～27 000 m^3/h)大，容易造成淹井，矿井正常涌水量(3 000～8 000 m^3/h)大。水害主要致灾因素包括岩溶水(岩溶通道)、地表水等。

3. 东北侏罗纪煤田裂隙水水害区

东北侏罗纪煤田裂隙水水害区位于东北和内蒙古东部的新华夏系巨型沉降带内。煤矿受山间谷地的河流、地表水和第四系松散层水的影响严重。水害主要致灾因素包括煤层顶板水和导水裂缝带等。

4. 西北侏罗纪煤田裂隙水水害区

西北侏罗纪煤田裂隙水水害区位于昆仑-秦岭构造带以北，包括新疆、青海、甘肃、宁夏、陕西北部和内蒙古西南部的广大地区。该区顶板水害突出，第四系水害较严重。水害主要致灾因素包括煤层顶板水和导水裂缝带等。

5. 西藏-滇西中生代煤田裂隙水水害区

该区主要分布在昆仑山以南、西昌-昆明以西的广大区域。该区主要聚煤期为晚三叠世和白垩纪。该区属于湿润-亚湿润气候区，年降水量为 300～600 mm 的地区约占 55%，年降水量为 600～1 000 mm 的地区约占 35%，年降水量为 1 000～2 000 mm 的地区约占 10%。区内煤矿的特点是开采规模小、受水害威胁尚不严重。

6. 台湾古近纪煤田裂隙-孔隙水水害区

该区主要分布在台湾地区。该区属于湿润气候区，年降水量为 1 800～4 000 mm 的地区约占 95%以上。区内煤矿的特点是开采规模小，受水害威胁尚不严重。

综上所述，我国煤矿水害主要分布在华南、华北、东北和西北 4 大区域。

6.1.7　我国煤矿水害防治重点

我国煤矿水害的类型、特点及其近年来的变化趋势主要受开采煤层赋存的地质、水文地质条件及开采方式的控制。目前占主导地位的水害类型基本可归纳为 4 种：主采煤层底板高承压岩溶水突水水害、主采煤层顶板砂岩及松散层孔隙水透水水害、废弃小煤窑及老矿井采空区水溃水水害与地表水倒灌充水水害。由于不同地区煤层赋存的地质与水文地质条件不同，占主导地位的矿井水害类型差别较大。

在华北、华东地区，矿井主要开采煤层为石炭二叠纪煤层，以地下开采方式为主且开采深度普遍较大。主采煤层下伏太原组多层薄层灰岩和奥陶系巨厚灰岩含水层，多种构造因素通常使这些含水层之间存在水交替和水动力联系。按现行的突水系数理论评价，我国华北、华东地区已经全面进入开采受水害威胁煤炭资源阶段，而且随矿井采掘深度的增加，隔水层厚度不会变化，但水压会越来越大，矿井水害隐患会日趋严重。因此，在这一地区矿井水害的主要类型为主采煤层底板高承压岩溶水突水水害，且随采掘深度的增加，这一水害特征会更显突出。

我国煤炭资源主要富集区——山西、陕西、内蒙古、新疆等地区，将成为支撑我国煤炭工业可持续发展的远景区域。近年来在这一地区，煤炭资源的勘探开发强度快速上升，长期以来在人们的固有观念里，这一地区属于干旱缺水区，对煤炭资源开采过程中水害的严重程度认识不足。其实，在这一地区主要开采煤层的上覆地层中广泛发育砂岩裂隙和第四系松散含水层，且水量比较丰富。由于这些地区的煤层厚度大、埋藏浅，大尺寸工作面机械化开采对顶板覆岩的扰动强度大，采掘扰动导水通道很容易沟通上覆含水层(甚至地表水体)，从而造成采煤工作面透水事故，有时还会造成工作面溃砂及地面塌陷等地质灾害。

在我国西部地区及内蒙古东部矿井水文地质条件的典型结构模式下，封闭不良钻孔、导水断层及导水裂缝带都会导致顶板水溃入采煤工作面。特别是很多煤层顶板隔水层受隐伏古冲沟的深刻影响，会变薄或缺失，当工作面回采至这些区域时很容易发生顶板水溃入，且这种古冲沟具有很强的隐蔽性，很难被预先勘探清楚。因此，在这一地区矿井水害的主要类型为主采煤层顶板砂岩及松散层孔隙水透水水害，必须高度重视。

由于小矿井整合和开采的规范化，近年来数以万计的小煤窑被关闭废弃。同时，许多国有大矿井因上组煤资源枯竭，逐渐转入下组煤开采，这些矿井存在大量的上组煤采空积水区。废弃矿井和上组煤开采留下的采空区充水后就像分布于生产矿井周边的地下水库，严重威胁邻近矿井的安全生产。统计资料表明，近年来，采空区积水及废弃的充水小煤窑水水害事故每年占煤矿总突水事故的80%左右。该类型突水的突发性强、冲击力大，通常可造成瞬间淹井和惨重的人员伤亡事故。同时，在生产阶段，矿井通常是地下水的排泄区，废弃矿井中被污染的地下水会逐渐补给在矿井采掘阶段已经疏干的洁净含水层直至溢出地表，地下水位的抬升会在很大程度上改变矿区的区域性水文地质、工程地质与环境地质条件，使邻近矿井区域水文地质条件变得复杂。

我国秦岭以南的华南、西南的主要煤矿区以低山丘陵地形为主，属亚热带季风气候区，年降水量一般在1 000～2 500 mm，地表水系发育，水量充沛。含煤地层中广泛发育泥盆纪融县灰岩、石炭纪黄龙灰岩、二叠纪茅口灰岩和长兴灰岩、三叠纪大冶灰岩等可溶岩类地层，由于褶皱、断裂和岩浆活动作用，这些地层容易形成一些规模较小的褶皱、断裂盆地，强烈岩溶化的灰岩直接出露地表或与第四系松散层直接接触，地表水、第四系水均与灰岩岩溶水产生密切水力联系，这使煤矿床水文地质条件变得十分复杂。第四系覆盖下的强岩溶化岩溶含水层在矿区抽排水过程中经常引起大面积的地面塌陷，造成地表水砂溃入矿井。由于该区域地形起伏较大，因此地下水水力梯度大，水循环和水交替速度较快，地下水侵蚀能力较强，通常在灰岩的裂隙发育带或断层带可形成地下水优先溶蚀和集中径流，并大面积形成岩溶暗河通道。故岩溶暗河通道沟通地表水突入井下成为本区矿井岩溶水突入的独有特点。该区域多数煤矿水害属于地表水倒灌充水水害类型。该类型岩溶矿床突水的最大特点是来水突然、水量大，雨后水量迅速衰减，矿井涌水的时间性和季节性极强，矿井涌水与大气降水和地表水的关系密切。

6.2 地面防治水

地面防治水是指在地面修筑防排水工程，填堵塌陷区、洼地以及采取隔水防渗等措施，防止或减少雨雪和地表水大量流入矿井。地面防治水要坚持矿井防治水与农田水利建设相结合、地表水与井下工程相结合、多种防治水方法相结合的综合防治水原则。这是保证矿井安全生产不受水害威胁的关键，尤其是对矿井水主要来源于地表水和雨雪水的矿井更为重要。

6.2.1 矿井地表水源

对地表水源要进行调查和观测，了解气候条件、地形和地貌、雨雪水的分布量以及江河、湖泊、沼泽、洼地等的分布状态，并进行井上下的对比，分析其间的联系。

1. 雨雪水

降雨和春季冰雪融化是地表水的主要来源。在开采浅部矿层和采用崩落法采矿或其他方法采矿时，在地表形成塌陷区的场合，雨雪水会沿塌陷区裂缝涌入矿场内。尤其是雨季雨量大，在不能及时排出矿区的情况下，雨水通过表土层的孔隙和岩层的细小裂隙渗入矿内，或洪水泛滥时，沿塌陷区、废弃井口或通达地表的井巷(包括小窑乱采乱掘与大矿沟通的通道)大量灌入而造成矿井水灾。

2. 江河、湖泊、洼地积水等

江河、湖泊、池沼、水库、低洼地、废弃的露天矿井等水源或积水，可能通过断层、裂隙、石灰岩溶洞等与井下沟通，造成矿井透水事故。

为防止地表水患，必须弄清矿区及其附近地表水流系统和受水面积、河流沟渠汇水情况、疏水能力、积水区和水利工程情况，以及当地日最大降水量、历年最高洪水位，并且结合矿区特点建立和健全防排水系统。

6.2.2　地表水对矿井的影响

(1) 有煤层露头的矿井，或覆盖层很薄的矿井，坡水能从裂隙、溶洞、采空区塌陷裂隙直接流入井下，造成矿井充水。

(2) 山区坡陡流急，洪水暴涨暴落，常危及井口、工业园区、生活园区和交通设施。

(3) 沟壑直接穿过煤层露头，或沿煤层露头发育，因此沟底往往成集中漏水地段。

(4) 由于裸露式煤田容易开发，常有老窑开采史，老窑井口和塌陷裂隙常成为地表水涌入井下的通道。

(5) 在植被稀少、崩塌的松散堆积物储积量大的山区，洪水期间易造成泥石流。泥石流到达下游坡度较缓的地带沉积，堵塞沟壑，阻塞洪水排泄的出路，或抬高洪水位，因此可能造成洪水淹没塌陷坑、井口。泥石流本身亦可能冲垮、淹没工业广场，或破坏地面防排水工程。

(6) 在洪水季节，降水大量渗入岩石空隙，使岩土稳定性变差，从而易造成滑坡，堵塞河谷，引起河水猛涨和产生其他危害。

(7) 地表水可使岩土裂隙扩宽。因岩土原有裂隙变宽，裂隙两侧岩(土)体结合力小于岩(土)的重力而产生滑坡或顺坡滚落，重者堵塞冲沟，形成堰塞湖，轻者堵塞公路旁水沟，造成水在公路上形成片流，损坏公路。

6.2.3　地表水综合治理措施

地表水综合治理是指在地表修筑防排水工程，填堵塌陷区、洼地以及采取隔水防渗等多种防水措施，以防止或减少地表水大量流入矿井。

1. 合理确定井口位置

井口和工业广场内主要建筑物的标高必须高出当地历年的最高洪水位。在有些情况下确实很难找到较高的井口位置，或者当需要在山坡上开凿井筒时，则应修筑坚实的高台或在井口附近修筑可靠的排水沟和拦洪坝。这样，即使雨季山洪暴发，甚至达到最高洪水位时，地表水也不会经井口灌入矿井。

地面广泛覆盖冲积层的矿井，井口尽量选在第四系厚度薄、透水性弱、土层物理力学性质较好的区段，以减少井筒施工的困难。

2. 填堵进水通道和消除积水

矿区的基岩裂隙、塌陷裂缝、溶洞、废弃的井筒、钻孔和塌陷坑等，均可能成为地表水进入矿井的通道，应该用黏土或水泥将其填堵(图 6-2)。在容易积水的洼地、塌陷区，应该修筑泄水沟，泄水沟应该避开露头、裂缝和透水岩层。不能修筑沟渠时，可以用泥土填平夯实并使之高出地表。大面积的洼地、塌陷区无法填平时，可安装水泵排水。

(1) 沟底塌陷垮落的预先治理：煤层露头位于沟底，顶底板极坚硬，垮落后沟水会直接

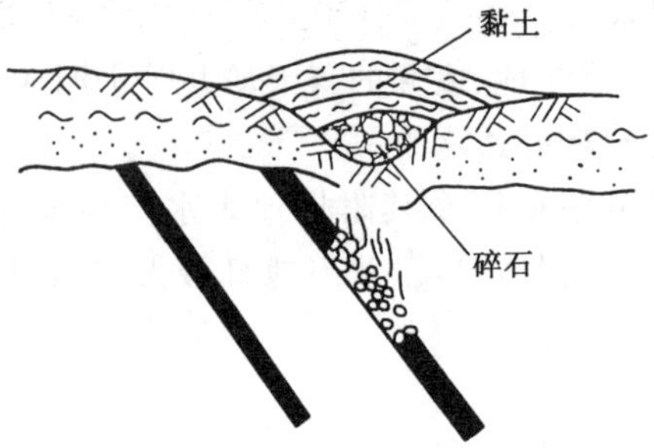

图 6-2　塌陷坑填塞方案

突入井下，为此在采动前应预先防治，其方法是超前一个月修建渡槽，即在沟两岸的塌陷部位修截水沟，将岸坡的水流导入渡槽或渡槽上下游的河段中。

(2) 沟底塌陷抽冒后的治理：若枯水期河段垮落，为防止洪水灌井，在垮落后应立即作修建渡槽、填堵塌陷坑等处理。

修建渡槽的要求如下：

渡槽的设计流量应经过水文计算求得。渡槽的设计断面应通过水力计算确定，切忌粗略估计，以防洪水到来时渡槽漫溢；渡槽的进出口段应设截潜流墙，以防水流从渡槽的进出口段底部潜入塌陷坑；渡槽的进出口段应放置在岩层稳定的地表，防止岩层移动使渡槽破坏；渡槽本身的结构必须满足截面负荷要求；根据不同情况应选用不同结构形式的渡槽，常用的有钢筋混凝土渡槽、钢板渡槽、木质渡槽等。在临时抢险时，可用风筒加上适当的支撑作为临时水管道，也可起到渡槽的作用。

填堵塌陷坑的要求如下：

在陷落深度不大，砂、石料及黄土易取的地方，可用上述材料进行充填。坑底填砂、河卵石，上方夯实的黄土厚度大于 0.5 m，最上部用砾石砌底（水泥沙浆带灌缝），最少砌 2 层。当塌陷坑深且大时，在其底部首先架起废钢管、废钢轨及废钢丝绳，以此作为铺垫坑底的骨架，再将足够的小树枝及草束等投入坑内，然后连续投入沙包及片石。当塌陷坑的泄水量明显减少后，再用大量石块进行填堵，可堵住水流。在石块上部用水泥浆砌片石、填灰土（石灰和土的体积比为 3∶7）加以夯实，效果良好。填塞塌陷裂缝时可沿缝挖沟，深 0.4～0.8 m，裂缝边缘两侧各宽 0.3 m（下游）和 0.5 m（上游），缝内填入石块或片石，上部用 3∶7 的灰土填塞夯实。

(3) 山坡塌陷坑的治理方法：用砂、石料、黄土充填，还可用围、排等方法，在山坡低洼的塌陷坑挖围沟排水。在其周围修围沟排水，围沟应修在岩石稳定不渗水的层位上；挖截水沟，截阻塌陷坑上方坡水。若塌陷坑附近岩石坚硬，则开沟困难。若取石料方便，则可在塌陷坑周围或上方砌筑截水墙。

(4) 修筑防洪堤隔绝水源。当矿区含煤地层中的可采煤层距离冲积层水及地表水很近时，而且在潜水含水层下部具有稳定隔水层的情况下，地表水与冲积层水随时都有灌入井下的危险。为了有效地防止地表水涌入矿井，可修筑防洪堤，即用水泥及黏土筑成，其下部筑在冲积层底部隔水层上，从而可有效地隔绝地表水与冲积层水对矿井的补给，保证安全生产。

3. 挖沟排（截）洪水

位于山麓或山前平原的矿区，雨季常有山洪或潜流流入，增大矿井涌水量，甚至淹没井口和工业广场。一般应在矿区井口边缘沿着与来水垂直的方向,大致沿地形等高线挖掘排洪沟,拦截洪水并将其排到矿区外(图 6-3)。在地表塌陷、裂缝区的周围,也应挖掘截水沟或修筑挡水围堤,防止雨水、洪水沿塌陷、裂缝区进入矿区。

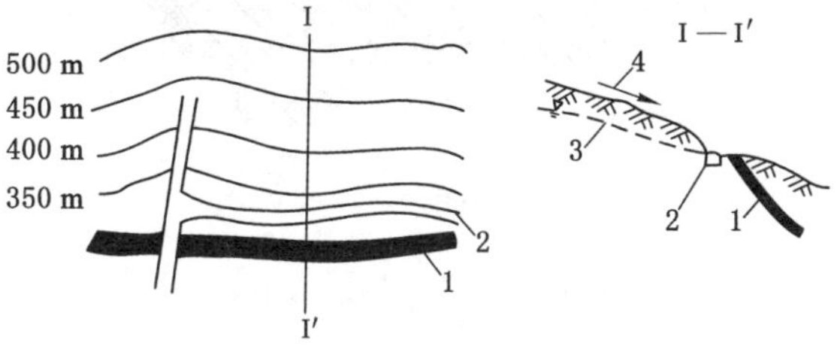

1—煤层;2—排洪沟;3—潜水位线;4—地面洪流。

图 6-3　排洪沟平剖对照图

排洪沟的平面布置要求如下:

(1) 尽量不改变自然流势。

(2) 尽量利用天然河床和地形。

(3) 排洪沟的弯道曲率半径应不小于设计水面宽的 5～10 倍。

(4) 排洪沟的位置应考虑矿区的远景规划。

(5) 最好布置在矿区或矿井的外围,起到拦截洪水的作用。

(6) 尽量避免将排洪沟布置在与矿井水有关的含水层露头、断层破碎带上,对必须穿越的部位采取相应的防渗漏措施。

(7) 应选择工程地质条件比较好的地段,尽量避开有流沙或滑坡危险的地区。

4. 整治河流

当河流或渠道经过矿床且河床渗透性强,河水可能大量渗入矿内时,可以修筑人工河床(铺砌的河床)或使河流改道。

(1) 修筑人工河床

在河水渗漏严重的地段用黏土、碎石或水泥铺设不透水的人工河床(图 6-4)以制止或减少河水渗漏,此时应注意以下几点:① 人工河床一般不应过多缩小河床断面,新设计人工河床断面应先进行水力计算;② 尽量使用当地材料,选择施工简便的设计;③ 铺砌方式必须同时满足防渗、防潜蚀、防冲剥要求;④ 在砂卵石易变形的河床上一般不宜用刚性材料衬砌;⑤ 在寒冷地带应注意防冻;⑥ 在基岩上浇筑混凝土时应清基;⑦ 刚性衬砌应有伸缩缝和不均匀沉陷缝,缝间应用沥青止水;⑧ 两岸坡漏水的河床,岸坡应同样衬砌。

人工河床一般铺底 3 层:底层是韧性防漏层,厚度在 25 cm 以上,铺草皮,上用黄土压实;中间层是伸缩层,用厚 20 cm 砂石(砂石体积比为 3∶7)铺设,以防止底层翻浆,在冬季则可防止河底冻裂;上层用水泥沙浆及河卵石构筑,厚度在 5 cm 以上,能抵御流速为 6 m/s 的水流冲刷。在上游建筑拦水坝,以降低流速,使人工河床的水流速度限制在 6 m/s 以下。人工河床断面有梯形断面与矩形断面。

例如,重庆南桐直属二井的地表河流经过矿区,修筑人工河床后,雨季矿井涌水量减少 30%～50%。

(2) 使河流改道

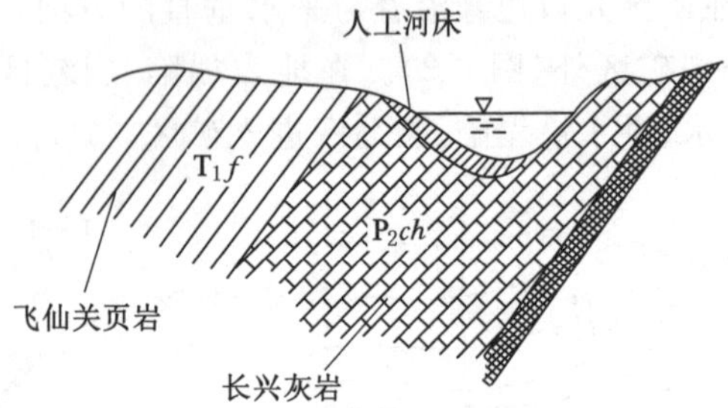

图 6-4　人工河床铺底示意图

防止河水进入矿内最彻底的办法是将河流改道，使其绕过矿区。为此，可以在矿区上游的适当地点修筑水坝拦截河水，将水引到事先开掘好的人工河道中(图 6-5)。河流改道的工程量大，投资多，并常涉及当地工农业利用河水等问题，故不宜轻易采取，需要作仔细调查、全面考虑再决定。

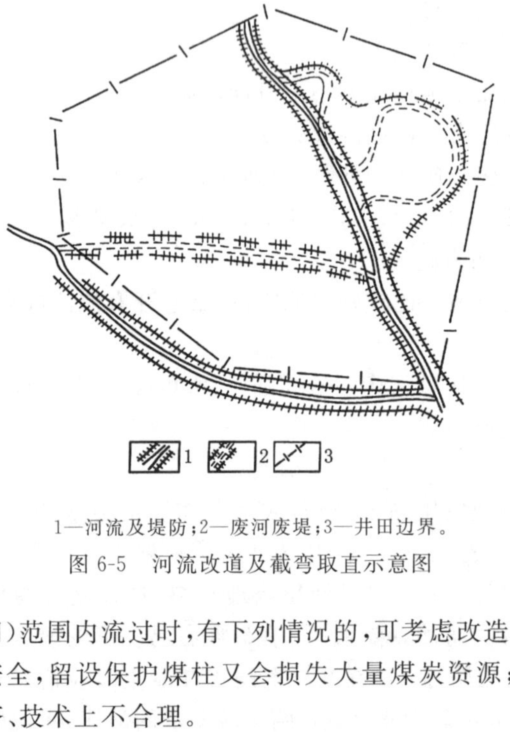

1—河流及堤防；2—废河废堤；3—井田边界。

图 6-5　河流改道及截弯取直示意图

河流从矿区(或井田)范围内流过时，有下列情况的，可考虑改造：① 河流直接压在开采煤层上方，顶水采煤不安全，留设保护煤柱又会损失大量煤炭资源；② 洪水期威胁矿井安全，采取其他措施在经济、技术上不合理。

废旧老河道处理方法如下：① 填河还田。② 矸石填平。③ 如老河道有积水，而且导水断裂带波及河流，则应在采前将老河道积水排干；若导水裂缝带波及河底，则应在老河道开沟，将河底淤泥中的水排干，使淤泥失去流动能力；若河底是黏土性淤泥，无法排水，则应将积水和淤泥一起清除，以防淤泥漏入井下。最好把老河道下方的工作面放在旱季开采。

5. 堵塞废旧老(小)窑

老(小)窑在平地较高的位置或山坡，一般可将窑口填实，并离开窑口 0.5 m 处筑土包。

窑道塌陷坑在平地较低位置，一般将塌陷坑填平，并在地面筑土包。若坑内有原生黏土层，则充填的黏土层位置要稍高于天然沉积黏土层，以便填方沉陷后充填黏土层和沉积黏土层可相连。为防止塌陷坑被洪水淹没引起充填物顺窑道向下滑落，使填堵工程失效，可再在塌陷坑周围岩层稳定处砌筑挡水墙，墙高按防洪的标准水位设计。

在山坡的老(小)窑坑口，可在其上方设挡水墙和截水沟，以防坡水灌井。若窑道是平硐，硐口位置很低，受洪水威胁，则可填塞窑道并封口。

6. 泥石流防治

泥石流防治方法如下：① 植树种草，防止水土流失；② 做好排水截流设施，防止水流对山坡的冲刷；③ 在易滑坡或塌方的地方修建挡水墙；④ 工业广场应避开泥石流；⑤ 做拦截坝和疏导工程；⑥ 在易发生滑坡和塌方处的上游修建排水截流设施，下游修筑挡土墙。

有计划地做好地表水防治准备工作是防止地表水造成矿井水灾的重要保证。每年雨期前的一个季度应由主管矿长组织一次防水检查，防水工程必须在雨季前竣工。地面防排水，应根据地形、地质、气候、水文地质和开采条件，采取综合措施并与有关部门进行全面规划。

近山矿区地表水防治：首先，应以蓄为主，防蓄结合。配合建水库、挖鱼鳞坑、种树、开山前顺水沟等措施，以减少矿井雨季洪峰水量。其次，矿区外围以防为主，防排结合。在可能往井下漏水的灰岩露头周围，用排洪沟构成排洪圈(道)包围井田，使洪水沿环形排洪道集中之后流入主河道；在排洪沟的下口建水闸和排洪站，准备河水倒灌时往外排水。最后，矿区内部以导为主，导排结合。

平原地区地表水防治：应结合农田水利建设，挖掘中央排洪道和分区泄水沟形成河网系统，防止内涝。

实例1：徐州地区多年平均降水量为869.9 mm，最高年降水量为1 559.1 mm。降水集中在每年的七、八两月，其降水量占年降水量的60%左右。由于地表区域河沟少且河床窄小，泄洪能力弱，每年暴雨时刻，近山的贾汪矿区都要遭受山洪侵袭，远山的平原矿山则内涝成灾。如1958年7月31日降暴雨，7 h内降水量达106 mm，山洪侵袭贾汪矿区，冲垮了铁路路基，推倒民房数十间，造成排洪道5处决口，洪水直冲韩桥井的工业广场并威胁井口，塌陷区全部被淹没，井下太原组石门的涌水量由7 m^3/min猛增到75 m^3/min，超过排水能力，矿方被迫放水淹下山采区，部分工作面停产两个半月。分布在平原区的大黄山矿、权台矿、旗山矿等，煤层厚、采动地表塌陷深，内涝积水泄出缓慢，1959年有几处向井下漏水，其中一处甚至出现塌陷坑直接向井下灌水，情况十分危急，历经抢险才保住了安全。

贾汪矿区在充分调查和研究矿区自然条件的基础上，按山前矿区与平原矿区的不同特点，制定了不同的综合防治水措施(图6-6)。在山区以蓄为主，蓄防结合。具体做法是：修水库、挖鱼鳞坑、建山前顺水沟，以减少矿区雨季洪峰流量。矿区外围以防为主，防排结合。即在向井下漏水的含煤地层和太原组灰岩露头周围修筑排洪道，引洪水注入屯头河，并在排洪道的出口处建闸设泵，以便河水倒灌时落闸向外排水。矿区内部以导为主，导排结合，即在低平矿区内开挖中央排洪道，向矿区外围导流排水，并在塌陷区设泵排除积水。

经验教训表明：煤矿生产必须牢固树立“以防为主”的思想，要加强地面防治水，这是保证安全、减少水灾的一条根本措施，同时也能减少井下涌水量。

实例2：平川矿区地表水防治。

(1) 地表水对平川矿区的危害。

① 外来洪水侵袭。位于河流附近的平川矿区，一旦河水泛滥，就有可能淹没整个矿区，危及工业园区、井口等重要地面设施。

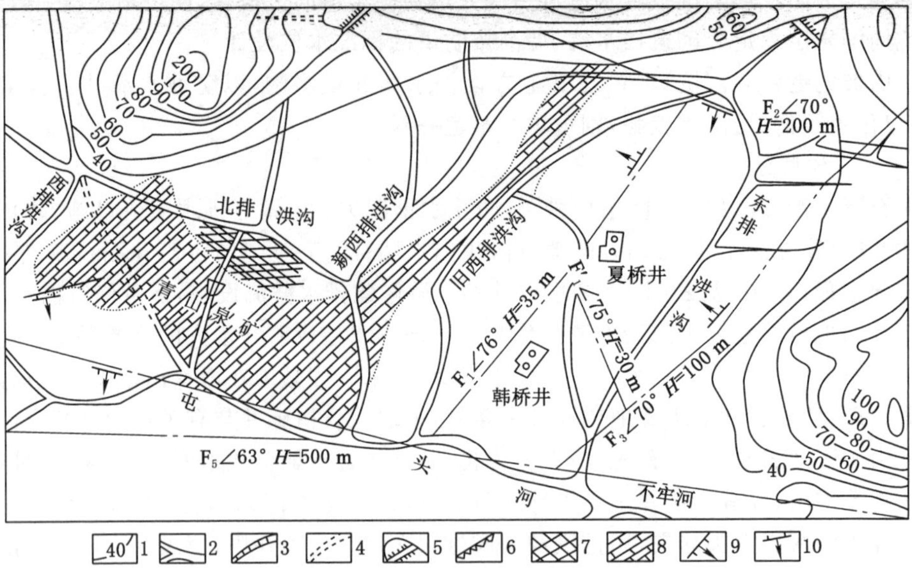

1—等高线；2—河流或排洪沟；3—排洪沟铺底段；4—废河道；5—水库大坝；

6—石拱渠；7—灌区；8—太原组灰岩露头；9—正断层；10—逆断层。

图 6-6　贾汪矿区地面防治水工程图

② 内涝积水。有的矿区，虽无外来洪水侵袭，但当采空区、裂缝带波及地表水体时，会引起地表水或淤泥涌入井下，从而造成重大事故，平川矿区也不例外。还应注意“滞后效应”。如湖南五亩冲煤矿采用疏水降压开采，其运输大巷布置在疏干的强含水层中。掘进中遇到一条大倾角的张裂隙，充填在内的红泥已干，因此矿方认为它不构成威胁，继续掘进3个多月(此时已进入雨季1个多月)，发现干红泥变软且有弹性；继续掘进半个多月，那条由干变软的红泥带突然溃入大巷，矿方3个多月都未处理完。因此，在断裂隐患处应及时支护灌浆，以防滞后事故的发生。

(2) 平川矿区防治地表水的方案。

① 在工业园区和生活园区周围修筑堤防，以确保安全。

② 防治内涝，开挖排洪沟，设泵站排水，新矿井设计时应提高场地标高。

③ 煤层上方有地表水体，它通过导水裂缝带可能与井下构成水力联系，若留煤柱则经济上不合理，因此应将水排干，或将河流改道。这些水体底部可能有大量淤泥，在较长时间内仍呈流动状态，仍有可能通过导水裂缝带造成事故，因此应予以重视。

④ 对有溃水危险的塌陷坑，应填土夯实或围堤设泵排水。

⑤ 对流经矿区极为弯曲的河道，应截弯取直，缩短河流经过矿区的长度，并提高流速。

6.3　井下探放水技术

在有些生产矿井的范围内，常常有许多充水的小窑老空区、断层以及富水含水层。当采掘工作面接近这些水体时，就有可能造成地下水突然涌入矿井的事故。为了消除这些隐患，在生产中使用探放水的方法，以探明工作面前方的水情，然后将积水有控制地放出来，以保证采掘工作的安全。探放水虽然是防止水害的重要方法之一，但这项工作并不能把所有的水害威胁都探明，如断层遇到突水，必须在全面分析水文地质资料之后，才能得出有无可能发生水害的结论。

例如，2010年11月30日23时20分，湖南省湘潭市湘潭县亿德煤矿"11·30"透水事故发生在−85 m水平3号煤下山工作面。经初步分析，事故原因是违法违规组织生产，探放水措施不落实，打通采空区透水，透水量约2 400 m^3。2016年7月3日，贵州贵能投资有限公司水城县勺米乡弘财煤矿M30号煤层的1301掘进工作面回风巷发生一起透水事故。事故原因是该回风巷上方存在水体，未按规定认真落实探放水措施，揭露与水体连通的导水断层。经现场勘查和技术分析，本次透水水源为老空区积水、断层裂隙水和地表塌陷坑补给水，经测算，此次事故的透水量约5 000 m^3，直接经济损失465万元。

6.3.1　探放小窑老空水

6.3.1.1　探放水原则和工程设计

1. 探放水原则

探放老空水除了要遵循"预测预报、有疑必探、先探后掘、先治后采"的防治水原则外，还应遵循下述原则。

(1) 积极探放。当老窑、老空区不在河沟或重要建筑物下方，排放老窑、老空区内积水不会过分加重矿井排水负担，且积水区之下又有大量的煤炭资源亟待开采时，应千方百计地将这部分积水排放出来，以彻底解除水患。

(2) 先隔离后探放。与地表水有密切水力联系的老空水，雨季可能接受大量补给；或老空的涌水量较大，水质不好(酸性大)。为避免长期负担排水费用，对这种积水区应首先设法隔断或减少其补给水源，然后进行探水；若隔断水源有困难而无法进行有效的探放，则应留设煤岩柱与生产区隔开，待到矿井生产后期再进行处理。

(3) 先降压后探放。对水量大、水压高的积水区，应先从顶底板岩层打穿层放水孔，把水压降下来，然后沿煤层打探水孔。

(4) 先堵后探放。当老空区被强富水性含水层水或其他水源水所淹没，出水点有很大的补给量时，一般应先堵住出水点，再探放水。

2. 探放水工程设计

探放水工程设计，必须有说明书、安全措施和工程图纸，主要包含以下内容：

(1) 探放水巷道掘进工作面及周围的水文地质条件。如老空积水范围、积水量、确切的水头(水压)、正常涌水量，老空区与上下采空区、相邻积水区、地表河流、建筑物及断层构造的关系，以及积水区与其他含水层的水力联系程度等。

(2) 探水巷道的掘进方向、施工次序、规格和保护形式。

(3) 探水钻孔组数、个数、方向、角度、深度和施工技术要求及采用的超前距与帮距。

(4) 探水施工与掘进工作的安全规定。

(5) 受水患威胁地区的信号联系和避灾路线的确定。

(6) 通风措施和瓦斯检查制度。

(7) 防排水设施，如水闸门、水闸墙等的设计，以及水仓、水泵、管路和水沟等排水系统和能力的具体安排。

（8）水情及避灾联系汇报制度和灾害处理措施。

（9）附老空区位置、积水区与现开采区的关系图，以及探放水孔布置的平面图、剖面图等。

6.3.1.2　探水前注意事项

（1）检查排水系统，准备好水沟、水仓及排水管路；检查排水泵及电动机，使之正常运转，达到设计的最大排水能力。

（2）准备堵水材料。在探水地点应备用一定数量的水泥（或者化学浆液）、套管、闸阀、坑木、麻袋、木塞、泥、棉线、锯、斧等，以便出水或来压时及时处理。

（3）检查瓦斯。瓦斯浓度超过安全规定时应停止工作，及时加强通风。

（4）检查支架情况。有松动或破损的支架要及时修理或更换。帮顶是否背好，都要一一检查。

（5）检查煤壁。煤壁有松软或膨胀等现象时，要及时处理，闭紧填实，必要时可打上木垛，防止水流冲垮煤壁，造成事故。

（6）检查水沟。巷道水沟中的浮煤、碎石等杂物，应随时清理干净。若水沟被冒顶或片帮堵塞时，应立即修复。

（7）检查安全退路。避灾路线内不许有煤炭、木料、煤车等阻塞物，要时刻保证通畅无阻。

（8）检查打钻地点或附近是否安设专用电话。

6.3.1.3　探水起点的计算

因为小窑老空水范围是通过调查得出的，其积水的边界不是十分准确，如有条件最好用物探方法查明。根据一些矿区的经验，对调查和勘探获得的小窑老空区分布资料分析后可划出三条界限，如图 6-7 所示。

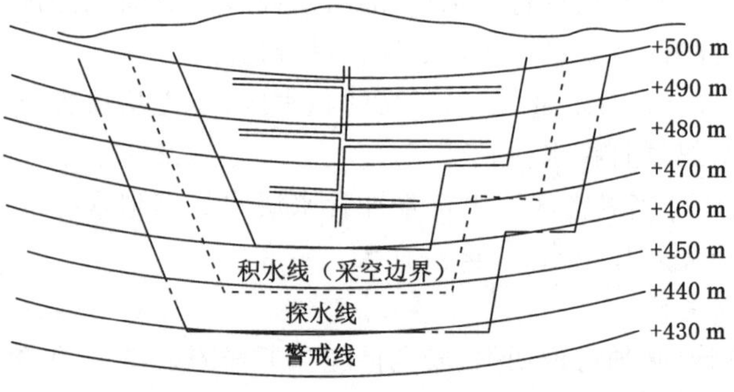

图 6-7　积水线、探水线和警戒线示意图

（1）积水线：调查核定积水区的边界，亦即采空区的范围，其深部界线应根据小窑的最深下山划定。

（2）探水线：沿积水线外推 60～150 m 的距离（上山掘进时为顺层的斜距）画一条线，此数值视积水范围可靠程度、水头、煤的强度来确定。掘进巷道一达到此线就应开始探水。

《煤矿防治水细则》规定，老空水范围、积水量不清楚的，近距离煤层开采的或者地质构造不清楚的，探放水钻孔超前距不得小于 30 m。

（3）警戒线：从探水线再外推 50～150 m（上山掘进时指倾斜距离）。当巷道进入此线时，就应警惕积水的威胁，注意迎头的变化，当发现有透水征兆时就应提前探水。

6.3.1.4　小窑老空积水量的估算

1. 老空积水静储量估算

老空积水静储量可按式(6-1)进行估算：

$$W_{静} = \frac{KMah}{\sin \alpha} \tag{6-1}$$

式中　$W_{静}$——老空积水静储量，m^3；

M——采高，m；

a——小窑老空区走向长度，m；

h——小窑老空区的垂高，m；

α——煤层的倾角，(°)；

K——老空区的充水系数，取 0.3～0.5。

充水系数 K 与采煤方法、回采率、煤层倾角、煤层顶底板岩性及碎胀程度、采后间隔时间、巷道成巷时间及维修状况等有关。

2. 老空积水单位时间动储量估算

用类比法估算，估算出本矿采空区面积，计算出单位面积的涌水量 Q_D，则老空积水单位时间动储量为：

$$Q_{动} = (0.5 \sim 0.6) SQ_D \tag{6-2}$$

式中　$Q_{动}$——老空积水单位时间动储量，m^3/min；

S——老空区积水的斜面积，km^2；

Q_D——本矿同煤层单位面积的涌水量，$m^3/(min \cdot km^2)$。

在初步估算出积水量后，便可根据矿井的具体情况拟定治理方案，如用放水孔将老空积水放干，或留设暂时防水煤柱等。

6.3.1.5　探放水钻孔的布置方法

探放水钻孔的布置应以确保不漏老空积水，保证安全生产，探水工作量最小为原则。

1. 探水钻孔的超前距、允许掘进距离、帮距和间距

(1) 超前距、允许掘进距离：探水时从探水线开始向前方打钻探水，一次打透积水的情况较少，所以常是探水—掘进—探水循环进行，而探水钻孔的终孔位置应始终保持超前掘进工作面一段距离，这段距离简称超前距(图 6-8)。经探水后证明无水害威胁，可以安全掘进的距离，称为允许掘进距离。实际工作中超前距一般采用 20 m。在薄煤层中可缩短，但不得小于 8 m。超前距还可用式(6-3)进行估算：

$$a = 0.5L\sqrt{\frac{3p}{\sigma_t}} \tag{6-3}$$

式中　a——超前距，m；

L——巷道的跨度(宽或高，取其大者)，m；

p——水头压力，MPa；

σ_t——煤柱的抗拉强度，MPa。

超前距除用式(6-3)估算之外，有的矿区还从实践中总结出一些经验数据。例如，淄博矿区根据多年来的探放水工作，得到了探放水时的最小超前距，详见表 6-1。

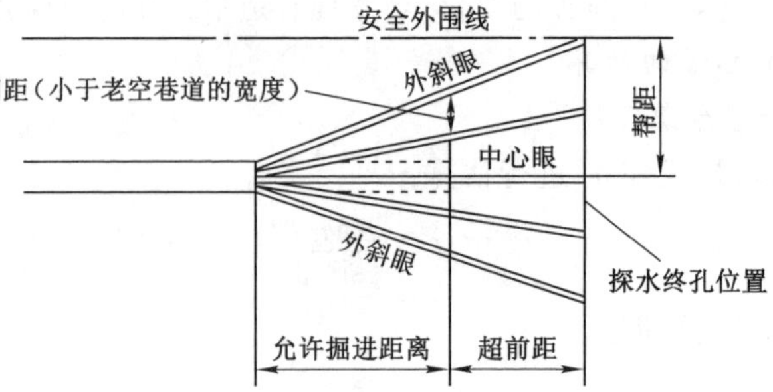

图 6-8 探水钻孔的超前距、帮距、间距、允许掘进距离示意图

表 6-1 淄博矿区探放水时的最小超前距

煤层厚度/m	水头压力/MPa	最小超前距/m
1.6～2.2	＞3	20
	1～3	16
	＜1	14
1.2～1.6	＞3	20
	1～3	14
	＜1	10
0.7～1.2	＞3	18
	1～3	12
	＜1	10
＜0.7	＞3	16
	1～3	10
	＜1	8

（2）帮距：探水钻孔一般不少于 3 组，每组 1～3 个钻孔。探水钻孔一般不少于 3 个，一个为中心眼，另两个为外斜眼，与中线成一定角度且呈扇形布置。中心眼终点与外斜眼终点之间的距离称为帮距（图 6-8）。帮距一般应等于超前距，有时可比超前距略小 1～2 m。

超前距和帮距越大，安全系数越大；安全系数越大，探水工作量也越大，从而会影响掘进速度。若超前距和帮距过小，则不安全。因此，超前距和帮距必须合理确定。

（3）间距：是指允许掘进距离的终点与探水终孔位置在竖直方向的间距（图 6-8）。间距的大小视具体情况而定，一般不应大于老空巷道的宽度。如老空巷道宽度为 3 m，则间距不得超过 3 m。有时为了减少工作量，可在允许掘进距离内用小电钻补探，以保证不打漏含积水的老空巷道。

2. 探水钻孔布置方式

探水效果的好坏与钻孔布置方式的优劣有很大关系。在布置探水钻孔时必须注意确保安全，既要保证工作效果又要使工程量最小。

探水钻孔常布置成扇形和半扇形，其又分为大夹角和小夹角两种布置方式，如运用得当，两种方式都可以取得良好的效果。

(1) 大夹角钻孔布置

当倾斜煤层煤厚小于 2 m 时，上山掘进的探水钻孔应呈扇形布置，两侧各布置 2～3 组钻孔，每组1～2 个钻孔，中间沿巷道前进方向为一组，每组钻孔之间的夹角为 7°～15°(图 6-9)。

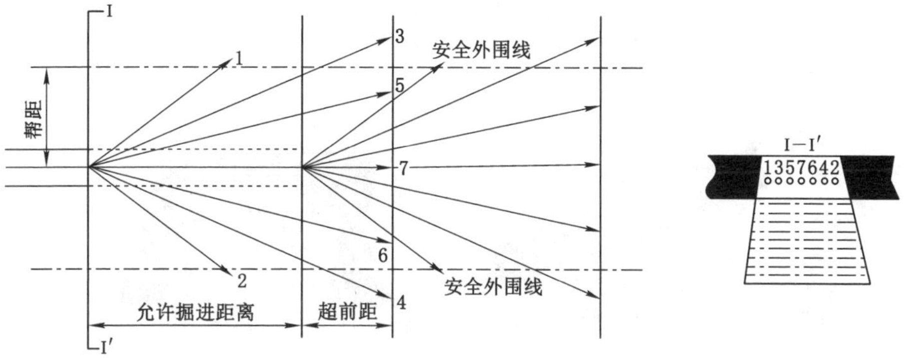

图 6-9　薄煤层上山巷道探水钻孔布置示意图

探水钻孔布置从平面上看，一般布置成扇形和半扇形。上山巷道常布置成扇形，煤厚大于 2 m 的倾斜煤层，上山掘进钻孔的布置与上述一样，每组钻孔夹角为 7°～15°，由于煤厚增大，每组钻孔的孔数不得少于 3 个(图 6-10)。其中，应包括见底板和见顶板的钻孔，以保证不漏掉垂直方向上的积水区。

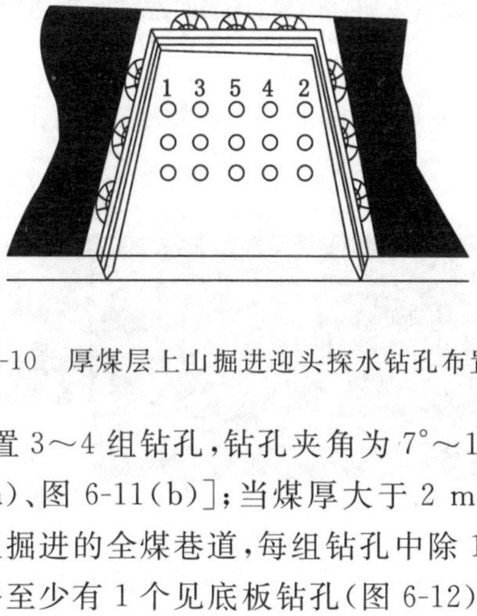

图 6-10　厚煤层上山掘进迎头探水钻孔布置图

平巷掘进应呈半扇形布置 3～4 组钻孔，钻孔夹角为 7°～15°，当煤厚小于 2 m 时，每组施工 1～2 个钻孔[图 6-11(a)、图 6-11(b)]；当煤厚大于 2 m 时，每组不得少于 3 个钻孔[图 6-11(c)]。厚煤层沿顶板掘进的全煤巷道，每组钻孔中除 1 个钻孔平行煤层顶板外，其余各钻孔应依次向下倾斜，并至少有 1 个见底板钻孔(图 6-12)。沿煤层底板掘进的全煤巷道，钻孔在剖面上的布置和沿顶板掘进的相反(图 6-13)。

(2) 小夹角钻孔布置

所谓“小夹角”，即两组钻孔之间的夹角较“大夹角”要小，一般在 1°～3°之间。用小夹角布置探水钻孔，一般在巷道正前方不易漏探小积水区。

小夹角扇形钻孔布置一般也应顺巷道前进方向布置 1 组，两侧各 2～3 组，每组钻孔间夹角为 1°～3°，每组钻孔数要求与大夹角探水钻孔数相同。但当探水深度小时，两侧控制范围(帮距)较小，因而在探测一定的帮距时，以不漏掉两侧的小积水区为准。

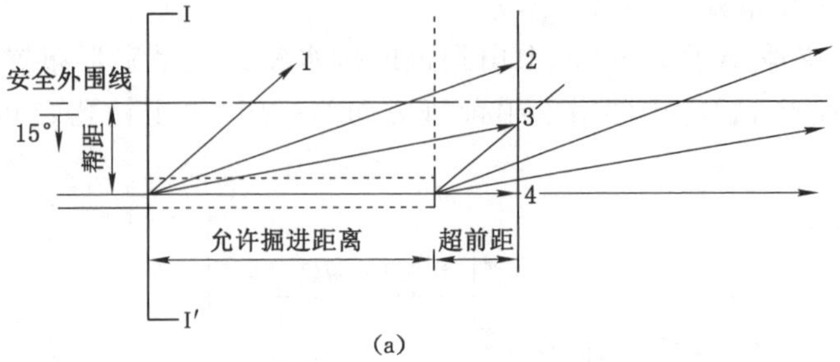

图 6-11　平巷掘进探水钻孔布置示意图

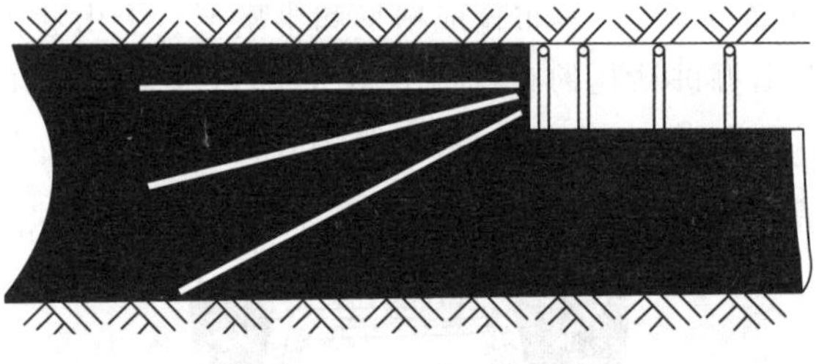

图 6-12　厚煤层巷道沿顶板掘进时探水钻孔布置示意图

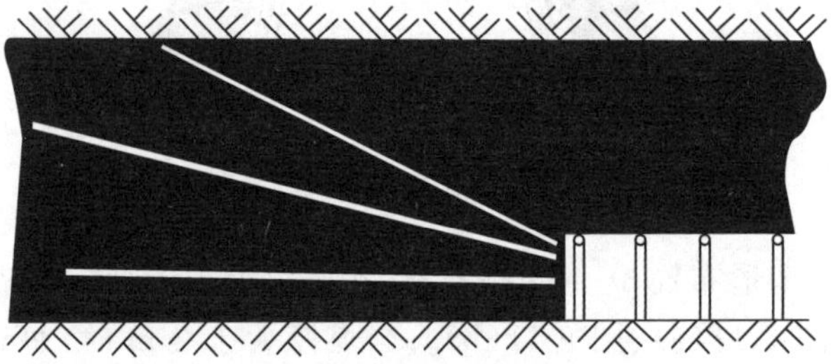

图 6-13　厚煤层巷道沿底板掘进时探水钻孔布置示意图

不论用上述哪种方法探水，都必须根据巷道的方向以及煤层的产状，事先换算好钻孔的水平夹角、方位角、倾(仰)角以及钻孔深度等，以便于施工。而后根据实际施工情况，确定允许掘进距离和小电钻补探钻孔的技术要求，最后填写《允许掘进通知单》(表 6-2)。探水后的《允许掘进通知单》由防探水技术人员整理探水钻孔资料后填写，其内容应包括钻探情况、钻探平面图与剖面图及允许掘进距离和注意事项等，一式三份。填写后由施工单位、安全检查部门及矿技术总负责人审批后严格执行。

3. 掘进与探水的配合

受水害威胁的地区，探水必须与掘进施工管理相配合，才能取得良好的探水效果。

(1) 上山探水

上山巷道掘进时，因积水区在上方，上方巷道三面受水威胁，一般应采用双巷掘进、交叉探水(图 6-14)。其中一条巷道适当超前探水、放水，另一条巷道随后，用来安全撤人。双巷之间每隔 30～50 m 掘一联络巷，并设挡水半墙，以便其中一条上山出水时，不会窜到另一条上山中。

表 6-2　允许掘进通知单

<table>
<tr><td colspan="2">探水地点</td><td colspan="5"></td><td rowspan="6">钻探平面图和剖面图</td><td rowspan="6"></td></tr>
<tr><td colspan="2">水害性质</td><td colspan="2"></td><td>探水施工日期</td><td colspan="2"></td></tr>
<tr><td colspan="2" rowspan="2">允许掘进距离/m</td><td rowspan="2"></td><td rowspan="2">探水总进尺/m</td><td rowspan="2"></td><td>煤</td><td></td></tr>
<tr><td>岩</td><td></td></tr>
<tr><td colspan="2">各钻孔钻探结果</td><td colspan="5"></td></tr>
<tr><td>孔号</td><td>方位角/(°)</td><td>倾角/(°)</td><td>层位</td><td>孔深/m</td><td colspan="2">说明</td></tr>
<tr><td></td><td></td><td></td><td></td><td></td><td colspan="2"></td><td rowspan="3">小电钻补探要求</td><td rowspan="3"></td></tr>
<tr><td></td><td></td><td></td><td></td><td></td><td colspan="2"></td></tr>
<tr><td></td><td></td><td></td><td></td><td></td><td colspan="2"></td></tr>
<tr><td></td><td></td><td></td><td></td><td></td><td colspan="2"></td><td rowspan="4">矿井总工程师审批意见及签字</td><td rowspan="4"></td></tr>
<tr><td></td><td></td><td></td><td></td><td></td><td colspan="2"></td></tr>
<tr><td></td><td></td><td></td><td></td><td></td><td colspan="2"></td></tr>
<tr><td></td><td></td><td></td><td></td><td></td><td colspan="2"></td></tr>
<tr><td rowspan="3">探水情况简要说明</td><td colspan="3" rowspan="3"></td><td rowspan="3">接收单位</td><td>单位</td><td></td><td rowspan="3">安全检查</td><td>意见 / 签字</td></tr>
<tr><td>意见</td><td></td><td rowspan="2"></td></tr>
<tr><td>签字</td><td></td></tr>
</table>

编号：　　　　　　　　日期：

(2) 倾斜煤层平巷探水

在倾斜煤层中掘进平巷时，应保证靠近老空区的平巷(副巷)超前下面平巷(正巷)一段距离(如 20 m)，即采用双巷掘进，单巷超前探水(具体指只在副巷探水，正巷随后掘进)，探水钻孔应布置成扇形(图 6-15)。两巷之间每隔 30～50 m 掘一联络巷，上方巷道超前探水，下方巷道为泄水巷。

(3) 平巷和开切眼互相配合探水

在煤层内准备采煤工作面时，平巷(回风巷)应先探水并掘进到位，然后再施工开切眼。这样既减少开切眼掘进的危险性，又减少开切眼掘进时的探水工作量(图 6-16)。

(4) 上山和下山互相配合探水

在受老空水威胁地区进行下山巷道掘进时，除警惕防止掘进工作面和两帮来水外，还应特别注意背后来水。当上山巷道水害威胁未消除或正在探水时，下山巷道应停止掘进，等水害威胁消除后再进行掘进(图 6-17)。

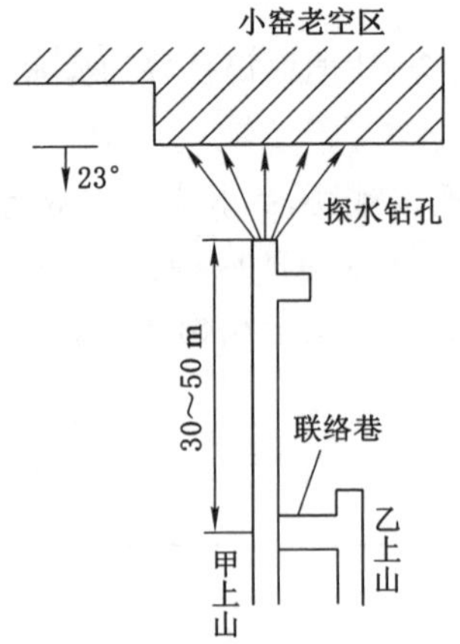

图 6-14　上山巷道探水施工方法示意图

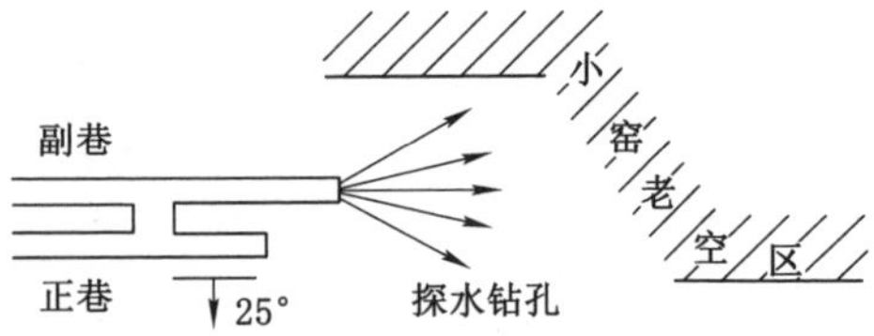

图 6-15　倾斜煤层平巷探水示意图

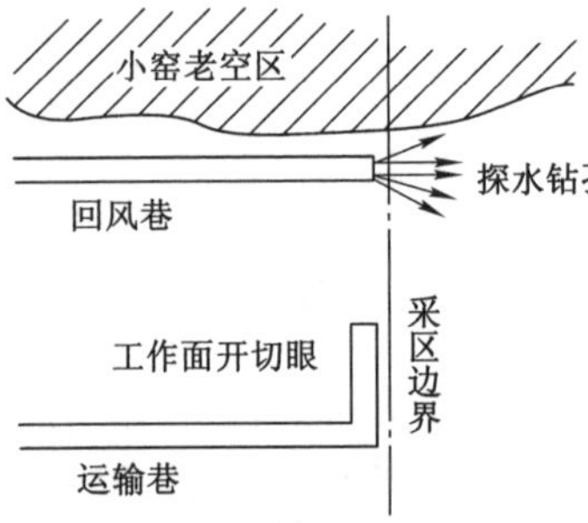

图 6-16　平巷和开切眼互相配合探水示意图

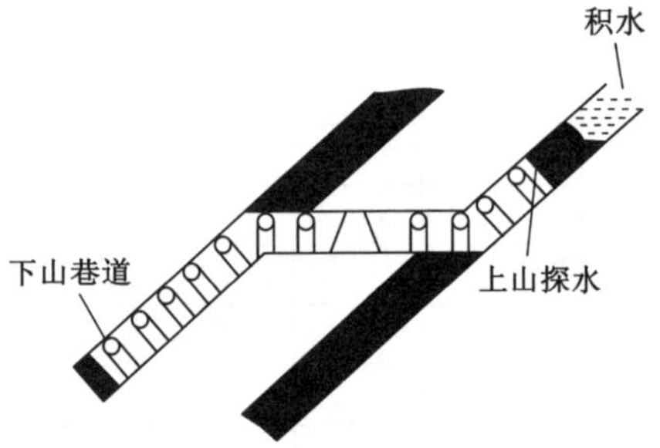

图 6-17　上山和下山互相配合探水示意图

(5) 隔离式探水

在水量大、水压大、煤层松软和节理发育的情况下，直接探水很不安全，需要采取隔离方式进行探水。如掘石门时，在石门中预先探放积水；或在巷道掘进迎头砌隔水墙，在墙外探水；此外，当相邻的煤层间距大于 20 m 时，还可采用在隔离层打孔的方法，探放另一煤层的老空积水。

4. 放水钻孔孔径和孔数的确定

(1) 钻孔孔径的选择

放水钻孔孔径，应根据煤层的坚硬程度、放水钻孔深度等因素来确定。如煤层的坚固性系数较大，钻孔较深，可选用稍大一点的孔径；反之则应选用较小的孔径。在生产实践中常采用 42 mm、54 mm、58.5 mm、75 mm 孔径。

(2) 钻孔孔数的计算

老空区最大应放水量的计算见式(6-4)：

$$W_{\max} = W_{静} + Q_{动} t \tag{6-4}$$

式中　$W_{\max}$——最大应放水量，m^3；

$W_{静}$——老空积水静储量，m^3；

$Q_{动}$——老空积水单位时间动储量，m^3/min；

t——允许放水时间，min。

单孔出水量可用式(6-5)估算：

$$q = 60cs\sqrt{2gH} \tag{6-5}$$

式中　q——单孔出水量，m^3/min；

c——流量系数，其大小与孔壁的粗糙程度、孔径、钻孔的长度等因素有关，可由试验得出，无资料时可取 0.6～0.62；

s——钻孔的横截面积，m^2；

g——重力加速度，m/s^2；

H——钻孔出口处水头，m。

由于放水时 H 是不断变小的，属于非稳定流状态，为简便计算钻孔的平均放水量，可取钻孔出口处最大水头的 40%～45%。

平均放水量(Q_{cp})可用式(6-6)计算：

$$Q_{cp} = \frac{W}{t} + Q_{动} \tag{6-6}$$

式中　Q_{cp}——平均放水量，m^3/min；

W——存量或老空区的总积水量，m^3；

t——允许放水时间，min。

钻孔的孔数($N_{孔数}$)可用式(6-7)计算：

$$N_{孔数} = \frac{Q_{cp}}{q} + k \tag{6-7}$$

式中　k——备用孔孔数，一般取 1～2。

5. 放水钻孔孔口套管的安装

在探放水工作中，一般水量和水压不大时，积水可通过探水钻孔直接放出。但在探放水量和水压较大的积水区或强含水层中，为了保证安全生产，达到有计划地放水和收集有关放水资料的目的，必须安装专门的孔口套管。

孔口套管必须固定在岩石坚硬完整的地段。如果固定在疏松、破碎岩层内，一旦揭露含水层，孔口套管就会跑水，或者水压大时孔口套管崩脱，从而失去控制水量的作用。

对重要的放水工程，必须注意孔口套管安装的质量。最好的办法是，孔口套管放入钻孔后，用较稠的水泥浆将套管封死，并在套管上另留一个小管。当水泥凝固后，由孔口套管向孔内注浆。当水泥进入套管和孔壁之间的空隙和岩石裂隙中时，先是空气和水由上面的小管跑出，随后水泥浆跑出，当稠的水泥浆从小管跑出后，即停止注浆，并关闭套管的阀门，再用较小直径的钻头在管内扫孔，最后向孔内压水。

孔口套管施工时一般都是先用大口径钻头开孔至一定深度(一般根据水压而定)，下套管后，在管外围灌注水泥，待水泥凝固后，再用较小直径的钻头在套管内钻进，直至钻透老空区(或含水层)为止，然后退出钻具并在孔口套管外露部分装上压力表、水阀门和导水管等，放水钻孔孔口装置如图 6-18 所示。当压力大于孔口套管末端静水压力的 1.2 倍或超过预计放水的水压时，孔口套管周围没有漏水现象，这就说明安装合乎要求；否则，需重新注浆加固。

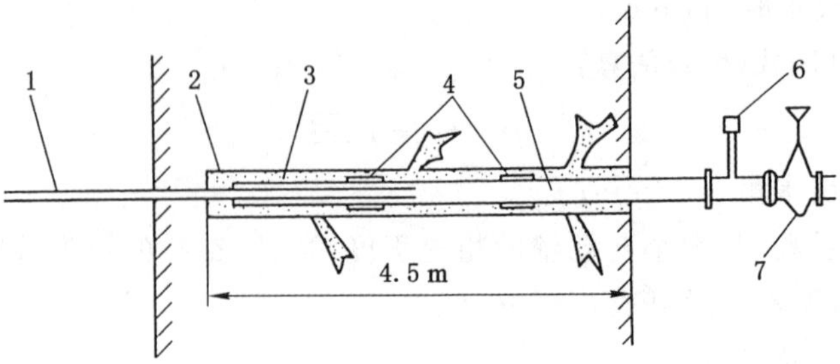

1—钻杆;2—ϕ150 mm 钻孔;3—水泥;4—肋条;5—ϕ89 mm 钢管;6—压力表;7—水阀门。

图 6-18　放水钻孔孔口装置示意图

6.3.2　探放断层水

探放断层水的方法与探放老空水相同,但探放水钻孔的孔数较探放老空水的要少。

6.3.2.1　探放断层水的原则及探查内容

1. 探放断层水的原则

探断层水的钻孔往往与探断层的构造孔结合起来,在探明断层的位置、产状要素、断层带宽度的同时,着重查明断层带的充水情况、含水层的接触关系和水力连通情况、静水压力及涌水量,以达到一孔多用的目的。如在正断层上盘巷道内探下盘含水层的钻孔,可布置在上盘巷道内,选择适当地点,向下盘的含水层打钻孔。

在以下 6 种情况下需要对含水断层进行探放水:

(1) 采掘工作面接近并距已知含水断层 60 m 时。

(2) 采掘工作面接近并距推测含水断层 100 m 时。

(3) 采区内小断层使煤层与强含水层的距离缩短时。

(4) 采区内构造不明,含水层水压大于 1.86 MPa 时。

(5) 采掘工作面底板隔水层厚度与实际承受的水压都处于临界状态(即安全隔水层厚度和安全水压的临界值),在掘进工作面前方和采煤工作面影响范围内是否有断层的情况不清,一旦遭遇很可能发生突水时。

(6) 断层已为巷道揭露或穿过,暂时没有出水迹象,但由于隔水层厚度和实际水压已接近临界状态,在采动影响下,断层有可能引起滞后突水,需要探明其深部是否已和强含水层连通,或深部已触及底板水的导升带时。

2. 探放断层水的探查内容

探放断层水的探查内容包括:

(1) 断层的位置、产状要素、断层带宽度(包括内、中、外三带)以及伴生(或派生)构造和其导水性、富水性等。

(2) 断层带的充填物及其充填程度、胶结物及其胶结程度,断层两盘外带裂隙、岩溶发育情况及其富水性。

(3) 断层两盘对接部位的岩性及其富水性,煤层与强含水层的实际间距(即隔水层的厚度)。

(4) 断层与其他含(导)水断层、陷落柱或其他水体交切部位及其富水性。

(5) 查明并记录探断层水钻孔在不同深度的水压、水量或冲洗液漏失量,并确定或判断底板水在隔水层中的导升高度。

探明以上内容时,应先提供断层面等高线图及两盘主要煤层、含水层交切关系图,探测断层预想剖面图。

断层水探明后,应根据水的来源、水压和水量采取不同措施。若断层水来自强含水层,则要注浆封闭钻孔,按规定留设煤柱;已进入煤柱的巷道要加以充填或封闭。若断层含水性不强,则可以考虑放水疏干。

6.3.2.2　探放断层水的钻孔布置及要求

探放断层水的钻孔布置及要求如下:

(1) 探放断裂构造水时,探水钻孔沿掘进方向的前方及下方布置。底板方向的钻孔不得少于 2 个。

(2) 煤层内,原则上禁止探放水压高于 1 MPa 的充水断层水。如果确实有需要,可以先建防水闸墙,并在闸墙外向内探放水。

(3) 当需要取得断层的走向、倾角、落差、破碎带宽度及含水情况,断层两侧含水层与开采煤层之间的距离等准确资料时,至少应布置 3 个孔。

(4) 附钻孔布置平面图及每个钻孔的预想剖面图。

(5) 水压大时,每个钻孔都必须在完整岩层内开孔,并安装孔口套管及阀门。

6.3.2.3　探放断层水的方法

(1) 对工作面前方已知或预想含(导)水断层的探查

如图 6-19 所示,一般应先布 1 号孔,尽可能一钻打透断层,然后分别打 2 号、3 号孔,以确定断层走向、倾向、倾角和落差及两盘的对接关系,其中至少有一个孔应打在断层与含水层交面线附近。

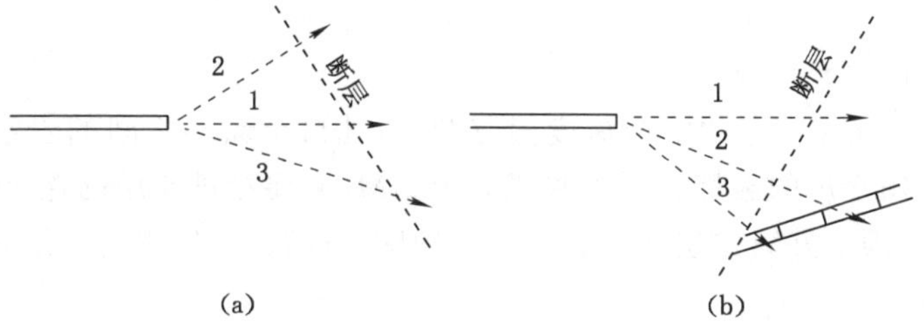

图 6-19　对工作面前方已知或预想含(导)水断层的探查

(2) 隔水岩柱厚度处于临界状态时,掘进工作面前方有无断层突水危险的探查

如图 6-20 所示,一般应沿巷道掘进方向打 3 个孔,尽量打深,力争一次打透断层;否则就必须留足超前距,边探边掘直至探明断层的确切情况,再决定采用哪种放水措施。

(3) 巷道实见断层,在采动影响后有无突水危险性的探查

如图 6-21 所示,一般应向下盘预计底板采动破坏带内打 1 号孔,探明断层带的含(导)水性和水压、水量等情况。若有水,采后就很可能突水;若无水,则还应向预计底板采动破坏带以下打 2 号孔,然后根据具体条件分析突水的可能性,从而采取相应的防水措施。

6.3.2.4　探放断层水的安全注意事项

(1) 开孔层位必须在较坚硬的岩层中,孔口套管(即止水套管)的长度、超前距离、探断

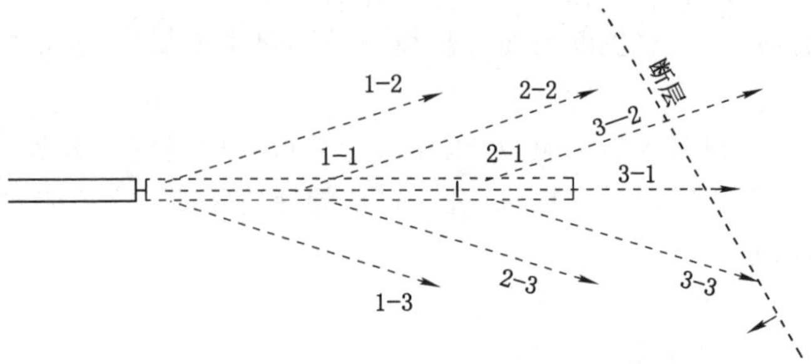

图 6-20　掘进工作面前方有无断层突水危险的探查(平面图)

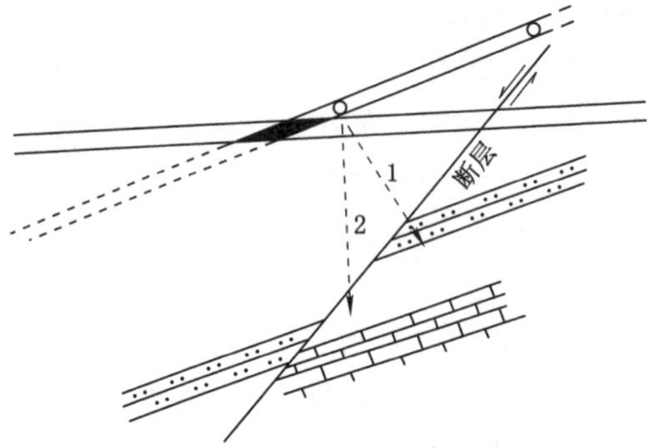

图 6-21　采动影响后有无突水危险性的探查(剖面图)

层的起始点距离应符合要求。

(2) 必须使钻孔在一定的安全深度揭露断层,孔口至断层之间的岩壁厚度能在关闭孔口阀门时足以抗衡水压的破坏。对于水压大于 2 MPa,要穿过矿层的探放断层水钻孔,在打穿断层之前,还必须下好第二层孔口套管封水护壁,以防止高压水与矿层及上下地层发生水力联系。

(3) 揭露断层带或含水层时,孔径应小于 60 mm,同时应采用肋骨钻头,以控制孔内涌水量和防止高压水从钻杆射出。

(4) 对水压超过 2 MPa 的断层,一般不宜沿矿层探放断层水。应选用钻深可达 200～300 m 的井下大、中型钻机,水泵应能单独启动,水泵压力应大于实际水压的 1.5 倍,以便停钻时可以不停泵;一旦高压水大量喷出,须立即注浆封孔,以确保安全。

(5) 孔口安全装置要与探放老空水时的相同。要特别注意各部件组装的密封程度,以防止高压水造成的漏水射流使构件冲蚀损坏。发现水压、水量很大时,要用两套闸门控水。平时主要开闭外闸门,内闸门留作备用。一旦外闸门失效,可关闭内闸门,更换外闸门。

(6) 在喷高压水的条件下继续钻进时,斜孔可使用孔口防喷逆止阀,钻具可使用防喷接头,上下钻可使用孔口反压装置。

(7) 如果井田边界为断层,钻孔开孔位置必须在隔离煤柱以外;在探水后的采掘工作面及防破坏而预留的煤柱内，探明情况后，每一个钻孔都要注浆封孔。

(8) 沿断层防水煤柱边缘布置的工作面，在煤柱附近开切眼时，必须边探边掘，随时对防水煤柱进行探查，探查防水煤柱尺寸是否符合设计规定，如不符合规定，按煤柱尺寸要求重新开切眼。探查后，所有钻孔必须封孔。

(9) 巷道掘进时要超前探水。钻孔无水时，用手镐掘进或放小炮通过，但须进行特殊支护，防止滞后突水。水压、水量较大时应预注浆通过断层或留设煤柱绕行。回采一般应按规定留设防水煤柱，并尽可能减小矿压的破坏作用。

(10) 钻孔终孔后，孔内有水时应进行放水试验，放水前，一定要设置好排水沟和排水系统；孔内无水时，应选择一个孔进行压水试验，以检验断层带隔水性能，但压力一般以略大于断层所承受的静水压为宜。

探放强含水层及其他可疑水源的方法与探放老空水的类似。

6.3.3 探放水安全措施

1. 探水巷道掘进的安全措施

(1) 探水巷道必须在探水钻孔有效控制范围内掘进，探水孔的超前距、帮距及孔间距必须符合设计要求。每次探水后、掘进前，应在起点处设置标志。

(2) 巷道支护必须牢固，顶、帮背实，有较强的抗水流冲击能力。

(3) 按设计钻孔的预计流量修建水沟，并将流水巷道内的沉渣等障碍物清理干净，巷道通风必须良好。

(4) 当巷道与积水区间距小于探水规定的超前距，或有突水征兆时，应将掘进头正前和两帮支架加固，刹紧背严，加以封固，另选定安全地点探水。

(5) 厚煤层的上山探水巷，必须沿底板掘进，巷道内不能有浮煤。

(6) 探水巷道须加强出水征兆的观察，一旦发现异常应立即停掘处理。情况紧急时必须立即发出警报，撤出受水威胁地点的全部人员。

(7) 严格执行“四不掘进”制度：① 当工作面或炮眼有突水征兆时；② 探水孔超前距不符合规定时；③ 掘进头支架不牢或空顶时；④ 排水系统不正常时。

(8) 掘进班长必须在现场交接班，交接允许掘进剩余长度和巷道中线与允许前进方位的关系等问题。

(9) 遇高压水顶钻杆时，要求控制钻杆，使钻杆慢慢地顶出孔口。操作时禁止人员直对钻杆站立。

2. 放水及放水后掘进的安全措施

(1) 探到积水或水压后，应复核原有积水资料，确定放水量及放水孔个数，进一步调整排水能力，使排水供电系统符合《煤矿安全规程》的要求，并清理好水仓、水沟等。

(2) 派专人监视放水情况，记录放水量，发现异常及时处理。

(3) 加强放水地点的通风，增加有害气体的检测次数，或设瓦斯警报器。

(4) 放水结束后，立即核算放水量与预计积水量的误差，查明原因，以防止有残留积水。

(5) 受地表水强烈补给的老空区，放水后一般应通过一个水文年的观察，方可掘透老空区。恢复掘进和掘透老空区前须进行扫孔或补孔检查。

(6) 掘透老空区时，两侧应有掩护孔，并在有风流进出的钻孔掘透老空区处的标高以上掘进，以防淤泥、碎石收缩堵孔而造成积水已被“放净”的假象和防止放水点标高以下残留积水突出的危险。

（7）进入老空区后，遇见实煤区或致密的岩石充填区，凡无法观测前方老空区状况时，仍须探水前进，以防残留积水的危害。

3. 其他安全措施

（1）需要在突然大量涌水的情况下探放水时，应事先在探水工作面附近设临时水闸门。

（2）预先规定好报警联络信号、涌（充）水时的对策及人员避灾路线。

（3）放水工作应尽量避免在雨季进行。

（4）探放水人员必须按照批准的设计施工，未经审批单位允许，不得擅自改变设计。

6.3.4 探放水作业安全注意事项

探放水作业直接与水害作斗争，不仅直接关系到探放水人员的安全，也关系到探放水周围区域甚至整个矿井的安危。所以施工中应严格遵守下列事项：

（1）加强靠近探水工作面的支护，以防高压水冲垮煤壁及支架。

（2）检查排水系统，准备好适当坡度和断面的排水沟及相当容积的缓冲水仓，加大排水能力。

（3）探水工作面要经常检查瓦斯，发现有害气体逸出时，要及时采取通风措施。

（4）对水压高于 1.0 MPa 且水量较大的积水进行探放时，孔口应安设防喷逆止阀，以避免高压水顶出钻杆，喷出碎石伤及人员。

（5）当积水为 pH 小于 5 的酸性水，放水时间又较长时，孔口安全装置应涂防腐漆或沥青以防腐蚀，必要时可用不锈钢材料制造孔口安全装置。

（6）钻探过程中发现孔内物显著变软或有水沿钻杆流出时，都是钻孔接近或钻入积水区的象征，遇到这种情况应立即停钻检查。如钻孔内水的压力很大，应马上将钻杆固定，切勿移动及起拔，钻机后面不要站人，以免高压水将钻杆顶出伤人或造成透水事故。

（7）放水工作应尽量避免在雨季进行。放水结束后，应立即核算放水量与预计积水量的误差，并查明原因，以防有残留积水。

例如，2019 年 10 月 25 日，山西襄矿西故县煤业有限公司发生一起较大水害事故，造成 4 人死亡，直接经济损失为 968.23 万元。矿井生产能力为 90 万 t/a，批准开采 3# —15# 煤层。水文地质类型为中等，矿井正常涌水量为 12.75 m^3/h，最大涌水量为74.61 m^3/h。事故原因为该煤矿在邻近老空积水和断层区域违法违规组织生产，未按规定进行探放水；在 3# 巷爆破作业后，在老空水压力作用下断层破碎带松动垮塌导通老空区，从而导致已整合关闭煤矿的老空水溃入矿井。

事故主要问题是疏放老空水措施不力，采掘作业前未进行探放水。矿方在 3-30113 工作面回风巷及其与开切眼交岔口施工了探放水钻孔，其探测目标区域为 3-2-9 老空积水区。从 2019 年 9 月 11 日开始疏放水，初始水压为 0.35 MPa，至事故发生前，疏放水仍在进行，水压为 0.29 MPa，累计疏放水量约 11 万 m^3。在老空积水未疏放干净的情况下，事故区域未编制探放水设计和施工安全技术措施，也未进行探放水，就冒险进行采掘作业，从而造成较大水害事故。

6.4　矿井疏放排水

疏放排水是煤矿防治水工作的一种基本手段，可以说排水工作对于所有的矿井都是必要的，无一例外。但是，疏放排水与一般的矿井排水又有不同之处。前者是指借助专门的工程（如疏水巷道、放水钻孔、水位降低钻孔、吸水钻孔等）有计划、有步骤地使影响采掘安全的煤层上覆或下伏强含水层中的地下水水位（水压）降低或使其局部疏干；后者则是指通过排水设备将流入矿井水仓（排水硐室）中的水直接排至地表。因此，疏放排水在有计划、有步骤地均衡矿井涌水量，改善井下作业条件，保证采掘工作安全和降低排水费用等方面可以起到一般的矿井排水所不能起的作用。

疏放排水工作根据具体的水文地质条件，有时于地表进行（地面疏干），有时于井下巷道中进行（井下疏干），有时在建井生产前进行（预疏干），也有时在建井生产过程中进行。

在地下开采的煤矿中，疏放排水工作主要是在井下巷道中进行的。因此，本节主要介绍在井下巷道疏放含水层中地下水的基本方法。

6.4.1　顶板水的疏放方法

我国绝大多数煤矿煤层的上覆含水层为砂岩裂隙含水层，砂岩含水层中的裂隙水常常沿裂隙进入采掘工作面，从而造成顶板滴水和淋水，影响采掘作业；甚至在矿山压力作用下，伴随着回采放顶，大量的水溃入井下，从而造成垮面停产和人身伤亡事故。例如，华北某矿 139 工作面，含水砂岩位于煤层顶板以上 17 m 处，回采前几乎无水，回采后期也仅见淋水，水量为 0.052 m^3/min，但顶板垮落后涌水量骤增至 1.17 m^3/min，从而冲垮工作面，堵死出口，造成生产事故。

目前疏放顶板水的常用方法有利用采准巷道、放水钻孔、直通式放水钻孔和水平疏干钻孔疏放。

1. 利用采准巷道疏放

煤层直接顶板为含水层时，通常将采区准备巷道或工作面回采巷道（采准巷道）提前掘进出来，利用采准巷道预先疏放顶板含水层水。例如，华东地区开采太原组煤层的某矿，2_1 煤层直接顶板为 12 层灰岩，为了疏干灰岩含水层水，常常利用 2_1 煤层的采准巷道进行疏放，如图 6-22 所示。

此外，有时还可利用石门进行疏放，如图 6-23 所示。

利用采准巷道超前疏干，此法适用于采区工作面的疏干。根据超前疏干时间的需要，提前掘进采准巷道，在工作面前方巷道中打顶板放水钻孔群，先疏干顶板含水层水、后进行采煤。随着工作面的推进，疏干巷道和放水钻孔群亦不断超前延伸。

该方法简单易行、效果可靠，费用也较低，是一种经济有效的方法，既不需要专门的设备和额外的巷道工程，又能保证疏放效果，在有利的地形条件下（如开采位于侵蚀基准面以上的煤层时）还可以自流排水。故该方法广泛应用于采区顶板含水层水及顶板流沙层水的疏干。

利用采准巷道疏放顶板含水层水时应注意：

（1）采准巷道提前掘进的时间应根据疏放水量和疏放速度决定，超前时间过长会影响

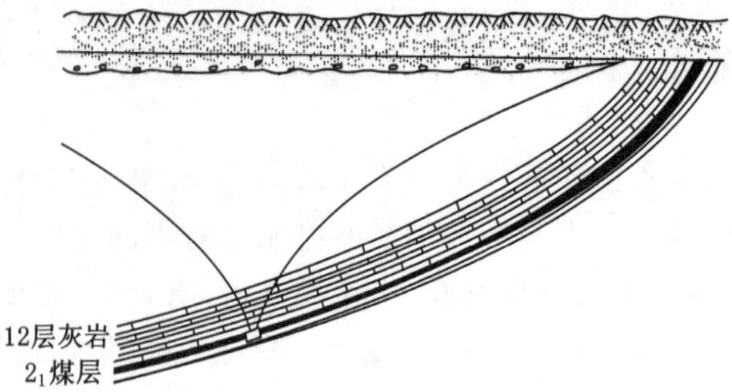

图 6-22　利用 2_1 煤层采准巷道疏放顶板灰岩含水层水

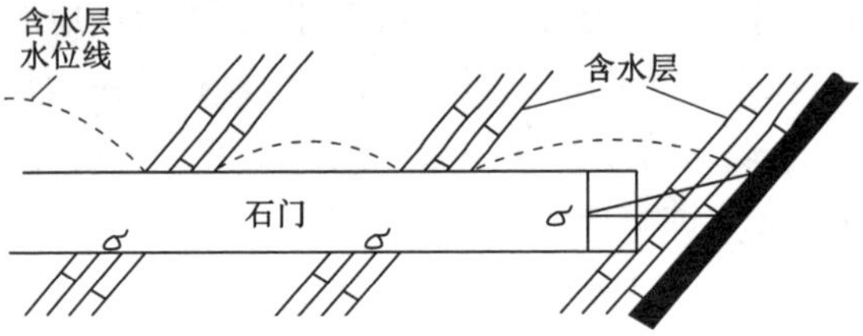

图 6-23　利用石门进行疏放水

采掘计划的平衡，造成巷道长期闲置，有时还会增加维修工作量；超前时间太短又会影响疏放效果。

(2) 疏放强含水层水时，应视水量大小考虑是否要扩大排水沟、水仓以及增加排水设备。至于专门的疏放水巷道在煤矿井下并不多见，只是在水量很大的情况下偶尔采用。但在露天煤矿中，专用的疏放水巷道(图 6-24)是保证露天矿边坡稳定的极为重要的防治水措施之一。

2. 利用放水钻孔疏放

当含水层距离煤层较远，采准巷道起不到疏放效果时，常用在巷道中每隔一定距离向含水层打放水钻孔的办法进行预先疏放。放水钻孔的布置应考虑以下方面：

(1) 钻孔应布置在裂隙发育和标高较低的地段。

(2) 钻孔的间距按疏干降落曲线的要求布置，或与基本顶周期来压的步距相同。

(3) 钻孔深度达到打透采空后形成的导水裂缝带即可，若穿透导水裂缝带以外的含水层，则会导致额外的水源涌入工作面。

(4) 钻孔的轴向垂直或近似垂直顶板含水层时工程量最省，但斜孔揭露的含水层范围大，疏放水效果好。

(5) 钻孔数量和孔径视水量而定，孔径一般不宜过大。

3. 利用直通式放水钻孔疏放

当煤层顶板以上有几层含水层，岩层比较平缓，含水层距地表较浅，并且巷道顶板为相对隔水层时，可使用直通式放水钻孔(图 6-25)。它是由地表施工，向下打穿含水层，并与井下疏干巷道的放水硐室相通的垂直放水钻孔。当放水钻孔通过松散含水层或者涌砂涌泥的含水层时，应在相应部位安装过滤装置(图 6-26)。

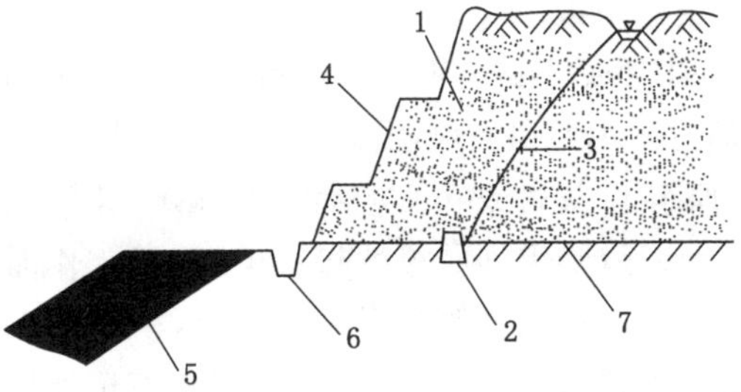

1—含水层；2—专用疏放水巷道；3—降落曲线；
4—露天采矿场人工边坡；5—煤层；
6—排水阴沟；7—隔水层。

图 6-24　疏放松散含水层中潜水的专用巷道

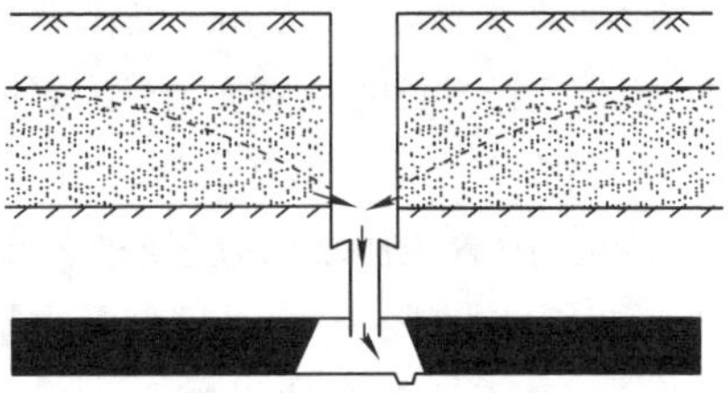

图 6-25　直通式放水钻孔

4. 利用水平疏干钻孔疏放

水平疏干钻孔主要用于疏干露天矿边坡地下水。钻孔一般以接近水平的方向打穿边坡，钻孔深度应穿透不稳定边坡的潜在滑动面，从而使地下水靠重力自流排出(图 6-27)。疏干基岩中地下水的钻孔应垂直构造面布置为好。资料分析结果表明，当疏干钻孔的间距等于钻孔长度时，截水系数可超过 90%；当钻孔间距等于钻孔长度一半时，截水系数可达 100%。

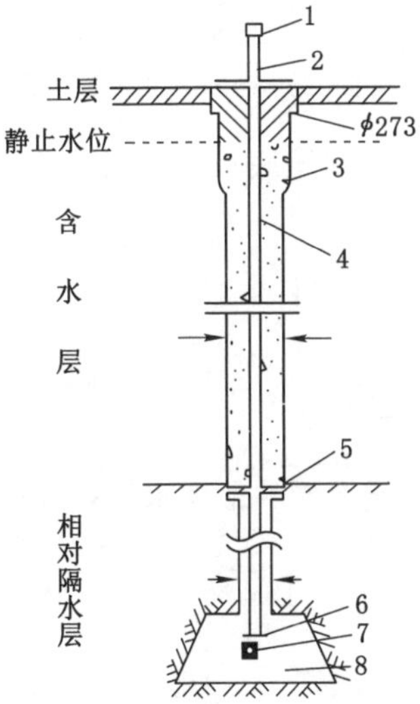

1—孔盖；2—无缝钢管；3—卵石；4—筛管；
5—铁盘牛皮止水承座；6—孔口套管接头；
7—闸阀；8—井下放水硐室。

图 6-26　直通式过滤装置结构示意图

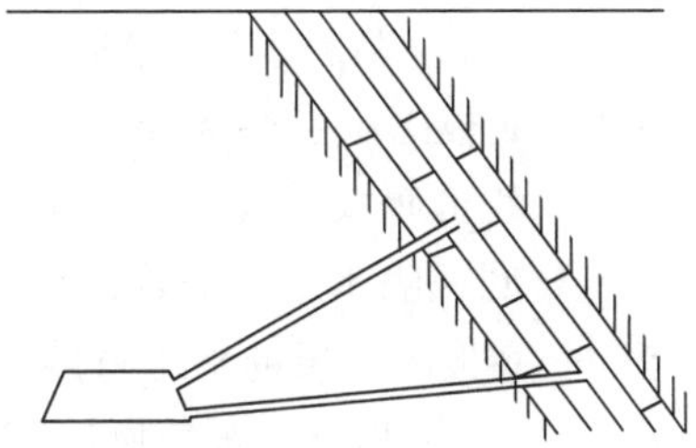

图 6-27　井下水平或近水平疏干钻孔

6.4.2　底板水的疏放方法

我国的许多煤矿，煤层底板下蕴藏有丰富的地下水，这种地下水常常具有很高的承压水头。在采掘活动中，由于岩层的原始平衡状态遭到破坏，巷道或采煤工作面底板在水压和矿山压力的共同作用下开始变形，产生底鼓，继之出现裂缝。当裂缝向下发展达含水层时，高压的地下水便会突破底板涌入矿井，从而造成突水事故。

底板突水的现象，在我国华北型煤田的矿井中屡见不鲜。例如，太行山东南麓某矿 12121 工作面的底板 L_8 灰岩突水就是一例。该工作面开采山西组大煤，沿倾斜长 80 m，煤厚 7 m，采顶层煤（采高为 2.0～2.2 m），工作面底板距太原组 L_8 灰岩 25 m（包括大煤 5 m）。当沿走向采至 30 m 时，工作面底压增大，自下而上普遍发生底鼓（最大处底板鼓起 0.9 m），沿工作面打了 13 个木垛都未能阻止底鼓蔓延。由于底鼓的发生，底板出现裂缝并往上渗水，初期涌水量为 1 m^3/min。随着顶压增大，底鼓进一步发展，水压冲开裂缝在下风巷刮板输送机机尾处发生特大涌水，出水口直径为 1 m，最大涌水量为 89 m^3/min，水压为 1.5 MPa。

6.4.2.1 煤层底板突水预测

20 世纪 50 年代，我国煤矿主要引用苏联学者的斯列萨列夫公式评价底板突水危险性。60 年代，国内学者提出"突水系数"的概念。随着突水机理研究程度的提高，70 年代学者对突水系数的表达式进行了修改。80 年代，学者又提出"下三带"理论。90 年代以来，随着计算机技术的普及，软件系统日新月异，对突水机理和预测预报方法的研究广泛地借助计算机技术。

底板承压含水层，主要是指可采煤层顶板以下具有一定承压水头的富水性含水层。它们本身裂隙、溶隙较发育，且含水丰富，因此，在开采煤层时常常会发生底板突水。引起底板突水的因素很多，包括有效隔水层的厚度、岩性、构造发育程度以及底板承压水压力等。目前底板突水的预测方法主要有以下几种。

1. 斯列萨列夫公式法

学者 B. Д. 斯列萨列夫根据静定梁理论推导出了评价巷道底板突水时的安全临界水压 $p_{安}$ 和安全临界隔水层厚度 $h_{安}$ 的计算公式：

$$p_{安} = 2\sigma_t \frac{h^2}{L^2} + \gamma h \tag{6-8}$$

$$h_{安} = \frac{L(\sqrt{\gamma^2 L^2 + 9\sigma_t p} - \gamma L)}{4\sigma_t} \tag{6-9}$$

式中 $p_{安}$——安全临界水压，即某一厚度的隔水底板所能承受的最大水压，MPa；

h——底板隔水层厚度，m；

L——巷道底板宽度，m；

σ_t——底板隔水层的平均抗拉强度，MPa；

γ——底板隔水层的平均重度，MN/m^3；

$h_{安}$——安全临界隔水层厚度，即能承受某一水压的隔水底板厚度，m；

p——作用于巷道底板的实际水压，MPa。

其计算示意图见图 6-28。

当 $p \leqslant p_{安}$ 或 $h \geqslant h_{安}$ 时，巷道底板是稳定安全的或处于极限平衡状态，一般不会发生底板突水。当 $p > p_{安}$ 或 $h < h_{安}$ 时，底板不安全，可能会发生底板突水。

2. 突水系数法

突水系数是指单位厚度隔水层所承受的水压，又称水压比，其表达式为：

$$T = \frac{p}{M} \tag{6-10}$$

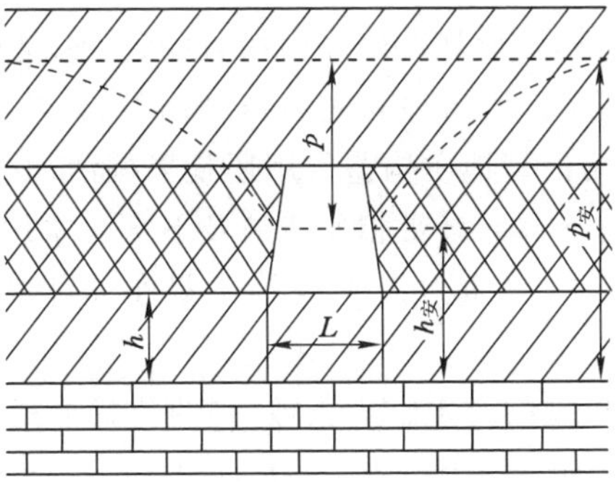

图 6-28　巷道安全水头计算示意图

考虑矿压对底板的破坏，隔水层的有效厚度会减小，煤炭科学研究总院西安分院对式(6-10)进行了修改，修改后的突水系数表达式为：

$$T = \frac{p}{M - C_{\mathrm{p}}} \tag{6-11}$$

当底板隔水层为隔水结构层时：

$$M = \sum_{i=1}^{n} M_i \xi_i \tag{6-12}$$

式中　T——突水系数，MPa/m；

p——作用于底板隔水层的水压，MPa；

M——底板隔水层厚度，m；

C_{p}——采动对底板的破坏深度，m；

n——隔水层层数；

M_i——底板隔水层中某一岩性岩层的厚度，m；

ξ_i——底板隔水层中第 i 层岩层等值隔水系数(泥岩的为 1，砂页岩的为 0.7，页岩的为 0.5，断层破碎带岩石的为 0.35)。

用突水系数法评价隔水底板稳定性的关键，在于确定临界突水系数 T_{s}。临界突水系数 T_{s}可定义为每米隔水层所能承受的最大水压。

若 $T<T_{\mathrm{s}}$，说明底板稳定，突水可能性小；反之，$T>T_{\mathrm{s}}$，说明底板不稳定，发生底板突水的可能性大。临界突水系数是对矿区大量突水资料统计分析后得出的，依据突水资料总结出的一些矿区的 T_{s}值如表 6-3 所示。

表 6-3　我国一些矿区的临界突水系数

矿区	临界突水系数 T_{s}/(MPa/m)	矿区	临界突水系数 T_{s}/(MPa/m)
峰峰，邯郸	0.066～0.067	淄博	0.060～0.140
焦作	0.060～0.100	井陉	0.060～0.150

通过分析资料认为，底板受构造破坏块段的 T_{s}一般不大于 0.06 MPa/m，正常块段的 T_{s}不大于 0.15 MPa/m。

3. 岩-水应力关系法

现场矿压观测与底板岩体变形规律研究表明，底板突水是矿压和底板承压水压力共同作用的结果。岩-水应力关系法，从物理和应力概念出发，认为造成底板突水需具备两个条件：① 存在导水裂缝带，即无论是地质构造作用还是采掘活动引起的岩体破坏，只要使底板隔水层破坏至一定深度且与下部导升带相通或波及下部含水层，就具备了突水的必要条件；② 水压与应力关系，即当承压水压力大于或等于最小水平主应力时才具备突水的充分条件。

利用岩-水应力关系法建立的突水临界指数(I)的公式如式(6-13)所示：

$$I = \frac{p_w}{\sigma_2} \tag{6-13}$$

式中 p_w——作用于底板上的承压水压力，MPa；

σ_2——最小水平主应力，MPa。

当指数 $I>1$ 时，底板会发生突水。

4. 阻水系数法

阻水系数法，是指通过现场底板钻孔水压致裂法而测试底板岩层的平均阻水能力的一种方法。其计算如式(6-14)和式(6-15)所示：

$$Z = \frac{p}{R} \tag{6-14}$$

$$p = 3\sigma_2 - \sigma_1 + \sigma_t - p_0 \tag{6-15}$$

式中 Z——阻水系数；

R——裂缝扩展半径，一般取 40～50 m；

p——岩体破裂压力，MPa；

σ_1，σ_2——底板岩层的最大和最小主应力，MPa；

σ_t——岩体抗拉强度，MPa；

p_0——岩体孔隙压力，MPa。

利用阻水系数法预测底板突水性的原则是：若岩石破裂压力大于水压，则不产生突水；若岩石破裂压力小于水压，则用水压与有效隔水层总阻水能力相比，若有效隔水层总阻水能力大于水压则不发生突水，否则有突水的可能性。

5. 经验公式法

我国多数突水矿区，均已根据先前承压水体上开采过程中工作面的底板含水层极限水压 p_j 与有效隔水层厚度 h 的数值关系，统计归纳出了经验公式而作为底板突水预测的依据。

例如，淄博矿区在分析总结各矿井突水资料基础上得出的经验公式如下：

① 黑山矿，$p_j=0.001\,77h^2+0.015h-0.43$。

② 石谷矿和夏庄矿，$p_j=0.001\,6h^2+0.015h-0.3$。

③ 洪山矿和寨里矿，$p_j=0.001h^2+0.015h-0.158$。

④ 双山矿和埠村矿，$p_j=0.000\,84h^2+0.015h-0.168$。

我国峰峰矿区的经验公式为 $p_j=0.000\,6h^2+0.026h$。

当底板所能承受的极限水压 p_j 大于实际水压 p 时，不会发生突水；否则，需要疏水降压后才能开采。即实际安全开采应满足以下条件：$p_j > p$。

6.4.2.2　底板水的疏放

目前，常用的底板水疏放方法有巷道疏放法和疏放降压钻孔法。

1. 巷道疏放法

巷道疏放法是指将巷道布置于强含水层中，利用巷道直接疏放水。如煤炭坝煤矿开采龙潭组下层煤，底板为茅口灰岩，隔水层很薄，原先将运输巷道布置于煤层中，涌水压力大。后来将运输巷道直接布置在底板茅口灰岩的岩溶发育带中(图 6-29)，这既收到了很好的疏放水效果，也解决了巷道布置在煤层中经常被压垮的问题。但是，这种方法只有在矿井具有足够的排水能力时才能使用，否则在强含水层中掘进巷道是不可能的。

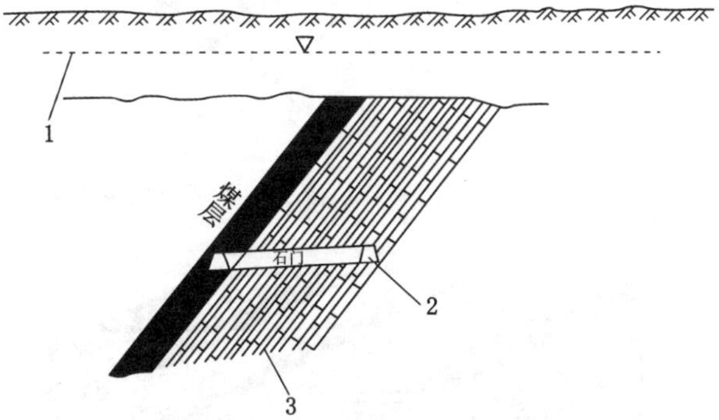

1—灰岩原始水位；2—疏放水巷道；3—灰岩含水层。

图 6-29　直接布置在含水层中的疏放水巷道

2. 疏放降压钻孔法

根据底板突水的原因分析，不难想到预防底板突水可以从两个方面进行。一是增加隔水层的抗破坏能力，如用注浆增加隔水层抗拉强度及留设防水煤柱或保护“煤皮”以加大隔水层厚度；二是降低或消除破坏力的影响，如疏放降压等。

根据安全水头的概念，疏放降压并不需要将底板水的水头无限制地降低，乃至完全疏干，只要将底板水的静水压力降至安全水头以下，即可达到防治底板水的目的。

疏放降压钻孔和顶板放水钻孔一样，是在计划疏降的地段，于采区巷道或专门布置的疏干巷道中，每隔一定距离向底板含水层打钻孔放水，使之形成降落漏斗，逐步将静止水位降至安全水头以下(图 6-30)。

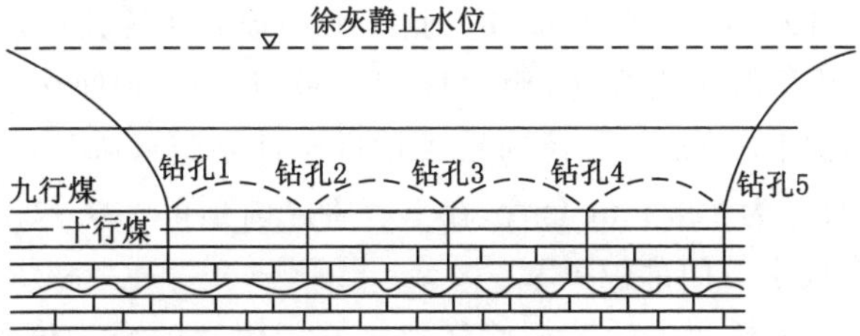

图 6-30　利用疏水降压钻孔疏放底板水示意图

在我国华北型煤田的矿井中，为了疏放太原组灰岩含水层，常常采用疏干石门和疏放降压钻孔相结合的方法(图 6-31)。在疏干石门与疏放降压钻孔的基础上,还发展了具有独特风格的逐层分水平疏放降压的方法(图 6-32),即由上而下各水平、各含水层逐步放水降压,以保证石门和矿井的安全延深和煤层的顺利开采。

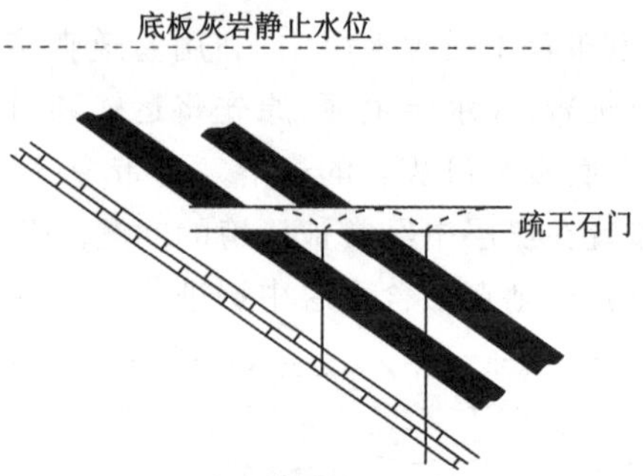

图 6-31　利用疏干石门和疏放降压钻孔疏放底板水示意图

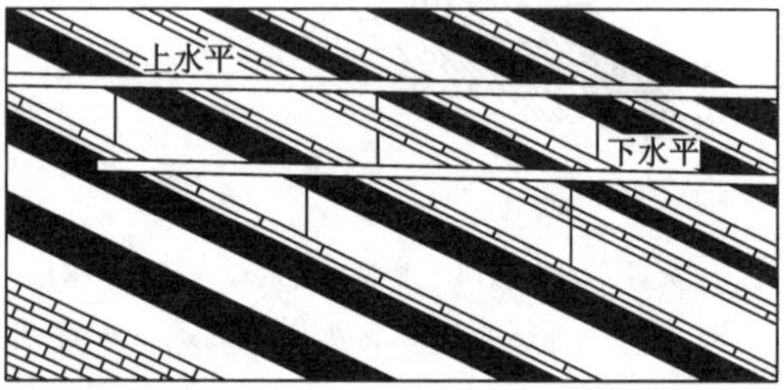

图 6-32　逐层分水平疏放降压示意图

底板水通常水压高、水量大,疏放降压钻孔在施工过程中容易发生事故,因此,需要采取必要的安全措施。这些措施有:① 使用反压装置(图 6-33),以防止钻进和退钻时高压水将钻具顶出伤人,同时可提高钻进效率;② 埋设孔口套管并安装放水安全装置(图 6-34),以便根据井下排水能力控制疏放水量和测量放水过程中的水压变化。

为了改善井下施工疏放降压钻孔的劳动条件,提高钻进效率,近年来,华东某矿区发明了一种在地面施工井下疏放降压钻孔的方法,其施工步骤是:

(1) 在井下先掘好和疏放水巷道相联系的放水石门。

(2) 根据井上下对照图于石门迎头或一侧 5 m 的地方布置孔位。

(3) 用 146 mm 孔径的钻头开孔,至第四纪底板以下 2 m 处注入水泥浆,下入直径为 127 mm 套管,扫孔后用 108 mm 孔径的钻头钻进至计划疏放降压的含水层顶板上方 2 m 处,注入水泥浆后下直径为 108 mm 套管,在下套管之前预留 1.0～1.5 m 长的活节短管,将活节短管准确地下在放水石门部位。

(4) 利用钻孔测斜资料测出活节短管在放水石门附近的准确位置后,从放水石门开短巷找活节短管,找到后,加强支护,卸下活节短管,换上三通放水管,并在三通放水管上安装压力表、防喷罩、水表、闸阀(图 6-35)。

(5) 改用 89 mm 孔径钻头继续钻进,直到钻至需要疏放降压的含水层。

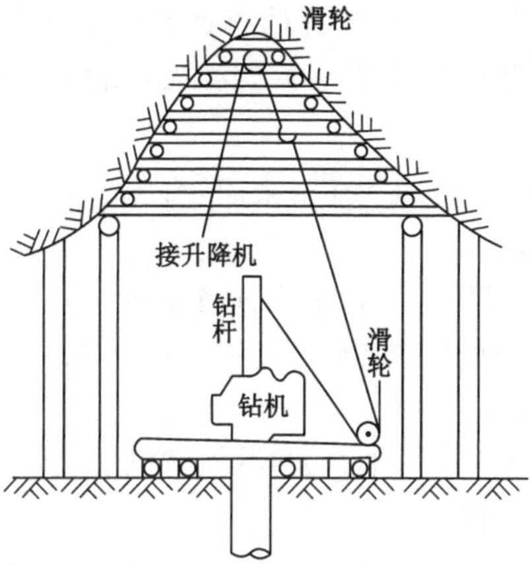

图 6-33　高压钻进时钻具的反压装置示意图

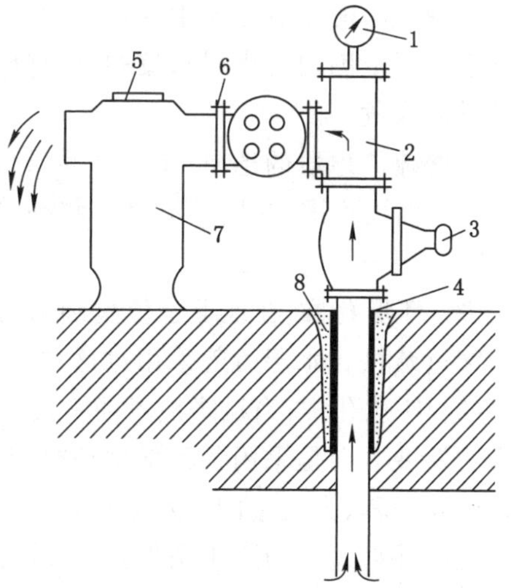

1—水压表；2—三通；3—水门；4—孔口套管；
5—读数盘；6—法兰盘；7—流量表；8—水泥。

图 6-34　疏放底板水的孔口放水安全装置示意图

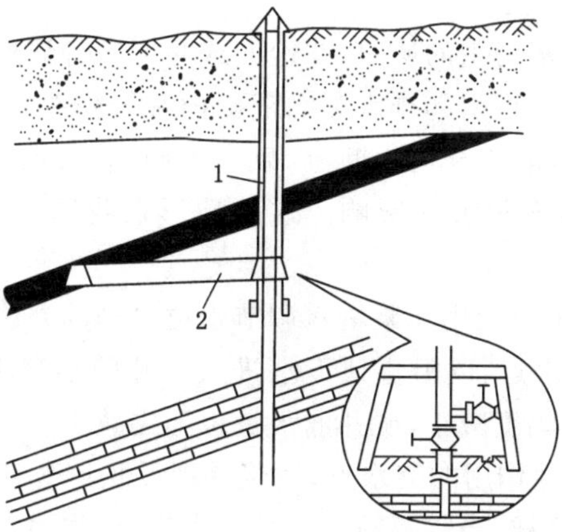

1—套管；2—放水石门。

图 6-35　在地面施工的井下疏放降压钻孔示意图

需要注意的是，当下伏含水层的水头压力过高（大于 4～5 MPa）时，井下放水钻孔的施工就很困难，此时不宜采用此法。

6.4.3　其他疏放方法

1. 地面井群疏干

地面井群疏干是指在需要疏降的地段于地面施工大口径钻孔，安装深井泵或深井潜水泵排水，从而使地下水位降低的一种疏降方法。该方法适用于含水层埋藏较浅的情形，常用于露天煤矿疏干以及井工煤矿局部地段的疏干。根据部分矿区的实践经验，该方法对渗透系数大于 3 m/d 的潜水含水层和大于 0.3～0.5 m/d 的承压含水层均可取得良好的疏干效果。

这种方法的特点是疏干井排必须随着采煤工作面的前进而不断向前推进，其疏干效果取决于疏干范围内含水层水位的有效降深能否达到或接近含水层的底板，其残余水头能否对采煤造成危害。

根据疏放地段的地质、水文地质条件和几何轮廓，疏放降压孔的布置形式主要有三种：

(1) 直线孔排：在地下水由一侧补给时采用。如广东茂名油页岩露天矿利用疏放降压孔疏降矿层顶板含水层。

(2) 环形孔群：在地下水位呈圆形补给时采用。如大屯煤电(集团)有限公司某煤矿在井筒穿过疏松含水层时曾采用过这种方式，但成本较高。

(3) 任意孔排：当疏降地段的平面几何形状比较复杂时，常采用任意排列的孔群。地面疏降的发展方向是采用各种新型钻机施工大口径深钻孔和带有分支钻孔的多孔底钻孔，以及采用高扬程、大流量的潜水泵排水，以扩大疏降效果。

地面井群疏干的适用条件：① 渗透性能良好，含水丰富的含水层，其渗透系数一般不小于2.5～66 m/d；② 疏放降压深度不应超过水泵的扬程。

地面井群疏干的优点是施工简单，施工期限较短，劳动和安全条件好，疏放工程布置的灵活性强；缺点是受含水层渗透条件的限制，深井泵的管理和维修比较复杂。所以这种方法目前使用尚不普遍，尤其在井工煤矿中更为少见。

2. 调节水位(压)

对于充水来源以岩溶水为主的矿井，在地面或井下进行强烈疏降时，随着水位大幅度下降，降落漏斗不断扩大，常常可引起排水影响范围内灰岩露头带的岩溶充填物被冲刷，并逐步导致地表沉降、开裂、塌陷，出现河水断流、泉水干涸、农田塌陷、房屋倒塌等现象，从而给工农业生产和人民生活造成很大的影响。这种情形在我国华南的一些中、小煤矿中经常可见。

为了解决这一矛盾，可以采用注浆堵水调节水位(压)的办法：

(1) 注浆堵塞井下突水点，以阻止地下水进入矿井的水流断面，使地下水封闭、滞留在含水层中。由于水位降低幅度减小，矿井涌水量也随之减小。

(2) 对于井下起决定性作用的突水点，注浆并埋设孔口套管，在孔口套管上安装闸阀和压力表，借以控制水量。这样，当需要减少矿井涌水量时(如雨季矿井安全受威胁，枯季为了减少排水费用或排水系统发生故障等情况)，可以关闭闸阀，控制涌水量；当升压至一定程度，可能导致底板水突破底板时，则打开闸阀放水，以降低作用在底板上的压力。

我国华南有些煤矿采用调节水位(压)的方法并配合地面防排水工程，有效地减少了矿井涌水量，并且由于水位回升，地下水水力坡度随之减小，较好地控制了地面沉降、开裂和塌陷。

3. 吸水钻孔疏放

吸水钻孔是一种将矿层上部含水层中的水放入矿层下部含水层中的钻孔，也称漏水孔。这种钻孔可用在下部含水层不含水或含水层虽含水，但其静止水位低于疏降水平，且上部含水层的疏放水量小于下部含水层的吸水能力时，从而疏降矿层上部含水层水(图 6-36)。

这种方法经济、简便。一些位于当地侵蚀基准面以上的矿井，由于所处地势较高，下伏厚层奥陶系灰岩中的地下水位低于上部各含水层的水位，灰岩裂隙及古岩溶有着巨大的蓄水能力，为上部各含水层水的泄放创造了条件。例如，山西潞安矿区先后施工吸水钻孔 20

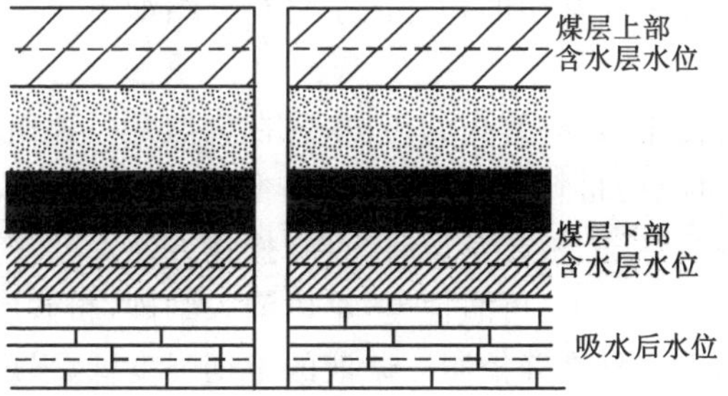

图 6-36　吸水钻孔示意图

个，对疏干采区和工作面顶板水、节省排水费用起了积极的作用。

利用吸水钻孔疏放水的特定条件是：

(1) 煤层下部含水层的水位低于煤层底板或干燥无水，具有一定的吸水能力。

(2) 煤层下部含水层的吸水能力大于煤层上部含水层的泄水量。

吸水钻孔疏放不仅经济简便，不需要任何排水设备，而且不会增大矿井排水量。但这种方法要求的条件极其苛刻，如我国只有山西高原和陕西的一些煤矿区，因其奥陶纪灰岩含水层水位低于煤层底板，才具备这种条件。

必须注意的是，当下部含水层为当地的饮用水源层，而上部待疏降的含水层水质又不符合饮用水标准时，不可采用吸水钻孔疏降矿层上部含水层水，否则会造成饮用水源层的严重污染。例如，山西灵山矿区某矿为节省排水费用，曾采用吸水钻孔将煤系含水层水(水质不宜饮用)疏降到奥灰含水层(当地饮用水源层)中，结果造成奥灰含水层水的污染。奥灰水水质一旦被污染，其恢复将是长期、缓慢的。

6.5　注浆堵水技术

注浆就是将具有充填、胶结性能的材料配制成浆液，用注浆泵注入岩层空隙中，使浆液充填空隙，隔绝水源或将破碎岩层胶结为整体性较好的岩层。

注浆堵水技术，是指通过钻孔利用各种专用的压注设备，将根据不同堵水条件按特定配方制备的不同特性的堵水浆液注入岩体或岩层孔隙裂隙或其他涌水通道之中，占据原来被水占有的空隙裂隙或通道，并在一定的压力下，经一定的时间后脱水、凝胶或固结，使浆体的凝胶体或结石体与围岩形成阻水性的整体，从而改变原来不利于开采的水文地质条件或堵住已经突水的通道，达到治水的目的。

6.5.1　注浆材料与注浆工艺

6.5.1.1　注浆材料

注浆材料是注浆堵水及加固工程中的一个重要组成部分，它关系到注浆工艺、工期、成本及注浆效果。因此，注浆材料是直接影响注浆经济指标的重要因素。

注浆材料的选择，主要根据要堵水或加固地段的水文地质条件、岩层的裂隙、岩溶发育程度、地下水的流速以及化学成分等。在满足工程质量的前提下，尽量降低成本，并考虑材料来源的难易。现将目前国内常用的几种注浆材料介绍如下。

1. 水泥浆液

水泥作为注浆材料使用，具有悠久的历史，现在仍然是一种比较广泛采用的基本浆液材料。水泥浆液具有如下优点：材料来源丰富，价格低廉，浆液结石体强度高、抗渗透性能好，同时只需要采用单液注浆系统，工艺及设备简单，操作方便。

但是由于水泥是颗粒性材料，可灌性差，难以灌入细砂、粉砂层和细小裂隙中，而且水泥浆液初凝、终凝时间长，不容易准确控制。浆液的早期强度低，强度增长慢，易沉降析水。因此，水泥浆液应用范围有一定的局限性。

2. 水泥-水玻璃浆液

水泥-水玻璃浆液是我国自主研制和发展起来的一种新的注浆材料。它是将水泥、水玻璃分别配制成两种浆液，按照一定的比例，用两台泵或一台双缸独立分开的泵同时注入。这种浆液不仅具有水泥浆液的全部优点，而且兼有化学浆液的某些特征，如凝胶时间短，可以在几秒到几十分钟内准确控制，结石率100%，可灌性也有明显提高等。这种浆液除在基岩裂隙和岩溶含水层中使用外，还能在中、粗砂层中灌注，是一种十分重要的浆液材料。

3. 黏土浆液

黏土浆液和水泥浆液相比，其优点是可就地取材，成本远比水泥浆液和化学浆液的低；能注入更小的裂隙(大部分黏土颗粒粒径小于0.01 mm)；施工工艺简单，不存在导管、注浆泵及软管胶结的可能，注浆过程中停止或中断一段时间(小于12 h)不影响注浆质量；可在含侵蚀性水的含水层中使用；注浆中的重复钻进和注浆后的掘进工作较容易(这是由于黏土浆液能大量吸水膨胀，不易被地下水稀释和冲走)。其缺点是材料消耗量大，注浆时间长，充塞物力学强度低。

为了改善黏土浆液的性能，常加入各种化学附加剂以促进黏土颗粒凝聚，改变黏土浆液的黏度和脱水性，提高充塞物的坚固性和强度。一般配制成黏土-水泥浆液和黏土-水泥-砂浆液，以扩大黏土浆液的使用范围。

4. 化学浆液

上述水泥浆液、水泥-水玻璃浆液和黏土浆液都属于颗粒性浆液材料，对细小裂隙或粉砂、细砂层难以注入，为此需要化学浆液。化学浆液主要有丙烯酰胺类浆液、聚氨酯类浆液、铬木素类浆液、脲醛树脂类浆液等。其中，较常用的是丙烯酰胺类浆液。

丙烯酰胺类浆液以有机化合物丙烯酰胺为主剂，配合其他化学剂，以水溶液状态注入岩层中，发生聚合反应，使之形成具有弹性的、不溶于水的聚合体。这种聚合体可充填堵塞砂层中的孔隙或岩层中的裂隙，并把松散砂粒胶结起来，从而起到阻水和加固地基的作用。但这种浆液的凝胶体抗压强度低(0.4～0.6 MPa)，而且配制复杂、成本高，因此实际应用中常与其他廉价的注浆材料配合使用。

6.5.1.2 注浆工艺

根据注浆工作的施工顺序，注浆工艺一般可分为预注浆和后注浆。所谓预注浆，是指井巷开凿之前，或未掘进到含水层之前，预先进行注浆堵水，为井巷工程顺利通过含水层创造条件；预注浆又有地面预注浆和工作面预注浆之分。所谓后注浆，是指井巷掘砌后，用注浆法处理井巷出水、加固井壁或者恢复被淹矿井等。

注浆工艺一般包括注浆前的水文地质调查、注浆施工方案、注浆方式和段高、注浆孔的布置与钻进、注浆结束标准及注浆质量检查等。现以井筒地面预注浆(注水泥浆)为例，介绍注浆工艺过程。

1. 注浆前的水文地质调查

注浆前的水文地质调查是正确选择注浆方案、注浆材料以及确定注浆工艺和进行注浆设计的依据。一般应查明岩层地质条件，含水层的埋藏条件、厚度、位置及相互联系，地下水的静水压力、流向、流速、化学成分，不同含水层、不同深度的涌水量及渗透系数，附近有无溶洞、断层、河流、湖泊及其与含水层的水力联系等。

2. 注浆施工方案

确定是地面预注浆还是工作面预注浆，需要考虑水文地质条件、采用的设备能力和经济技术的合理性等因素。一般来说，当含水层较厚且距地表较近，或者含水层虽薄，但层数较多时，采用地面预注浆是合适的。反之，含水层较薄，埋藏又深，或者含水层虽多，但相距较远，则应选择工作面预注浆。

地面预注浆因在井筒开凿前施工，所以不占建井工期，而且全部工作在地面进行，工作条件较好，可以使用大型注浆设备，采用多台钻机同时作业，速度快，工期短。另外，由于水泥-水玻璃双液注浆法的成功应用，目前采用地面预注浆法凿井的井筒逐渐增加，有些矿井即使在第四纪冲积层厚度较大，基岩裂隙含水层距地表较深的条件下，仍先对基岩裂隙含水层进行地面预注浆，再采用冻结法通过第四纪冲积层。据此，井筒的掘进工作可以连续进行，速度快。例如，开滦矿区徐家楼新井、三河煤矿主井，就是采用这种方案施工的。但也要看到，采用这种施工方案时，当钻孔深度较大时，孔斜一般不易控制，对钻孔注浆的设备能力和技术条件要求较高。

工作面预注浆，可以节省钻孔工程量及钻进时间，而且浆液材料消耗较少。因为注浆和井筒掘进工作要自上而下分段进行，所以上段的岩石情况和注浆效果检查较直观，可以作为下段注浆施工的参考。其缺点在于打钻孔注浆是在工作面进行的，地点范围小，工作条件困难，施工不便，所以钻孔的直径和深度均受限制，且占用建井工期，有时需要建造止水垫，从而会增加工程成本。

3. 注浆方式和段高

注浆方式是指注浆的顺序，有下行式和上行式两种。所谓下行式(自上而下)注浆，即从地表钻进至含水层开始，钻一段孔，注一段浆，反复交替，直至全深。所谓上行式(自下而上)注浆，即注浆孔一次钻进到注浆终深处，使用止浆塞，自下而上逐段注浆。后者的优点是不需要重复钻进，能加快注浆速度。在岩层较稳定和垂直节理不发育的条件下，采用这种方法为宜。

注浆段高是指一次注浆的长度，有分段注浆和全段一次注浆。当注浆深度较大时，一般穿过较多含水层，而且裂隙大小不同，在一定的注浆压力下，浆液的流动和扩散距离在大裂隙内远些，在小裂隙内近些。静水压随含水层埋藏深度的增加而增加，在一定注浆压力下，上部岩层的裂隙进浆多，扩散远，下部岩层的裂隙进浆少，扩散近，或几乎不扩散。因此，为使浆液在各含水层扩散均匀，提高注浆质量，应分段进行注浆，按岩层破碎程度划分注浆段高。我国的经验数据是：在极破碎岩层中，注浆段高一般为 5～10 m，破碎岩层的为 10～15 m，裂隙岩层的为 15～30 m，重复注浆可取 30～50 m。另外，也可按注浆能力来划分段高，其原则是，注浆泵单位时间的排浆量应大于或等于注浆段单位时间的吸浆量。

煤矿井筒地面预注浆，上述两种注浆方式都有使用，但采用分段下行式注浆较多。视岩层裂隙发育情况，可采用先分段下行式，后分段上行式注浆；也可以使用止浆塞分段上行式注浆，然后全段一次复注或大段上行复注，以减少重复钻进工作量，加快施工进度。

全段一次注浆，是将注浆孔钻至终孔后一次注浆。其优点是一次钻进，一次完成注浆，不需要反复交替，可减少安装和起拔止浆塞的工作量，因而缩短了施工时间。其缺点是由于注浆段高加大，为保证注浆质量，要求特别严格地掌握注浆技术；当岩层吸浆量大时，要求的注浆设备能力大；易出现不均匀扩散，影响注浆堵水效果。该法适用于含水层距地表近且厚度不大，裂隙发育较均匀的岩层内。

4. 注浆孔的布置与钻进

(1) 注浆孔数

注浆孔数的确定与岩石裂隙的大小与发育程度、井筒断面、注浆泵的能力、注浆的种类等因素有关。通常用式(6-16)确定：

$$N=\frac{\pi(D+2A)}{L} \tag{6-16}$$

式中 N——注浆孔数，个；

D——井筒掘进直径，m；

L——注浆孔间距，m；

A——注浆孔到井筒掘凿边界的距离，m，一般取 0.5～1.5 m。

(2) 注浆孔的布置

预注浆的钻孔，一般按同心圆等距离排列，有时也有少数钻孔做不到等距离排列。注浆孔为 1～2 个时，钻孔通常布置在岩层倾斜方向的上方。据注浆效果检查及井筒掘进中的实际观测，注浆孔按同心圆等距离排列尚不太合理。如开滦矿区徐家楼新井在 1999 年注浆过程中，地下水来水方向两侧及下游各孔注浆效果较好(图 6-37)；而在水流上方的 4 号、5 号孔注浆过程中，相互窜浆现象严重，注浆效果不甚理想，故又进行注浆。

另外，岩层倾斜方向的注浆孔，注浆过程中耗浆量比较大，尤其倾斜方向上方各孔更为显著。因此岩层倾斜方向上方的钻孔，往往需要进行复注，才能获得理想的堵水效果。

(3) 注浆深度

注浆深度一定要选在含水层以下 3～5 m 的位置。这是因为浆液垂直向下的扩散距离一般为 1～2 m。因此，要求注浆前必须将岩粉全部冲洗干净，否则会影响底部的注浆质量。

(4) 钻孔结构

钻孔结构应根据所要通过岩层的地质条件和注浆方式来确定，力求简单，变径次数少。对于地面预注浆或在动水条件下从地面钻孔注浆堵水，注浆孔段的直径以不小于 110 mm 为宜。孔径越大，揭露岩层裂隙的概率越大，对注浆越有益。

当注浆孔穿过第四纪冲积层或遇采空区时，需下套管，且要下入完整岩层中 2～3 m，并予以固结，以免注浆时向冲积层或采空区跑浆。如果在套管内止浆，套管下口的固结质量必须保证不漏浆，为此，对固结后的套管要进行注水试验，检查固结效果。

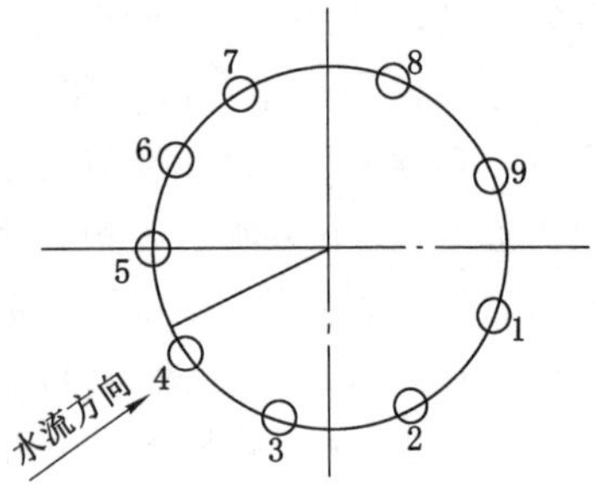

图 6-37　开滦矿区徐家楼新井注浆孔布置示意图

(5) 钻场布置

为了便于钻机的搬运，加速外注的速度，确保钻进质量与安全，需在钻场周围修筑环形轨道。钻场要求坚固、水平，不得局部沉陷。因此，钻场基础应夯实或打一层厚约 0.3 m 的三七灰土，在此基础上铺设枕木和环形轨道。

(6) 注浆孔的钻进

钻孔是注浆施工的第一道工序，通过它才能输送浆液，因此在施工钻孔时，必须严格按照设计要求，保证钻孔的施工质量。

在注浆孔段钻进时，必须采用筒状硬质合金钻头，便于提取岩心，以便对岩层裂隙及破碎程度进行鉴定。钻进所用的冲洗液，在松散冲积层部分的注浆段可使用泥浆循环，而在基岩注浆段要用清水钻进。如遇破碎岩层，产生冲洗液漏失现象时，应先对破碎岩层注浆，然后继续钻进。

钻进过程中，为防止孔斜，可酌情采取下列措施：钻机安装稳固以减少振动；钻进时，孔位与钻机立轴中心成一直线，钻机本身要求正直；在坚硬岩层中钻进，要防止给压过大而造成钻杆弯曲；采用加重钻具，靠自重钻进；孔浅压力不够时要稍稍给压，孔深后采用平衡器减压，使钻杆保持伸直状态。对于注浆深度超过 100 m 的钻孔，在钻进中应适当降低转速，每分钟约 100～200 转；给水要均匀、适宜，经常提取岩心；每钻进 15～25 m，要测斜一次。

(7) 钻孔的冲洗

注浆孔钻至设计深度后，要进行冲洗，其目的是将残留于孔底和黏滞于孔壁的岩粉排出孔外。冲洗的方法，可分下列几步进行：

① 冲孔。钻孔结束后，用钻机的泥浆泵进行冲洗。如果孔内岩粉沉积较多，冲孔前应用取粉管提取，然后进行冲洗，冲孔时间不得少于 30～60 min。

② 抽水洗孔。一般用空气压缩机抽水，以达到清洗钻孔的目的。在钻孔围岩稳定，裂隙较小的情况下，采用抽水洗孔为宜。但通过破碎地层的钻孔，应避免采用抽水洗孔，以防止钻孔缩径或塌孔。

③ 压水洗孔。通过压水，将注浆段松软的泥质充填物推送到注浆范围以外，以便在注浆过程中增加浆液在裂隙中充塞的密实性和胶结强度。另外，在压水过程中，要确定岩层的吸水量，从而进一步核实岩层的透水性，为注浆时选取泵量、泵压及浆液配方等参数提供参考数据。压水冲孔的时间，主要看岩石的破碎程度和裂隙的大小。如岩石很破碎，裂隙也很发育，一般需 10～20 min 即可；对于细小的裂隙，一般需 20～30 min，或者更长时间。

(8) 注浆设备

注浆设备的选择，应按设计的供浆量和注浆压力来确定，并必须满足最大吸浆量和最大压力的要求。另外，还应有备用的设备，以保证注浆工作的连续进行。对化学注浆，还需要注意耐腐蚀的问题。

注浆泵应有足够的排浆量，并能在浆液稠度最大时正常工作。泵压应大于最大注浆压力，以保证注浆工作的顺利进行。

(9) 注浆参数

① 扩散半径。浆液在岩石裂隙中的扩散范围，通常用扩散半径表示。但浆液在岩石裂隙中扩散实际是不规则的，只有在具有孔隙的地层中扩散才比较规则和均匀。鉴于浆液在岩石裂隙中扩散的不规则性，在注浆施工中，常以充塞半径表示有效扩散范围，即在这个范

围内浆液充塞、水化后的结石体，能有效地封堵涌水。由于岩石的渗透性能及裂隙的不均匀性，浆液扩散半径和充塞半径有时相差很大，故如何才能取得技术经济合理的充塞半径，是注浆中进一步研究的主要问题之一。

浆液的扩散半径随岩层渗透系数、注浆压力、注入时间的增加而增大，随浆液浓度和黏度的增加而减小。在施工中，注浆压力、注入量、浆液浓度等参数可以人为控制和调整，这对于控制扩散范围可以起到一定作用。目前，国内广泛使用水泥-水玻璃双液注浆，浆液的凝固时间可以人为控制，这对避免浆液流失和扩散半径过大很有意义。

多年来，煤矿在注浆实践中进行了扩散范围的观察，积累了一些资料。如江西高安矿区新华煤矿在石灰岩中进行水泥注浆，浆液扩散半径平均为 15 m，相当于层位斜距 17～20 m；鸡西矿区某立井在砂岩含水层中注浆，从冒浆情况分析，裂隙宽约 10～40 mm 时浆液扩散距离为 20 m 左右，裂隙宽度为 2 mm 左右时浆液可扩散约 4～6 m。

② 注浆压力。注浆压力是浆液扩散、充塞、压实的动力。浆液在岩层中扩散、充塞的过程，就是克服流动阻力的过程。而流动阻力与静水压力、岩层裂隙的粗糙程度、过流断面的面积、浆液的黏滞性、颗粒径和凝固时间等因素有关。注浆压力也是上述诸因素决定的。

正常的注浆情况是：浆液在一定压力下，沿裂隙流动扩散。离注浆孔越远，阻力越大，浆液向前扩散所消耗的能量也越大。最终，浆液中的颗粒成分产生沉析，或浆液本身有化学反应，进而产生凝胶而停滞。即流动阻力随着扩散半径的增大而逐渐增加，注浆压力也随之升高，从而产生充塞。当注浆压力上升到一定值后，将充塞物冲开，或将充塞物继续沿裂隙向前推进，此时流动阻力出现下降趋势。在此情况下，浆液经再充塞，压力又继续上升，直至将充塞体压实。经验表明，随着注浆压力的提高，充塞物的强度急剧增加，这就保证了充塞物有足够的抗压强度和不透水性。

在特殊条件下，如果地下水的流速较大，就应设法增加浆液的流动阻力，控制扩散范围，这就需要降低注浆压力。

综上所述，注浆压力对浆液的扩散影响很大，因此，正确选择注浆压力及合理应用注浆压力是注浆中的关键问题。

③ 浆液浓度。采用水泥注浆时，浆液浓度的应用原则一般是：岩石裂隙越大，用浆越浓。但在各段注浆时，浆液浓度的使用程序是由稀逐渐调浓。

浆液浓度通常是根据岩层的吸水率(q)来选择的。吸水率越大，岩层的透水性越好，要实现预定的扩散范围，浆液也应越浓。

吸水率为单位时间每米钻孔深度在水压作用下的吸水量，它可以通过注浆前的压水试验进行概略计算，其计算公式为：

$$q = \frac{Q}{pL} \tag{6-17}$$

式中 Q——单位时间内钻孔在恒压下的吸水量，m^3；

p——试验时所采用的压力，MPa；

L——试验钻孔的长度，m。

注浆过程中，遇压力突然升高，或吸浆量突然减少现象时，均说明加浓的浆液不适当，应返回上一级的浓度。

④ 浆液注入量。浆液注入量可根据扩散半径及岩石裂隙率进行粗略计算，其计算公

式为：

$$Q = \pi r^2 ln\beta \qquad (6\text{-}18)$$

式中　Q——浆液注入量，m^3；

r——浆液扩散半径，m；

n——裂隙率，一般取1%～5%；

l——注浆段长度，m；

β——浆液在裂隙内的有效充填系数，约0.3～0.9，视岩层性质而定。

为获得良好的堵水效果，必须注入足够量的浆液，以确保一定的有效扩散范围。但是浆液注入量过大，扩散距离太远，会造成浆液材料的浪费。因而确定合理的浆液注入量，对提高注浆工程的经济技术指标意义很大。

5. 注浆结束标准

一般用两个指标来表示，一个是最终吸浆量，即注浆注至最后的允许吸浆量；另一个是达到设计压力(即终压)时的持续时间。从理论上讲，最终吸浆量越小越好，最理想的情况是注至完全不吸浆。但在实际施工中，特别在高压注浆情况下，这是难以做到的，而且必要性不大。另外，因为注浆工程性质及技术因素不同，所以质量要求及结束标准也不一样。

值得注意的是：注浆结束标准无须规定得过高，特别是在采用尾管注浆时，水泥易在管内和孔中沉淀、脱水，从而造成堵管和提管困难。

6. 注浆质量检查

(1) 施工情况及技术资料分析。对注浆过程中的施工情况及有关施工记录技术资料的详细分析，如钻孔偏斜是否会给注浆带来漏洞、缺口的可能；分析注浆过程中的压力、浆液浓度、吸浆量等的变化，判断注浆工作是否正常。另外，对每孔分段浆液的注入量、注浆事故、跑浆情况和范围、处理措施及效果等也应进行分析和评价。

(2) 裂隙充填情况分析。由于注浆钻孔施工有先后，先施工钻孔的注浆效果可以通过后施工钻孔取出的岩心来进行检查，如通过岩心分析、鉴定各种裂隙充填是否饱满、密实，以及检验强度大小等。通过对裂隙充填情况的分析，可以找出注浆部位的薄弱环节，从而可在后注浆的钻孔中加以弥补。

(3) 抽水检查。在实际工作中，通常采用检查孔与注浆孔合一的方式进行抽水检查，即检查孔与注浆孔兼用。当第一组注浆孔注浆结束之后，于第二组孔或其中的1～2个钻孔进行抽水试验，以检查第一组注浆孔的注浆效果。之后，待第二组注浆孔注浆结束后，从第三组注浆孔或其中1～2个钻孔中抽水，以检查前两组注浆孔的注浆效果。这种抽水检查方式，不用打专门的检查孔。此外，用这种方式时，抽水的先后顺序以及方向不同，抽水次数又多，所以便于比较、分析，且结果可靠性高，效果好。

有的矿井在注浆完成后，于井筒横断面内地下水流上方或注浆效果较差的钻孔附近，布置1～2个检查孔进行抽水检查。当检查后认为质量尚不合要求时，则可将检查孔作注浆孔使用，并继续注浆，以保证注浆效果。

(4) 掘凿注浆段观察。在井筒掘凿中，对注浆段注浆效果的观察是最实际的检查。其检查方法，就是经常测定涌水量的变化，观察裂隙的充填情况及浆液的扩散范围(如在注浆段中开掘平巷时)，从而判断注浆效果，并能为以后的施工提供可靠的资料。

6.5.2 注浆堵水技术在煤矿防治水工作中的应用

1. 注浆帷幕截流

注浆帷幕截流防水是通过钻孔用注浆的方法在含水煤(岩)层中建造地下阻水墙的方法,亦即人工改造水文地质环境,把含水煤(岩)层的补给边界改造成为阻水边界,使含水煤(岩)层在煤炭开采时变得较易于疏干或疏水降压,减少井下涌水量。因此,这是一种防治矿井水害的治本方法。

注浆帷幕截流是一种对施工技术条件要求很严格的工程。在施工前,必须沿帷幕线进行详细的控制勘探,查明帷幕沿线地质构造及含水煤(岩)层的导水性。为此,常需要配合钻孔之间的无线电透视及水化示踪剂连通试验等手段,以掌握帷幕线的位置是否合适,并以此作为施工设计的依据。

为保证帷幕截流的效果,在施工中,常用逐级加密检查的方法布置钻孔。一般采用 3 个序次的施工方法。在导水性较好的喀斯特岩层中建造帷幕时,第一序孔的孔距一般为 60 m,第二序孔的孔距一般为 30 m,第三序孔的孔距一般为 15 m。检查加固重点地段的孔距为 7.5 m;在导水性较差的地层中,布孔应加密。

为了在施工中检查帷幕截流的效果,一般应在帷幕两侧成对布置观测孔。成对观测孔的距离,在导水性好的喀斯特含水层中为 100 m,在导水性差的含水层中则应缩小。

常见的注浆帷幕截流法多应用于矿层顶板水防治,主要有以下 3 种情况:

(1) 在露天矿坑剥离含水层中建造截流帷幕墙(图 6-38),其作用是大大地降低了地下水位。

(2) 在煤层直接顶板含水层中帷幕截流注浆(图 6-39)。

(3) 注浆封堵顶板水(图 6-40)。

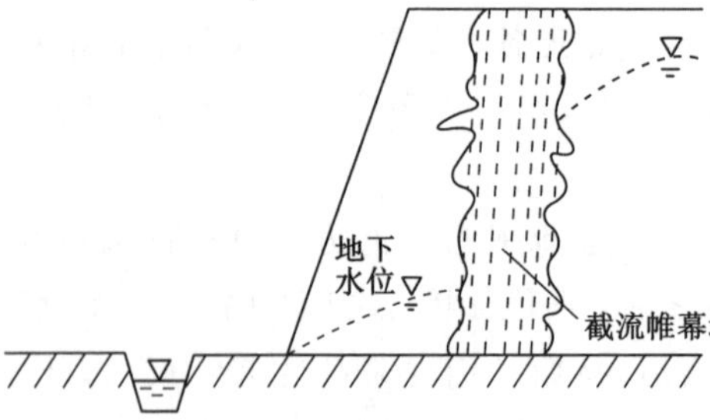

图 6-38 在露天矿坑剥离含水层中建造的截流帷幕墙

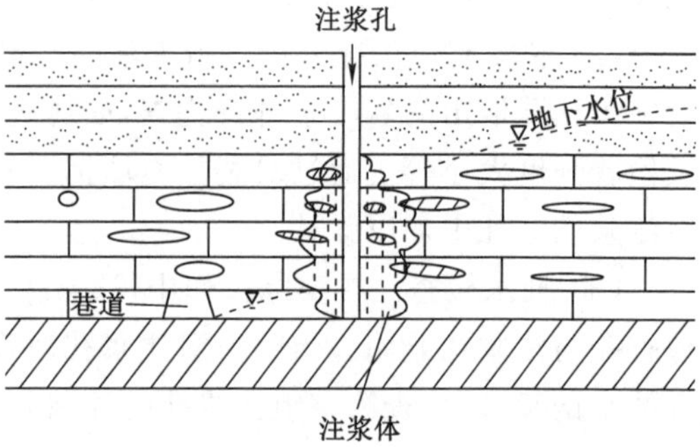

图 6-39 煤层直接顶板含水层帷幕截流注浆示意图

采用注浆帷幕截流地下水时,帷幕线应选定在矿区开采的影响范围边界线以外或露天采矿场最终境界线以外。帷幕线走向应与地下水流向垂直,线址应选择在进水口宽度狭小、含水层结构简单、地形平坦的地段,并尽可能设置在含水层埋藏浅、厚度薄、底板隔水层帷幕线两端隔水边界稳定的地段。注浆帷幕段岩层的裂隙、岩溶要发育且连通性要好,以保证注浆时具有较好的可注性,且浆液能与围岩结合成一个整体。

注浆帷幕在我国矿山防治水工作中应用较广,并取得了一定效果。例如,河南焦作矿区

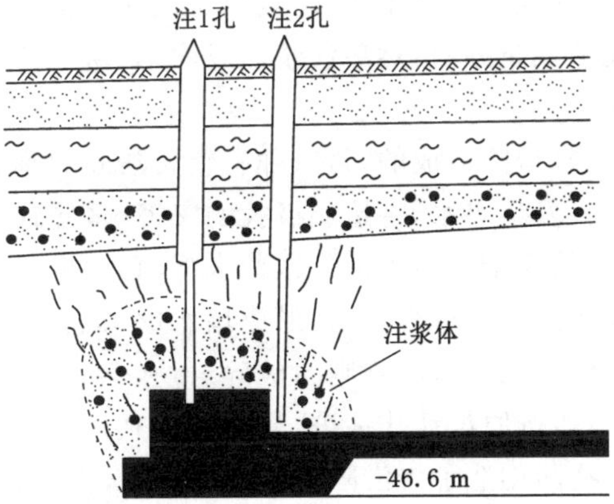

图 6-40　注浆封堵顶板水示意图

演马庄矿为减少上覆冲积层水对上石炭统灰岩(矿井主要充水岩层)的补给，在浅部冲积层与上石炭统灰岩露头相交处进行截流堵水，共施工钻孔 84 个，孔距 30～50 m，截流帷幕全长 500 m，注入黄土 20 519 m^3、石子 114 m^3、水泥 1 103 t。帷幕形成后，井下涌水量明显减少，每年可节省排水费用近 60 万元。

2. 顶底板含水层的注浆改造

当开采煤层的顶底板为富水性含水层且有补给水源、源头又十分清楚难于疏降时，宜采用含水层注浆进行局部改造的方法防治水。

这种方法通常是向顶底板打注浆孔，孔的布设可通过防水试验确定，通常选防水孔组中一些放水量大的钻孔为注浆孔，并加压注浆。根据具体情况，必要时可布设专用的注浆孔，以确保注浆的质量。

3. 采煤工作面底板突水封堵

采煤工作面底板突水事故发生的主要原因是工作面底板有高水压含水层，且距离较近，其下隔水层受到矿山压力作用遭到一定破坏。突水点多在采空区内，因而较难确定其确切位置，只能判断在某一范围内，这给注浆堵水带来了一定困难。在条件允许的情况下，可先打探测孔，根据流速、流量判断突水点，如果探测孔接近突水点，那么还可作为注浆孔，根据探测范围布设的堵水钻孔，多是从地面钻进的，常要穿过采空区，直至采空区底板下 10 余米处，全程下通至地表的套管，并在止水封闭后，方可注浆。注浆时首先用石子或砂子充填突水点处的采空区，以增加水流阻力，防止跑浆，当水流量下降后再进行注浆封堵。也可以先对采空区注砂充填，再旋喷固砂，最后向底板含水层注浆。

4. 断层突水封堵

(1) 封堵导水断裂构造带

封堵导水断裂构造带即向导水断裂构造带打钻孔注浆封堵。钻孔的布控原则是：在突水断裂构造和突水点清楚的条件下，对准突水点及可能的来水方向布孔，一般情况下打少量的钻孔注浆就可把水封堵住；当突水断裂构造和突水点不清楚时，则需适当多布置钻孔，并在施工中随时分析研究涌水情况，以便修正布孔方案。断层突水较易封堵，只要注浆钻孔布设合理，一般只需 3～5 个钻孔即可封堵好。

(2) 封堵巷道

当突水断裂构造发育地点和产状不明确，难以布设注浆钻孔时，可将与断层相联系的巷道封堵，即向突水巷道充填大量砂石，然后注浆加以固结，从而使突水段巷道全部注实。

5. 陷落柱突水封堵

陷落柱是由喀斯特洞穴塌陷造成的，是一种有较大断面的垂直导水通道，常与喀斯特强充水含水层直接导通，一旦发生突水，将造成极大的灾害，多导致全矿停产或矿井被淹没，有时还会波及邻近开采矿井的安全。为了消除这种水害，必须尽可能在陷落柱根部(至少也应在开采煤层以下)用钻孔注浆方法进行封堵，形成堵水塞，以便安全彻底地切断陷落柱导水通道。陷落柱内充满大小不等、形状不规则的破碎岩块，给钻孔施工带来很大困难，常发生卡钻、塌孔或钻孔分岔，不能按原设计孔钻进，从而导致在陷落柱内钻进效率不高。为了加快钻孔注浆堵水的进度，我国创造了先沿陷落柱边缘钻进，再定深定向造斜进入陷落柱的方法。即在边缘钻孔达到一定深度后，选择合适的层位造斜进入陷落柱，然后进行大规模的注浆封堵，最终在陷落柱内合适的层位形成堵水塞。另外，我国还创造了在特大涌水量及动水条件下的“三段法”注浆技术，即在与陷落柱涌水相通的巷道内，按其水流方向分下、中、上游三段，沿巷道中线布孔，根据井上下对照图从地面钻进。下游为阻水段，根据灌注材料多少确定钻孔数量，一般为 5～6 个孔，孔距为 10～15 m；中游为堵水段，孔数多些，以便检查质量，孔距为 6～10 m；上游为加固段，孔数一般为 2～3 个，孔距根据要求而定。所有钻孔必须打透巷道。

6. 通过含水层或导水断裂构造带时的巷道堵水

巷道掘进时穿过含水层或导水断裂构造带，常会发生大量涌水，如不及时有效处理，会发生突水事故，甚至可能淹井。为防止此类事故的发生，一般采取边探边掘的手段，一发现含水层或导水断裂构造带，就采取超前高压预注浆堵水方法。注浆钻孔的布设常与超前探水钻孔相结合，使巷道周围形成一个阻水圈，这不仅可以防止水害，还可以改善工程施工条件。其施工方法：一种是在工作面打预注浆钻孔；另一种是为了不影响掘进工作面工作，在巷道两侧掘出分段交替超前注浆硐室，采用由巷旁硐室向前方巷道周围打钻注浆的方法。

例如，吉林舒兰矿区丰广矿五井(以下简称五井)水砂溃决淹井事故。该矿井始建于 1975 年 10 月，1983 年移交生产，设计生产能力为 45 万 t/a。于 1979 年 12 月至 1980 年 6 月，在＋150 m 水平东翼集中运输大巷施工时发生漏顶，沟通 18 层煤顶板砂岩水，并溃出大量水砂，后导通地表河流，水害加大，从而造成淹井事故。停止建井 6 个月，仅地面处理一项费用就达 150 万元。

(1) 水害发生经过

五井＋150 m 水平东翼集中运输大巷在 18 层煤内，成巷 320 m。1 号石门往前 256 m 为料石砌碹支护，再往前为锚喷支护，两种支护衔接处于 1979 年 12 月 23 日 18 时漏顶，导通 18 层煤顶板砂岩，溃出大量水砂(出水点巷道标高为＋152.2 m)，初时涌水量为 0.95 m^3/min，含砂率为 20%，以后逐渐减少，但砂层内已形成空洞，并逐渐往浅部发展。直到 1980 年 4 月 29 日，处于“天河”底部范围的 18 层煤顶板砂岩露头发生冒顶，第四系潜水和少量河水灌入井下。1980 年 5 月 26 日井下涌水量增至 3.07 m^3/min。进入 6 月份，连降大雨，河水猛涨，地表水补给充足，塌陷坑日渐扩大。到 1980 年 6 月 17 日，塌陷坑平面尺寸达 70 m×50 m，截断了河流，因而河水全部溃入井下，最大流量达 83.3 m^3/min，最终导致井下＋179.6 m 水平以下巷道全部淹没。同时，溃水点以上的地面也出现塌陷坑，直径 23 m，深 16 m。6 月 18 日，16 层煤顶板砂岩露头处出现塌陷坑，直径 10 m，深 6 m。

(2) 水害发生原因

① 五井＋150 m 水平掘东翼集中运输大巷时，1 号石门 15 层煤至 18 层煤之间的砂岩层已全部揭露，砂岩层含水性弱。矿方忽略了砂岩层呈条带状含水的特点，对高水头砂岩层的浅部具有流沙性质认识不清。这是本次溃水事故的根本原因。

② 巷道两种支护衔接处支护不好，造成冒顶，破坏了隔水层，这使砂岩水溃入井下，从而造成严重溃水事故。

③ 井下出水后，防堵水措施不利，失去了宝贵的时间，从而导致雨季河水溃入，造成淹井。

(3) 水害处理

① 从地面切断水源。矿方临时让河水改道，回填地表塌陷坑，加固旧河床，用黄土铺设河底，从而减少地表水的补给，控制了井下涌水。

② 井下涌水量减小后，＋150 m 水平出水点处连打 3 道料石防水密闭墙。

③ 排除井下水砂，恢复生产。

(4) 经验教训

① 主要含水砂岩层、浅部露头多半受地表水的补给，静储量饱和，多呈流沙性质。建井和投产初期揭露前，应在地面探清水位，以地表深井抽水为主，当控制水头(小于 30 m)后，井下再行钻孔放水。最好主孔疏放，避免跑水溃砂。

② 含水砂岩层具有呈条带状的含水性质，含水条带发育在地表河流补给充足的地区，条带内的岩心采取率小于 50%，在巷道施工中要认清顶板砂岩层局部无水不等于其他地方都无水的实际。

③ 凡大的透水事故一般都与地表水补给有关，否则不会造成大的灾害。因此，在河床附近施工，必须采取严格的防水措施。

6.6　防水煤(岩)柱留设的方法

在水体下、含水层下、承压含水层或导水断层附近采掘时，为防止地表水或地下水溃入工作地点，需要留出一定宽度或高度的煤(岩)层，这部分煤(岩)层称为防隔水煤(岩)柱或防水煤(岩)柱。

6.6.1　煤层顶板突水预测

“三带”中的垮落带和裂缝带是采动破坏形成的人工导水通道。垮落带、裂缝带高度不小于地表水或含水层等水体与工作面之间的距离时，就会引起顶板突水(图 6-41)。

煤矿顶板突水预测是建立在突水机理研究的基础上的，目前国内外常采用的煤层顶板突水预测的主要方法有临界水压(临界隔水层厚度)法和导水裂缝带法。

1. 临界水压(临界隔水层厚度)法

该方法与煤层底板突水预测中的斯列萨列夫公式法[式(6-8)至式(6-9)]一致，此处不再赘述。

2. 导水裂缝带法

煤层开采空间导致覆岩产生垮落带，上部遂形成裂缝带(图 6-41)。当煤层露头被松散

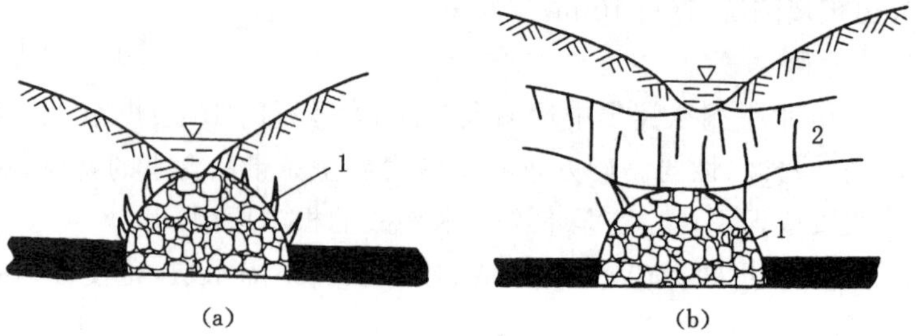

1—垮落带;2—裂缝带。

图 6-41 垮落带、裂缝带波及地表水体造成突水示意图

且富水性强的含水层覆盖,预测在某一含水层或地表水体下采煤是否安全时,所留设的防水煤(岩)柱高度可用式(6-19)进行判别:

$$h_{安} \geqslant h_{裂} + h_{保} \tag{6-19}$$

式中 $h_{安}$——安全采煤所需留设的顶板隔水层厚度,m;

$h_{裂}$——导水裂缝带最大高度,m,可利用经验公式计算;

$h_{保}$——保护层厚度,m,可参照《建筑物、水体、铁路及主要井巷煤柱留设与压煤开采规范》的相关规定取值。

6.6.2 防水煤(岩)柱的种类

根据所处的位置,防水煤(岩)柱可以分成不同的种类。常用的防水煤(岩)柱有:

(1) 断层防水煤(岩)柱。即在导水或含水断层两侧,为防止断层水溃入井下而留设的煤(岩)柱;当断层使煤层与强含水层接触或接近时,为防止含水层水溃入井下而留设的煤柱。

(2) 井田边界煤柱。相邻两井田以技术边界分隔时,为防止一个矿井被淹没(由突水或矿井报废引起)后影响另一个矿井的安全生产而留设的煤柱。

(3) 上下水平(或相邻采区)防水煤(岩)柱。在上、下两水平(或相邻两采区)之间留设的防水煤(岩)柱。这种煤(岩)柱为暂时性的,在上、下两水平(或相邻两采区)开采末期或透水威胁消除后,这部分煤(岩)柱中的煤仍然可以回收。

(4) 水淹区防水煤(岩)柱。在水淹区(包括老窑积水区)四周和上、下水平留设的防止水淹区的水溃入井下采掘工作面的煤(岩)柱。

(5) 地表水体防水煤(岩)柱。为防止采煤后地表水经塌陷裂缝溃入井下而留设的煤(岩)柱。

(6) 冲积层防水煤(岩)柱。为防止采煤后上覆冲积层中的强含水层水溃入井下而留设的煤(岩)柱。

6.6.3 防水煤(岩)柱的留设原则

受水害威胁的矿井,有下列情况之一的,应当留设防水煤(岩)柱:

(1) 煤层露头风化带。

(2) 在地表水体、含水冲积层下和水淹区邻近地带。

(3) 与富水性强的含水层间存在水力联系的断层、裂缝带或者强导水断层接触的煤层。

(4) 有大量积水的老窑和采空区。

(5) 导水和充水的陷落柱、岩溶洞穴或地下暗河。

(6) 分区隔离开采边界。

(7) 受保护的观测孔、注浆孔和电缆孔等。

6.6.4　防水煤(岩)柱的尺寸要求

1. 煤层露头防水煤(岩)柱的留设

当煤层露头无覆盖或被黏土类微透水松散层覆盖时,防水煤(岩)柱高度的计算公式为:

$$H_f = H_k + H_b \tag{6-20}$$

当煤层露头被松散且富水性强的含水层覆盖时(图 6-42),防水煤(岩)柱高度的计算公式为:

$$H_f = H_L + H_b \tag{6-21}$$

式中　H_f——防水煤(岩)柱高度,m;

H_k——采后垮落带高度,m;

H_L——导水裂缝带最大高度,m;

H_b——保护层厚度,m。

根据式(6-20)、式(6-21)计算所得的值,不得小于 20 m。式中 H_k、H_L 的计算,应参照《建筑物、水体、铁路及主要井巷煤柱留设与压煤开采规范》的相关规定。

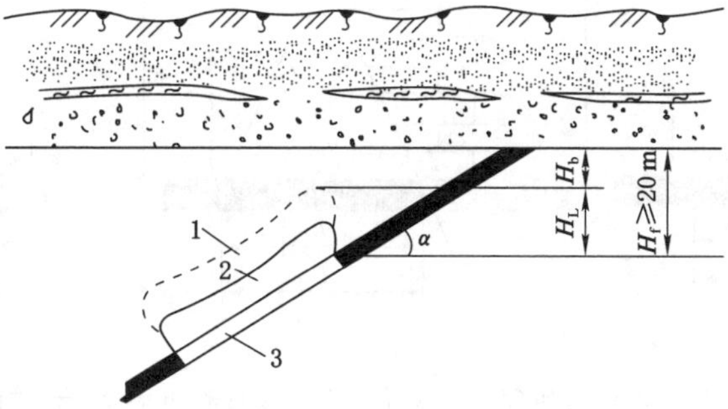

1—裂缝带;2—垮落带;3—采空区。

图 6-42　煤层露头被松散且富水性强的含水层覆盖时防水煤(岩)柱留设

2. 含水或导水断层防水煤(岩)柱的留设

断层破坏了岩层的完整性,常常成为矿层与含水层之间的联系通道。断层某一区段的导水性、是沿破碎带上下连通还是仅仅水平接触导水,取决于断层的力学性质、断层带的成分结构、断层的后期改造、断层两侧岩层接触关系、含水层的水压以及采矿活动引起的围岩压力对断层的重复破坏作用。因此,在没有掌握断层各区段的导水性时,应把整个断层作为导水断层对待。断层防水煤(岩)柱宽度一般不得小于 20 m。

当煤层位于导水断层上盘时,含水或导水断层防水煤(岩)柱的尺寸可参照式(6-22)计算(图 6-43):

$$L = 0.5KM\sqrt{\frac{3p}{\sigma_t}} \tag{6-22}$$

式中 L——煤(岩)柱留设的宽度,m,一般不小于 20 m;

K——安全系数,一般取 2～5;

M——煤层厚度或采高,m;

p——水头压力,MPa;

σ_t——煤的抗拉强度,MPa。

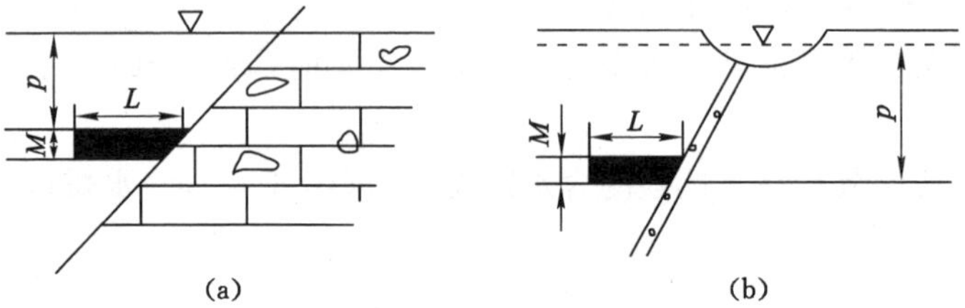

图 6-43 含水或导水断层防水煤(岩)柱留设

3. 煤层与强含水层或导水断层接触时防水煤(岩)柱的留设

当煤层位于导水断层下盘,煤层与强含水层或导水断层接触,并局部被覆盖时(图 6-44),防水煤(岩)柱的留设要求如下:

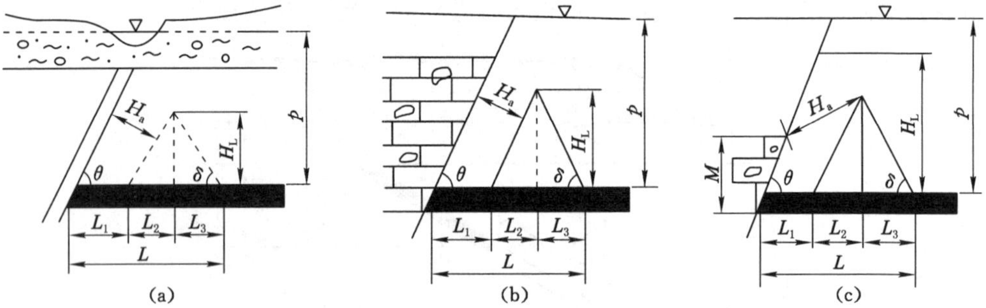

图 6-44 煤层与强含水层或导水断层接触时防水煤(岩)柱的留设

当含水层顶面高于导水裂缝带高度上限时,防水煤(岩)柱可按图 6-44 中(a)、(b)的方式留设。其计算公式为:

$$L = L_1 + L_2 + L_3 = H_a\csc\theta + H_L\cot\theta + H_L\cot\delta \tag{6-23}$$

当导水裂缝带高度上限高于断层上盘含水层顶面时,防水煤(岩)柱可按图 6-44(c)的方式留设。其计算公式为:

$$\begin{aligned} L &= L_1 + L_2 + L_3 \\ &= H_a(\sin\delta - \cos\delta\cot\theta) + (H_a\cos\delta + M)(\cot\theta + \cot\delta) \end{aligned} \tag{6-24}$$

式中 L——防水煤(岩)柱宽度,m,一般不小于 20 m;

L_1, L_2, L_3——防水煤(岩)柱各分段宽度,m;

H_L——导水裂缝带最大高度,m;

θ——断层倾角,(°);

δ——岩层塌陷角,(°)；

M——断层上盘含水层层面高出下盘煤层底板的高度,m；

H_a——断层安全防水煤(岩)柱的宽度,m。

H_a应当根据矿井实际观测资料来确定,即通过总结本矿区在断层附近开采时发生突水和安全开采的地质、水文地质资料,计算这些地点的水压(p)与防水煤(岩)柱厚度(M)的比值(即临界突水系数 T_s),并将各点之值标到以 T_s为横轴,以埋藏深度 H_0为纵轴的坐标系中,找出 T_s的安全临界线(图 6-45)。

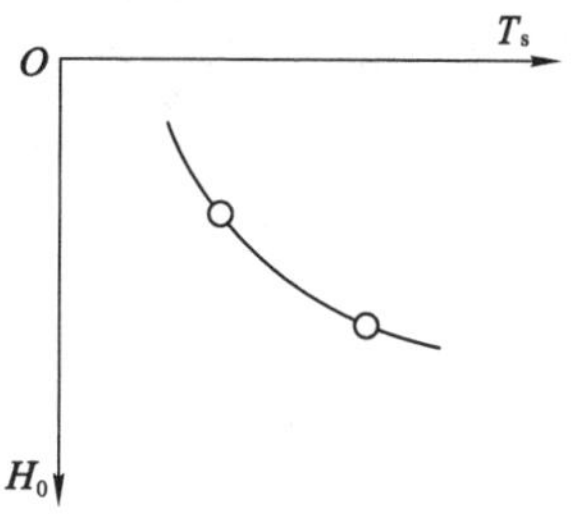

图 6-45　T_s和 H_0关系曲线

H_a也可以按式(6-25)计算：

$$H_a = \frac{p}{T_s} + 10 \qquad (6\text{-}25)$$

式中　p——防水煤(岩)柱所承受的静水压力,MPa；

T_s——临界突水系数,MPa/m。

本矿区若无实际突水系数,则可参考其他矿区资料,但选用时应当综合考虑隔水层的岩性与物理力学性质、巷道跨度或工作面的空顶距、采煤方法和顶板控制方法等一系列因素。

4. 煤层位于含水层上方且有导水断层时防水煤(岩)柱的留设

当煤层位于含水层上方且有导水断层的情况下(图 6-46),防水煤(岩)柱的留设应当考虑 2 个方向上的压力:一是煤层底部隔水层承受的下部含水层水的压力;二是断层水在顺煤层方向上的压力。

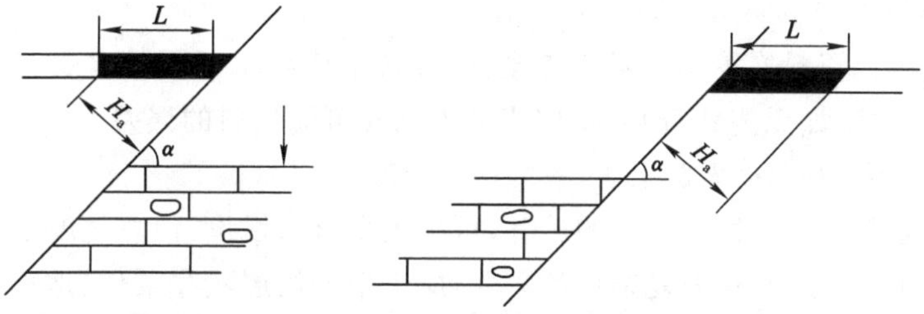

(a) 煤层位于断层上盘　(b) 煤层位于断层下盘

图 6-46　煤层位于含水层上方且有导水断层时防水煤(岩)柱的留设

当考虑底部压力时,应当使煤层底板到断层面之间的最小距离(垂距)大于安全煤柱的高度(H_a)的计算值,并不得小于 20 m。其计算公式为：

$$L = \frac{H_a}{\sin\alpha} \qquad (6\text{-}26)$$

式中　α——断层倾角,(°)。

当考虑断层水在顺煤层方向上的压力时,也可按式(6-26)计算煤柱宽度。

根据以上两种方法的计算结果,取用较大的数值,但仍不得小于 20 m。

当煤层位于含水层上方时,如果断层不导水(图 6-47),那么防水煤(岩)柱的留设尺寸,应当保证含水层顶面与断层面交点至煤层底板间的最小距离在垂直于断层走向的剖面上大于安全煤柱的高度(H_a)，但不得小于 20 m。

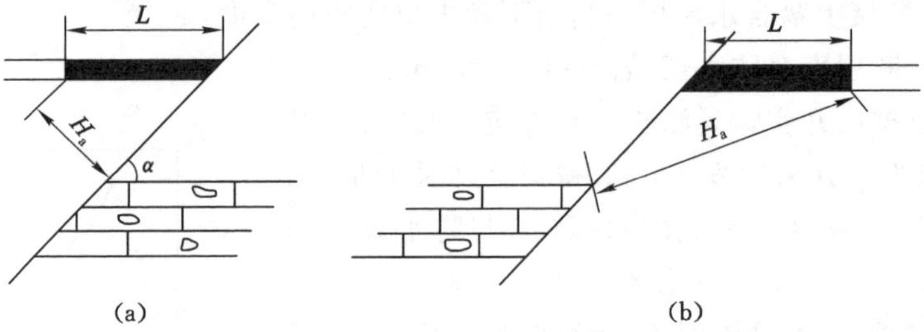

图 6-47　煤层位于含水层上方且断层不导水时防水煤(岩)柱的留设

5. 水淹区或老窑积水区下方采掘时防水煤(岩)柱的留设

(1) 巷道在水淹区下方或老窑积水区下方掘进时，巷道与水体之间的最小距离不得小于巷道高度的 10 倍。

(2) 在水淹区下方或老窑积水区下方的同一煤层中进行开采时，若水淹区或老窑积水区的界线已基本查明，防水煤(岩)柱的尺寸应当按含水或导水断层防水煤(岩)柱的规定留设。

(3) 在水淹区下方或老窑积水区下方的煤层中进行回采时，防水煤(岩)柱的尺寸不得小于导水裂缝带最大高度与保护层高度之和。

6. 保护地表水体防水煤(岩)柱的留设

保护地表水体防水煤(岩)柱的留设，可参照《建筑物、水体、铁路及主要井巷煤柱留设与压煤开采规范》执行。

7. 保护通水钻孔防水煤(岩)柱的留设

根据钻孔测斜资料换算钻孔见煤点坐标，按含水或导水断层防水煤(岩)柱的留设办法留设防水煤(岩)柱，如无测斜资料，也应当考虑钻孔可能偏斜的误差。

8. 相邻矿(井)人为边界防水煤(岩)柱的留设

(1) 水文地质简单型到中等型的矿井，可采用垂直法留设，但总宽度不得小于 40 m。

(2) 水文地质复杂型到极复杂型的矿井，应当根据煤层赋存条件、地质构造、静水压力、开采上覆岩层移动角、导水裂缝带高度等因素确定。

当多煤层开采，上、下两层煤的层间距小于下层煤开采后的导水裂缝带高度时，下层煤的边界防水煤(岩)柱，应当根据最上一层煤的岩层移动角和煤层间距向下推算[图 6-48(a)]。当上、下两层煤之间的垂距大于下煤层开采后的导水裂缝带高度时，上、下煤层的防水煤(岩)柱可分别留设[图 6-48(b)]。

导水裂缝带上限岩柱宽度 L_y，可采用式(6-27)计算：

$$L_y = \frac{H - H_L}{10} \times \frac{1}{T_s} \geqslant 20\ \text{m} \tag{6-27}$$

式中　L_y——导水裂缝带上限岩柱宽度，m；

H——煤层底板以上的静水位高度，m；

H_L——导水裂缝带最大高度，m；

T_s——临界突水系数，可取 1。

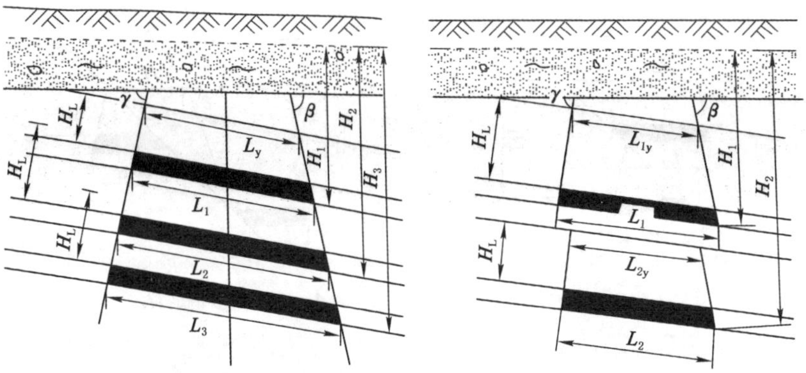

(a) 相邻煤层垂距小于下煤层开采后的导水裂缝带高度上限　　(b) 相邻煤层垂距大于下煤层开采后的导水裂缝带高度上限

H_L—导水裂缝带最大高度；H_1、H_2、H_3—各煤层底板以上的静水位高度；

γ—上山岩层移动角；β—下山岩层移动角；L_y、L_{1y}、L_{2y}—导水裂缝带上限岩柱宽度；

L_1—上层煤防水煤柱宽度；L_2、L_3—下层煤防水煤柱宽度。

图 6-48　多煤层地区边界防水煤(岩)柱的留设

9. 以断层为界的井田防水煤(岩)柱的留设

以断层为界的井田，其边界防水煤(岩)柱可参照断层煤柱留设，但应当考虑井田另一侧煤层的情况，以不破坏另一侧所留煤(岩)柱为原则(除参照断层煤柱的留设外，尚可参考图 6-49)。

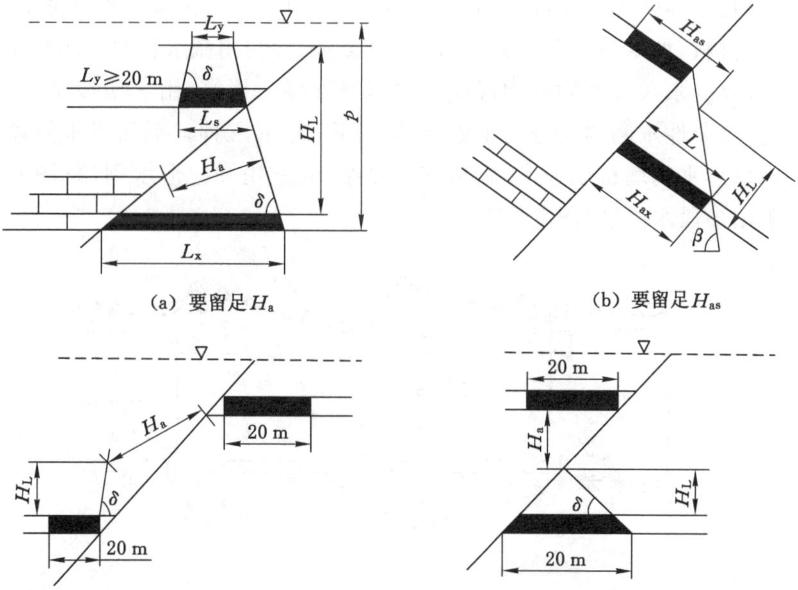

(a) 要留足 H_a　　(b) 要留足 H_{as}

(c) 断层不导水，要留足 H_a　　(d) 断层不导水，要留足 H_a

L—煤柱宽度；L_s、L_x—上、下煤层的煤柱宽度；L_y—导水裂缝带上限岩柱宽度；

H_a、H_{as}、H_{ax}—安全防水岩柱厚度；H_L—导水裂缝带最大高度；p—底板隔水层承受的水头。

图 6-49　以断层为界的井田防水煤(岩)柱的留设

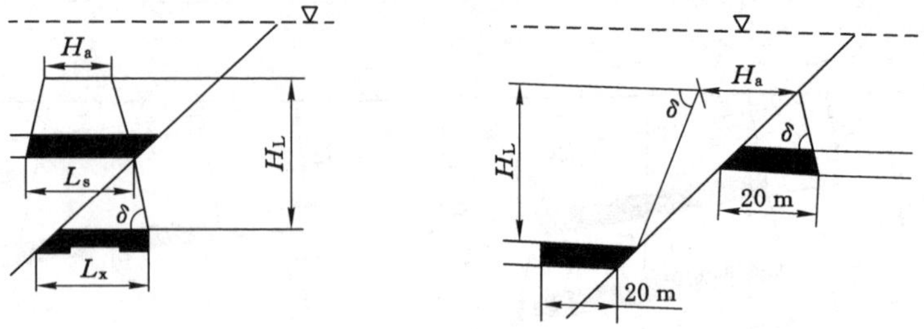

(e) 要留足H_a　　(f) 要留足H_a

图 6-49(续)

6.7 矿井水闸墙和防水闸门设计

防水闸门和水闸墙是井下防水的主要安全设施。凡水患威胁严重的矿井，在井下巷道设计布置中，必须在适当位置设置防水闸门和水闸墙，使矿井形成分翼、分水平或分采区隔离开采。在水患发生时，能够使矿井分区隔离，缩小灾情影响范围，控制水患危害，确保矿井整体安全。

6.7.1 水闸墙

水闸墙分临时性的和永久性的两种。临时性水闸墙是指在有出水可能的采掘工作面事先准备好截水材料，如木板、石块、沙袋等，一旦突水，就利用截水材料将水堵截在较小范围，以利于临时抢险。永久性水闸墙用混凝土或钢筋混凝土构筑，用于堵截某一个区域开采结束后的涌水。永久性水闸墙可分为平面形、圆柱形、球形三种。平面形水闸墙施工容易，但抗压强度低；球形水闸墙抗压强度高，但施工复杂；故常用圆柱形水闸墙(图 6-50)。当水压很大时，可采用多段水闸墙(图 6-51)。

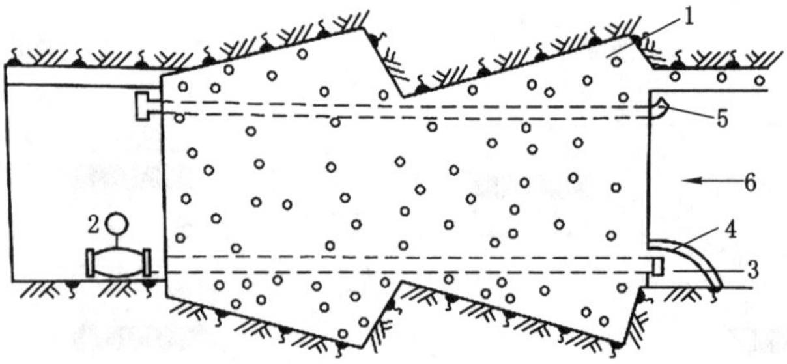

1—截口槽；2—水压表；3—放水管；4—保护栅栏；5—细管；6—来水方向。

图 6-50　圆柱形水闸墙

井下需要构筑水闸墙时，必须由有资质的单位进行设计，严格按设计施工，并进行竣工验收；否则，不得投入使用。水闸墙的日常维护以及技术管理等，必须严格执行有关规定。

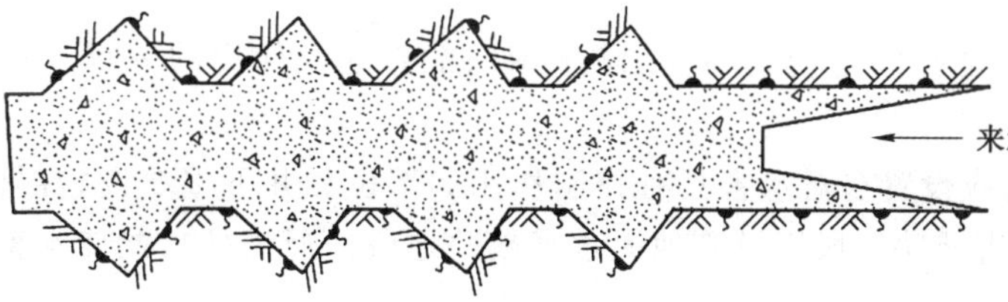

图 6-51　多段水闸墙

6.7.2　防水闸门

矿井防水闸门是用来预防井下突然涌水并威胁矿井安全而设置的一种特殊闸门。它在正常情况下应不妨碍运输、通风和排水，一旦井下发生水害，就可将其关闭控制水流，把水害控制在一定范围内，从而保证其他采区安全生产。

水文地质条件复杂、极复杂的矿井，应当在井底车场周围设置防水闸门，或者在正常排水系统基础上安装配备排水能力不小于最大涌水量的潜水电泵排水系统。

在矿井有突水危险的采掘区域，为防止突水时淹井，应在其附近设置防水闸门。防水闸门由混凝土门垛、门扇、放水管、放气管、压力表等组成。门扇尺寸视运输需要而定，一般宽 0.9～1 m，高 1.8～2.0 m，有单扇和双扇，有矩形门和圆形门等。一般采用平面形防水闸门，当压力超过 2.5～3.0 MPa 时，可采用球面形防水闸门。

1. 防水闸门设置要求

(1) 防水闸门必须由有资质的单位设计，门体采用定型设计。

(2) 防水闸门的施工及其质量，必须符合设计要求。防水闸门和防水闸门硐室不得漏水。

(3) 防水闸门硐室前、后两端，应分别砌筑不小于 5 m 的混凝土护碹，碹后用混凝土填实，不得空帮、空顶。防水闸门硐室和护碹必须采用高强度等级水泥进行注浆加固，注浆压力应符合设计要求。

(4) 防水闸门来水一侧 15～25 m 处，应加设一道用于挡物的箅子门。防水闸门与箅子门之间不得停放车辆或堆放杂物。来水时先关箅子门，后关防水闸门。如果采用双向防水闸门，应在两侧各设一道箅子门。

(5) 通过防水闸门的轨道、电机车架空线、带式输送机等，必须灵活易拆；通过防水闸门墙体的各种管路和安设在闸门外侧的闸阀的耐压能力，必须与防水闸门所设计压力相一致；电缆、管道通过防水闸门墙体时，必须用堵头和阀门封堵严密，不得漏水。

(6) 防水闸门必须安设观测水压的装置，并有放水管和放水闸阀。

(7) 防水闸门竣工后，必须按设计要求进行验收；对新掘进巷道内建筑的防水闸门，必须进行注水耐压试验，防水闸门内巷道的长度不得大于 15 m，试验的压力不得低于设计水压，稳压时间应在 24 h 以上，试压时应有专门安全措施。

(8) 防水闸门必须灵活可靠，并保证每年进行 2 次关闭试验，其中 1 次应在雨季前进行，关闭闸门所用的工具和零配件必须由专人保管，专门地点存放，不得挪用丢失。

2. 防水闸门位置的选择

防水闸门位置选择的适当与否，是防水闸门能否起到作用的关键。一般应注意以下5点。

(1) 防水闸门应设置在对水害具有控制作用的部位和井下重要设施部位(如井底车场的出入口处、受水害威胁地段以及其他无水害威胁地段的通道处)，能使水害控制在尽可能小的范围内，并考虑水害发生后有恢复生产及绕过事故地点开拓新区域的可能。

(2) 防水闸门的位置应考虑不受邻近部位采掘的影响，不破坏防水闸门的结构和修筑地点围岩的稳定性及隔水性。

(3) 修筑防水闸门处的围岩稳定性和隔水性要好，应尽量避免在软弱岩层或煤层内砌筑。如果在煤层内砌筑，就必须掏槽使闸身的混凝土结构和基岩结合在一起。

(4) 闸门应尽量修筑在单轨巷道内，以减少掘进量和减小防水闸门的规模。

(5) 防水闸门必须易于维修和管理，以使其经常处于"临战"状态。

6.8 矿井突水事故预测与处理

矿井突水事故预测是指矿井在开采前，根据地质勘探的水文地质资料及专门进行的水害探测和调查资料，确定矿井水害的危险程度，并编制水害预测图。依此，制定适合矿井开采的最佳方案，以避免或减少开采时的矿井灾害。对生产矿井，则需要根据矿井水害的实际情况对矿井水害预测图进行修正，并进一步制定矿井水害的预防措施。

6.8.1 矿井突水灾害形成原因

矿井发生突水的影响因素是多方面的，但主要以充水水源和充水通道的有机配合为基础。通常情况下，矿井发生突水有一个逐步演变的过程。从以往矿井透水事故分析可以看出，事故的原因主要有以下 2 种。

1. 直接原因

直接原因主要有：对矿井水文地质条件了解不清而盲目开采；在水体下采煤的防治措施不科学；超层越界开采，破坏防、隔水煤柱；防治水技术力量及从业人员相关知识匮乏；对已有水患未采取有力措施；雨季暴雨期对井上下水情的监测不够；未进行或者违规探放水。

2. 间接原因

间接原因主要有：防治水工作管理松懈；煤矿水害防治监管制度不落实；部分煤矿被动进行矿井水害防治工作；部分煤矿"三违"现象时有发生。

6.8.2 矿井突水灾害预测

6.8.2.1 *矿井水害危险程度的确定*

目前国内外有两种确定矿井水害危险程度的方法，即突水系数法和按水文地质影响因素两种方法。

1. 突水系数法

突水系数的概念已在 6.4 节中详细阐述，用式(6-10)至式(6-12)就可计算突水系数，此处不再赘述。

实际上,隔水层由各种不同强度和不同抗水性能的岩石组成。国外学者在利用式(6-10)时,以泥岩抗水压的能力为标准隔水层厚度(即以泥岩为 1,相当于 1 m 厚完整的泥岩能抗 49 kPa 的水压),将其他不同岩性的岩石换算成泥岩厚度,称换算后的岩层厚度为等值厚度,换算系数见表 6-4,仅供参考。

表 6-4　岩石等值厚度换算系数

岩石名称	换算系数
泥岩、钙质泥岩、泥灰岩、铝土、黏土、断层泥	1.0
未岩溶化的淡水灰岩、灰岩	1.3
砂页岩	0.8
褐煤	0.7
砂岩(渐新统)	0.4
砂砾岩、岩溶化石灰岩、泥岩、开采区松动带	0.6

2. 按水文地质影响因素

该方法按水文地质的复杂程度将矿区的水害危险程度划分为 5 个等级。根据 4 个最不利的水文地质影响因素来划分等级。同时,对每个不利的水文地质影响因素按其危险等级,规定了几种危险数值。例如,国外某矿区根据矿层上覆砂岩厚度、矿层距砂岩层的距离、裂缝带高度以及顶板静水压力 4 个水文地质因素计算危险值,依此把矿层突水危险划分成 5 个等级:Ⅰ级危险指数为 0～10;Ⅱ级的为 10～20;Ⅲ级的为 20～30;Ⅳ级的为 30～40;Ⅴ级的大于 40。

6.8.2.2　矿井水害预测图的编制

根据地质钻孔所取得的隔水层厚度,编制出煤层顶底板隔水层厚度等值线图;并按原始的或长期水位观测资料,确定矿区各地段的水压值,参照已开发矿区类似条件的某些参数值,用式(6-10)计算开采水平的突水系数或破坏程度,编制相应比例尺的简单水害预测图。例如,图 6-52 是峰峰矿区某煤矿煤层地下水害分级平面图。可根据矿区的临界突水系数(0.7 左右)来圈定安全区和危险区。由图 6-52 可以看出,在背斜隆起部位和单斜距地表近的部位突水系数小于 0.7,认为是安全的;而向斜轴部附近和单斜延向深处的突水系数可达 3～4,认为是危险区。

另一种编制地下水害预测图的方法:根据观测和调查的水文地质资料,按 4 个最不利的水文地质因素计算危险值,再累计危险指数。

编制这种预测图有利于制定矿井防治水规划,制定防治水害的措施,加强对水害危险区域的监测,保证矿井安全生产。

6.8.2.3　矿井水灾的预报

每个矿井必须做好水害分析预报工作,前面介绍的超前探水是最好的水灾预报手段。另外,采掘工作面透水前一般都会出现一些预兆,根据这些预兆可作出水害的预报,并及时采取预防措施,以防止水灾事故的发生。例如,2015 年 4 月 19 日下午 6 时 50 分,山西省大同市南郊区姜家湾煤矿发生透水事故。矿方对 8446 综采工作面上覆 7# 煤层老空(巷)积水

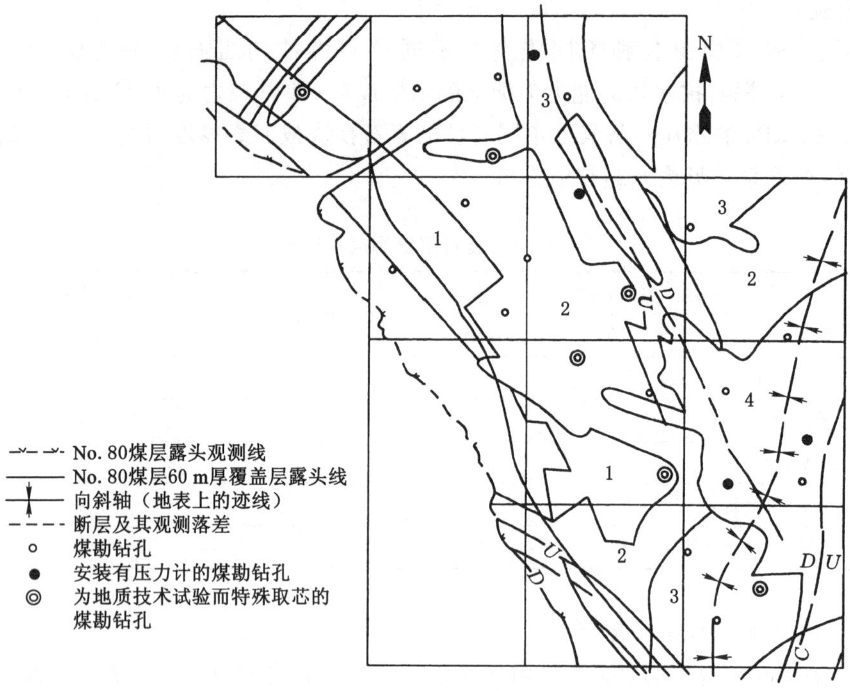

1—危险指数为 0～20；2—危险指数为 20～30；3—危险指数为 30～40；4—危险指数为 40～50。

图 6-52　峰峰矿区某煤矿煤层地下水害分级平面图

区和回采过程中出现的透水征兆，未采取有效措施治理。随着工作面推进，采空区悬顶面积不断增大，在上覆岩体和 7# 煤层老空区水体压力共同作用下，顶板瞬间垮落导致大量上覆老空积水突然溃出，这是这起事故的直接原因。

1. 突水的一般预兆

(1) 煤层变潮湿、松软、发暗；煤帮出现滴水、淋水现象，且淋水由小变大；有时煤帮出现铁锈色水迹；煤层本来是干燥的，由于水的渗入，就变得潮湿、发暗，如果挖去一层还是如此，那么说明附近有积水。

(2) 工作面气温降低、变冷、出现雾气、有硫化氢气味或臭鸡蛋味；工作面有害气体浓度增加，一般从积水区散发出来的气体是瓦斯、二氧化碳、硫化氢等；水的酸度大，味发涩。

(3) 有时可听到水的“嘶嘶”声。这是因为被淹井巷积水有较大的水压，能够把水从煤层或岩层中挤出来。水与裂隙摩擦而发生的“嘶嘶”水叫声，表示有涌水危险。

(4) 矿压增大，发生片帮、冒顶及底鼓。

(5) 巷道壁或煤层壁“挂汗”“挂红”。这是由于积水透过微孔裂隙而凝聚于岩石或煤层表面。顶板“挂汗”多呈尖形水珠，有“承压欲滴”之势，这可以区别自燃征兆中的“挂汗”，后者常是平形水珠，为蒸汽凝结于顶板形成。

(6) 顶板淋水加大，犹如落雨状，且伴有顶板来压。

2. 工作面底板灰岩含水层突水预兆

(1) 工作面压力增大，底板鼓起，底鼓量有时可达 500 mm 以上。

(2) 工作面底板产生裂隙，并逐渐增大。

(3) 沿裂隙或煤帮向外渗水，随着裂隙的增大，水量增加。当底板渗水量增大到一定程度时，煤帮渗水可能停止。若此时水色时清时浊：底板活动时水变浑浊，底板稳定时水色变清。这是离水源很近的征兆。若出现水清净，说明水源还稍远；若出现浑浊水，表明已接近水源。

(4) 底板发生“底爆”，伴有巨响，地下水大量涌出，水色呈乳白色或黄色。

3. 松散孔隙含水层突水预兆

(1) 突水部位发潮、滴水，且滴水现象逐渐明显，仔细观察可以发现水中含有少量细砂。

(2) 底板破裂，沿裂缝有高压水喷出，并伴有“嘶嘶”声或刺耳水声；出现压力水流。

(3) 发生局部冒顶，水量突增并出现流沙，流沙常具间歇性，水色时清时浊，总的趋势是水量、砂量增加，直至流沙大量涌出。

(4) 顶板发生溃水、溃砂，这种现象可能影响到地表，可使地表出现塌陷坑。

当发现工作面有透水预兆时，说明已接近水体，此时应停止作业，并报告矿调度室，同时采取有效措施，以防止透水事故的发生。

6.8.3　矿井突水灾害事故处理

矿井水灾是矿井安全生产的一大灾害。矿井通达地面的出口有限，一旦发生矿井水灾，常会截断巷道，给抢救被困人员和处理事故带来很大困难。因此，在矿井生产中，应对发生透水事故时的处理措施给予足够重视，做充分的准备，以减少损失。

6.8.3.1　矿井水灾事故的特点

(1) 矿井水灾事故所造成的后果严重，甚至会造成井毁人亡。

(2) 矿井水灾事故，除了造成设备毁坏、巷道被冲刷浸泡而垮塌外，还可诱发其他中毒事故。在发生老空透水事故时，由于老空积水中的坑木腐朽、硫化铁氧化水解，井下常积存大量的 H_2S、SO_2 等有害气体，这些有害气体会随涌水到处蔓延，造成井下人员中毒或窒息。

(3) 涌出的水流能通过裂隙通道，涌入相邻的巷道或矿井而扩大灾害。例如，2010 年 3 月 20 日，洛阳宝雨山煤业有限公司何庄煤矿发生突水事故，全井被淹后，停产了大半年之久，相邻的煤矿也发现漏水，并威胁周围矿井的安全生产。

6.8.3.2　矿井发生水灾事故时应采取的措施

(1) 现场人员除立即向调度室报告外，应迅速采取应急措施，尽可能就地取材加固工作面，堵住出水点，防止事故扩大。如果水势很猛而无法抢救，应组织人员迅速按事先规定的避灾路线撤退到上一水平(或中段)或地面。万一来不及撤退至安全地点被堵在天井、独头上山等巷道内，此时切不可惊慌，要保持体力，等待救援。这是因为独头上山巷道里的空气因水位上升逐渐压缩，能保持一定的空间和一定的空气量供人员呼吸。

(2) 矿领导接到透水报告后，应按事先编制的《应急预案》迅速组织抢救，立即通知矿山救护队，同时根据透水地点和可能波及的地区通知有关人员撤离危险区。如果发现尚有人员被堵于井下无法撤离，应先采取营救措施。要判断人员可能躲避的地点，根据涌水量和排水能力，估计排除积水的时间。当判断有人被堵在独头上山时，必要时可从地面施钻向下输送食物等，但必须采取措施密封钻孔并加压输送。

(3) 通知泵房人员，将水仓水位降到最低，以争取较长时间组织抢救。

(4) 水文地质人员应分析判断突水来源和最大的突水量，观测涌水量及其变化，查看水井及地表水体的水位变化，从而判断突水量的发展趋势，并采取必要措施防止涌水淹没整个矿井。

(5) 在确认人员已撤离的情况下，关闭巷道防水闸门，待人员撤至井底车场后再关闭井底车场的防水闸门，以保护水泵房。

(6) 如系老空积水涌出，为防止有害气体威胁未被水淹地区，应保证正常通风，迅速排出有害气体。

(7) 透水后，井下排水设备要全部启动，并有专人精心看管和维护，使其始终处于良好状态。

例如，开滦矿区曾先后两次使用码放水泥袋建临时水闸墙控水的方法控制了水流的漫流：一是 1990 年范各庄煤矿 208 巷道平七孔突水，突水量为 26.68 m^3/min，水压达 4.7 MPa，高压水射流对煤层巷道产生强烈冲击，出水口不断扩大，若巷道被冲垮，则涌水有可能危及相邻区域而使灾害扩大。在指挥部统一指挥下，调动了一个开拓区的工力，向出水点附近运送袋装水泥，码砌水泥袋墙，及时地保护了巷道，控制住了出水口的扩张，为构筑永久闸墙实现分区隔离赢得了时间。二是 1991 年 2 月 20 日林南仓煤矿 －240 m 水平风巷突水，突水量为 10.69 m^3/min。当时伴随着巷道急剧底鼓，为控制流水和巷道底鼓，矿方采用了码砌袋装水泥闸墙的办法控制水情。

利用袋装水泥码砌水闸墙，也应留设泄水管路，以便大部分涌水由管路泄出，避免闸墙即刻受压。码砌长度应视涌水对巷道可能造成的破坏范围而定，袋装水泥闸墙码砌一定高度(0.5～1.0 m)后，闸墙中部的水泥袋被划破，可在有少量涌水条件下形成水泥浓浆，其扩散性能好，对闸墙有充填作用。

6.8.3.3 被淹井巷的恢复

被淹井巷的恢复工作包括排除积水、修整井巷和恢复生产等内容。其中，排水工作是关键，应该由矿主要领导负责统一指挥。

1. 被淹井巷的水量估算

为了确定排水设备能力和恢复生产所需的时间，应正确地估算被淹井巷中的水量。被淹井巷的水量包括静水量和动水量。

(1) 静水量

矿井透水时一次涌入被淹井巷的水量为静水量。在被淹井巷的不同深度上的静水体积是不同的，并且在井巷淹没的同时，周围的岩石孔洞、裂隙充水，这使估算静水量变得复杂。一般来说，静水体积与被淹井巷体积成正比，但在数值上小于被淹井巷的体积。这是因为在被淹井巷中常积存一些被压缩而占据一些空间的空气。另外，岩石垮落和沉降使井巷空间减小，相比之下围岩孔洞、裂隙充水空间较小。

实际计算时可用淹没系数来概算被掩井巷的静水量。淹没系数即被淹井巷中水的体积与井巷体积之比，可用地质类比法或观测井巷被淹过程中水位变化情况求得。

(2) 动水量

动水量是指井巷被淹后单位时间内的涌水量。井巷被淹后，矿井水文地质状况发生了变化，井巷内水位的变化会引起动水量的变化。可以根据水泵排水量计算动水量。

被淹井巷水位变化与动水量变化成正比，短时间内的涌水量可以近似地看成在一定的情况下，相同的时间间隔内水泵不同排水量时的水位降低量，然后按式(6-28)计算该期间的

动水量 Q_D：

$$Q_D = \frac{q_2 h_1 - q_1 h_2}{h_1 - h_2} \tag{6-28}$$

式中　q_1——第一次观测的水泵排水量，m^3/h；

q_2——第二次观测的水泵排水量，m^3/h；

h_1——第一次观测的水位降低量，cm；

h_2——第二次观测的水位降低量，cm。

根据需要，可以定期地进行这样的观测和计算。

应该注意，在被淹井巷的积水被全部排净之后，在一定时间内，围岩孔洞、裂隙中的水会逐渐流出来，总的涌水量较被淹之前会稍高些。

被淹井巷排水所需要的时间可按式(6-29)计算：

$$T = \frac{Q_j}{Q_p - Q_D} \tag{6-29}$$

式中　T——排水所需要的时间，d；

Q_j——被淹井巷的静水量，m^3；

Q_p——排水设备的排水能力，m^3/d；

Q_D——被淹井巷的动水量，m^3/d。

应该注意，排水设备的工作是断续的，所以此处的时间单位是 d。

通过对突水量的连续监测或计算，在基本掌握突水量增长变化趋势的基础上，对淹没水位的上涨速度及淹没某个关键性水平的时刻作出大体的预计，从而可为协助有关部门划定危险区域，并为未淹井巷的抢险措施制定提供依据。

例如，1978 年范各庄煤矿二水平 204 开拓巷道的突水量为 59.7 m^3/min(含原有突水点的 12.9 m^3/min)。可利用淹没法计算不同标高的淹没水量，预测淹没到一水平(－310 m)时的突水量为 26.6～28.3 m^3/min，经分析核实，一水平设备排水能力可以排出涌水，且泵房也做好了充分准备。涌水上涨到一水平时的实测涌水量为 29.3 m^3/min。经淹没水位与淹没水量相关曲线验证，二者结果相近，从而使一水平强排水工作得以有序正常进行。

2. 被淹井巷的排水方法

排除被淹井巷的积水有两种方法：直接排水法和先堵后排法。

(1) 直接排水法。即在涌水量不大或补给水源有限时，增加排水能力，直接将静水量和动水量全部排出。

(2) 先堵后排法。即在有补给水源，涌水量特别大，增加排水能力也不能将水排干时，应先堵塞涌水通道，截断补给水源，再排水。

根据被淹井巷的具体情况，可以因地制宜地采用排水设备，常用的有吊桶、水箱、箕斗、离心式水泵(包括离心式吊泵和卧式离心泵)、气泡泵等。在井巷恢复时，排水设备应经技术经济分析后确定，但就排水方案而言，一般有以下几种。

(1) 竖井悬吊卧泵追排水

这种方案的优点是开泵率比较高，机械事故少；缺点是吊挂设备较多，安装和吊挂技术复杂，安装工程量较大，并且由于井筒断面空间所限，总排水能力受到一定限制。

(2) 竖井箕斗提水

这种方案的优点是可以充分发挥原有设备的作用，收效快，操作简单，事故少，改装方法也较为简单。其缺点是，如果绞车为摩擦轮绞车，在箕斗接触水面时浮力较大，摩擦轮打滑，箕斗进水的速度较慢；钢丝绳罐道摆动，可使主绳和尾绳打圈，易勾住井筒内的其他设备，从而影响排水效果。另外，在进入泵房时，对井底水窝容量也有较高要求。曾有矿井用此方案时，排水能力达到了 400 m^3/h。

(3) 竖井压气排水

此种方案的优点是，占有的井筒空间小，安装简单，设备运行可靠。其不足之处是排水效率低，耗电量大，排水扬程较低，排水能力较小；并且混合器必须有一定的沉没比，故本身无法将井底的积水排干，因此，混合器只能作为矿井追排水的一种辅助设备。曾有矿井用此方案时，排水能力达到了 250 m^3/h。

(4) 斜井卧泵追排水

这种方案的优点是安装比较简单，初期安装工程量小，不需要大型吊挂设备，可以人拉肩扛，占用设备少，涌水量无论大小都可以采用，收效快。其缺点是，随着水位下降而移泵，接管的工作量大，管理复杂，运行条件较竖井的差，开泵的台时利用率也比竖井的低。尤为重要的是，在井下涌水量较大且巷道塌方严重和巷道布置复杂时，这种方法会受到很大限制。

(5) 深井泵排水

这种方案要求水泵与电机分离，通过长轴传动。其优点是水泵可以伸入水中，不怕水患，可远距离控制；缺点是受传动轴限制，传动功率有限，扬程较低。

(6) 潜水泵竖井(斜井)排水

随着我国潜水泵制造技术的日益成熟，我国已能够制造出各种规格型号的潜水泵，单台最大功率已达 2 300 kW，还可以制造出立、卧两用的大功率潜水泵。因此，在矿山抢险排水中，潜水泵已成为主力排水设备。近 20 年的抢险排水实践证明，潜水泵的使用和维护方便，运行安全可靠，性能稳定，振动噪声小，效率高，可实现远距离控制，加装接力泵后可一次排干积水，是理想的排水复矿设备。

利用矿井提升机使用大吊桶、水箱、箕斗等排出井筒内积水。该类方法简单安全，但排水能力有限。离心泵扬程高，排水量大，可长时间连续排水。气泡泵轻便，可上下移动，排水速度快，但耗电量比离心泵高出 50%～150%。

3. 恢复被淹井巷的其他工作

(1) 矿井恢复时，应当设有专人跟班并定时测定涌水量和下降水面高程，同时做好记录。

(2) 观察记录井巷恢复后的冒顶、片帮和淋水等情况。

(3) 观察记录突水点的具体位置、涌水量和水温等，并作突水点素描。

(4) 定时对地面观测孔、井、泉等水文地质点进行动态观测，并观察地面有无塌陷、裂缝等现象。

(5) 排除井筒和下山的积水及恢复被淹井巷前，应当制定防止被水封住的有害气体突然涌出的安全措施。排水过程中，应当由矿山救护队检查水面上的空气成分；发现有害气体，应及时处理。

4. 恢复被淹井巷的安全措施

(1) 在恢复被淹井巷全过程中,要特别加强矿井通风工作,当水位下降时,可能有大量有害气体排出,所以要及时检查有害气体的成分,若有瓦斯,则要采取措施防止瓦斯爆炸和人员窒息事故。

(2) 因井巷长时间被水浸泡,故在修复井巷时,应防止冒顶、片帮事故的发生。

(3) 在井筒内装拆水泵、排水管时,工作人员必须佩戴安全带与自救器,防止坠井和中毒、窒息事故的发生。

(4) 为了协调井上下工作,必须有联系信号,在水泵等设备附近必须有良好的照明。

(5) 严禁在井筒内或井口附近用明火灯或有其他火源。

矿井恢复后,应当全面整理井巷淹没和恢复两个过程的图纸和资料,查明突水原因,提出避免发生重复事故的措施意见,并总结排水恢复中水文地质工作的经验与教训。

例如,山西美锦集团东于煤业有限公司曾发生“5·22”突水事故。2017年5月22日23时38分,太原市清徐县山西美锦集团东于煤业有限公司井下三采区03304鉴定巷(开切眼)发生透水事故,造成11人被困,直接经济损失505.50万元。依据《企业职工伤亡事故分类》(GB 6441—1986),本次事故为水害事故,特征为煤层底板老空透水。经调查认定,本次事故是一起较大生产安全责任事故。

思考与练习

1. 简述矿井水害的形成。
2. 造成矿井水害的原因有哪些?
3. 简述矿井水害类型的划分。
4. 我国煤矿水害的分区特征有哪些?
5. 简述我国煤矿水害防治的重点。
6. 简述矿井突水的形成原因。
7. 简述矿井水灾的一般征兆。
8. 什么是地面防治水?
9. 矿井地表水源有哪些?
10. 地表水对矿区有什么影响?
11. 矿区地面防排水的主要工程类型有哪些?
12. 简述近山矿区地表水的防治措施。
13. 简述平原地区矿井地表水的防治措施。
14. 简述山前平原矿井地表水的防治措施。
15. 简述老空水的形成。
16. 简述老空水的探放原则与工程设计。
17. 在什么情况下,需要进行超前探放水?
18. 在进行老空水探放时,如何确定探水界线?
19. 什么是超前距、帮距和允许掘进距离?
20. 简述探放老空水的步骤与方法。

21. 简述探放老空水的安全措施。
22. 在进行探水作业时,有哪些安全注意事项?
23. 煤(岩)柱留设包括哪几种情况?
24. 简述疏放排水的原理与特点。
25. 在什么情况下可以使用注浆帷幕截流?
26. 简述矿井突水的形成原因。
27. 矿井突水的一般预兆有哪些?
28. 在矿山抢险救灾中,需要开展的水文地质工作有哪些?
29. 矿井发生透水或突水后,如何恢复被淹的井巷?

第 7 章　矿井水资源化

随着采矿活动的进行，矿井水的排放引起的矿区环境问题日益突出。矿井水大量排放，一方面浪费了水资源，另一方面造成了环境污染。矿井水水质受矿区水文地质条件、井下开采运输、围岩、煤质及人类活动等多种因素的影响，由于主要的影响因素不同，因此水质复杂，表现特征不同。不同类型的矿井水，在进行净化处理时，所采用的处理工艺也不同。

7.1　矿井水的类型

7.1.1　矿井水的概述

矿井水的成分复杂，影响因素很多，包括水文地质条件、矸石场的位置和组分及井下污染物的排放等。矿井水是一种特殊的水资源，是指在矿产资源开采过程中所有渗入井下采掘空间的水。矿井水是煤炭工业具有行业特点的污染源之一，量大面广。在煤炭开采过程中，为了保证矿井安全，必须将涌出的水排出矿井，这部分水中含大量悬浮物，需要进一步处理，以净化矿井水和回收煤泥，减少环境污染。

7.1.2　矿井水产生的影响与危害

目前，矿井水的排放引起的矿区环境问题日益突出，不良效应也日益明显，严重污染矿区环境，影响人们的健康和自然生态的平衡。

1. 对周边地表水及地下水的影响

(1) 对周边地表水的影响

矿产资源开采后，矿产资源层顶板以上含水层遭破坏和疏干，采空区由于生产排水，无法形成有效的储水空间，这使地下水调储空间减少，从而导致了天然基流大量转化为矿坑水迅速排出，并使得流域地下水调储功能减弱，流域水资源时空分布更加不均衡。

(2) 引起地下水位下降

随着矿井排水量逐年加大，地下水位急剧下降，相应地，所形成的地下水降落漏斗的范围和幅度也越来越大，地下水的流场亦发生了明显的变化。矿井开采区域含水层水位变化主要是矿产资源开采引起的。地下开采破坏了原有的力学平衡，使得上覆岩层产生移动变形和断裂破坏。当导水裂缝带波及上覆含水层时，含水层中的水就会沿采动裂缝流向采空区，从而造成岩土体中的水位下降。

(3) 污染地下水系统

酸性水大量排放到地表，并且泄入河流、湖泊或潜水中，这将造成水体污染。

酸性矿井水在井下与围岩裂隙水存在一定的水力联系，因此有可能在未排放前直接污染地下水。另外，受酸性矿井水污染的地表水，如果直接补给浅层地下水，那么将导致地下水受不同程度的污染，主要表现为铁离子和硫酸根离子超标，且地下水污染的治理尤为困难。

2. 对生态环境的影响

以高矿化度矿井水为例，介绍矿井水对生态环境的影响。矿区开发后，大量的高矿化度矿井水外排可对周围环境产生一定的影响。

对于本来就受干旱、风沙气候和土壤盐碱化影响的地区，在地下水位较高时，高矿化度矿井水的大量排放可使浅层地下水位相对上升，附近土壤水分及可溶性盐类含量增高，加剧土壤盐碱化，从而对农作物和林木种植带来一定影响。

3. 对周边居民生活及健康的影响

(1) 山区矿区的地下采矿引起的导水裂缝带高度及疏干影响高度可达煤层采高的45～100倍(一般为20倍)，疏干影响范围要比采空区实际面积大得多，即影响范围可达数千米以外。矿井排水疏干了裂隙水，同时在矿产资源开采过程中出现了大量的地面裂缝，井下涌水量明显增大，地表泉眼及小溪流量逐渐衰减，使得山区裂隙水和泉水涌失，从而造成周边人畜吃水困难。

(2) 恶化井下施工环境，危害人体健康。酸性矿井水在向深部排泄过程中，可能发生脱硫酸作用，生成的硫化氢毒性很强。人吸入低浓度硫化氢就可对眼睛、呼吸系统及中枢神经产生影响，吸入少量高浓度硫化氢就可于短时间内死亡。由此可知，酸性矿井水的形成，极有可能对井下工人身体健康造成损害。

7.1.3 矿井水的类型

矿井水本身的水质主要受当地水文地质、气候、地理等自然条件的影响。当矿井水流经采煤工作面时，将带入大量的煤粉、岩粒等悬浮物；由于受到井下矿工的生产生活等人为因素的影响，矿井水往往含有较多的细菌。根据矿井水所含污染物的特性不同，一般可将其划分为以下5种类型：洁净矿井水、含悬浮物矿井水、高矿化度矿井水、酸性矿井水及含有毒有害元素矿井水。

洁净矿井水即未被污染的地下水，一般是指灰岩水(如寒武-奥陶系灰岩水、石炭-二叠系太原组灰岩水)和砂岩裂隙水，主要分布在我国的东北和华北地区。此类矿井水水质好，偏中性、不含有毒和有害离子、浑浊度低，有的矿井水含有多种微量元素，可开发为矿泉水。一般采用清污分流方式，即利用各自单设的排水系统，将洁净矿井水和已被污染的矿井水分而排之。洁净矿井水经简单处理后可作为某些工业用水，或经消毒处理后供生活饮用。采取清污分流法，设备投资少，运行成本低，并可减少矿井污水处理量及外排量。对此类矿井水要在其源头处妥善截流，单独布置排水管路，避免与其他矿井水混排。

其余四种类型的矿井水，虽然均遭到了不同程度的污染，但经过相关工艺的处理后，可用于工农业生产或生活用水。

7.1.4 矿井水的水质特征

不同煤矿的矿井水水质有很大差异，矿井水的水质与普通地表水和地下水的水质明显不同，具有明显的煤炭行业的特征，主要有：

(1) 煤矿矿井水的悬浮物含量明显高于地表水，且很不稳定，感官性状差，从而使得矿井水浑浊、色度明显。悬浮物含量一般多在 500 mg/L 以下，多为煤尘和岩尘，以及胶态氢氧化铁，它们可使水呈灰黑色。酸性矿井水多呈黑色和黄褐色。

(2) 悬浮物粒径小、密度小、沉降速度慢。矿井水中的悬浮颗粒直径较小，平均只有 2～8 μm，总悬浮物中约 85%以上的粒径在 50 μm 以下；煤粉的平均密度一般只有 1.3～1.6 g/cm^3，明显小于地表水中泥沙颗粒物的平均密度(1.9～2.6 g/cm^3)。

(3) 含有机污染物。地表水中一般不含有机物，而在矿井水中，除了煤粉本身就是有机物以外，水体中还含有少量的废机油、乳化油、腐烂废坑木、井下粪便等有机物。

(4) 混凝过程中矾花形成困难，沉降效果差。矿井水中的悬浮固体多为有机物(煤粉)和无机物(岩粉)的复合体，且不同煤化阶段的煤分子结构大不相同，煤粒表面所带电荷数量也不相同，因而其亲水程度差异较大。因此，含悬浮物矿井水中煤粉表面与水和无机混凝剂的亲和能力要比地表水系中的泥沙差得多。

(5) 矿井水中的煤粉仅为悬浮物，并不是耗氧有机污染物。不同的含悬浮物矿井水的化学需氧量差异大，但此化学需氧量是煤屑中有机碳分子的还原性所致，故一般需要进行生化处理。

(6) 矿井水通常含盐量高、矿化度大、硬度大，化学需氧量高于地下水。我国矿井水的含盐量一般多在 1 000 mg/L 以上，其盐类成分主要是硫酸盐、重碳酸盐、氯化物等，而且含盐量将随开采深度的加大而增加。其总硬度一般在 30 德国度以上，属极硬水范畴，硬度中永久硬度所占比例远大于暂时硬度；高矿化度占 50%。

7.2　高悬浮物矿井水的处理

矿井水流经采掘空间时带入了大量的煤粉、岩粉、煤粒、岩粒等悬浮物，从而形成了含悬浮物的矿井水，这在我国矿井水中占有很大的比例。分析高悬浮物矿井水的水质特征，有利于进一步掌握高悬浮物矿井水的处理技术与工艺流程。

7.2.1　高悬浮物矿井水的特征

含悬浮物的矿井水，属煤系砂岩等裂隙水，一般水质呈中性，矿化度小于 1 g/L，金属离子微量或未检出或基本上不含有毒有害离子，含有大量悬浮物、有机物及菌类，悬浮物的主要成分是粒径极为细小的煤粉和岩尘。经沉淀、过滤、消毒等常规处理，高悬浮物矿井水可作为工业及生活用水。该类矿井水主要分布在我国东北、华北的部分矿区，如开滦、峰峰、邯郸、焦作、平顶山等矿区。

含高悬浮物矿井水的污染物，来自矿井水流经采掘工作面时带入的煤粒、煤粉、岩粒、岩粉等悬浮物。因此，该类矿井水多呈灰黑色，带一定异味，浑浊度较高。另外，井下工人的生产活动可导致矿井水中的细菌含量较高。矿井水中煤粉的粒径小，在强氧化剂的作用下被氧化而显示出较高的化学需氧量，但随着煤粒等悬浮物的去除，化学需氧量随之降低。

由于煤岩粉粒径极为细小，利用自然沉淀方式去除它们是困难的，必须借助混凝剂，采用混凝沉淀的处理方法可实现对悬浮物的去除。

7.2.2 高悬浮物矿井水的处理技术

不同水质的矿井水的处理技术不同，对于高悬浮物矿井水的处理，可分为以下 3 种类型。

1. 常规处理

采用混凝、沉淀和澄清、过滤和消毒的工艺进行处理，其出水水质能达到生产使用和生活饮用标准的要求。高悬浮物矿井水处理基本工艺流程见图 7-1。

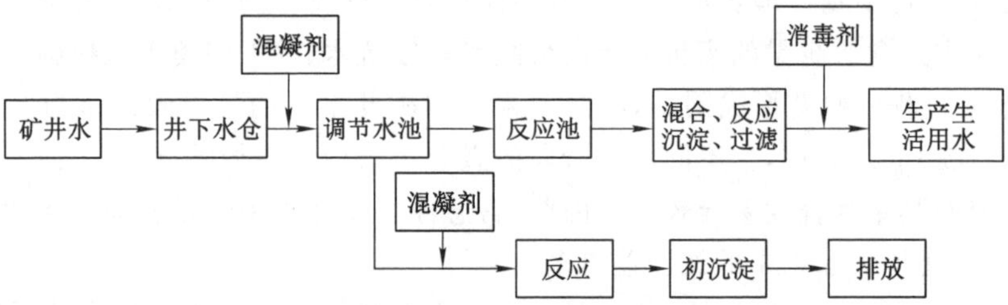

图 7-1　高悬浮物矿井水处理基本工艺流程

矿井水混凝阶段所处理的对象主要是煤粉、岩粉等悬浮物及胶体杂质，它是矿井水处理工艺中一个十分重要的环节。

沉淀和澄清：在煤矿矿井水处理中所采用的主要有平流式沉淀池、竖流式沉淀池和斜板(管式)沉淀池。澄清池主要有机械搅拌、水力循环和脉冲等类型。

在煤矿矿井水处理过程中，过滤一般是指以石英砂等粒状滤料层截留水中悬浮物。过滤可去除化学澄清和生物过程不能去除的细微颗粒和胶体物质，以提高出水水质。矿井水处理可以采用过滤池。过滤池有普通快滤池、双层滤料滤池、无阀滤池和虹吸滤池等。常采用的滤料有石英砂、无烟煤、石榴石粒、磁铁矿粒、白云石粒、花岗岩粒等。

水净化处理后，细菌、病毒、有机物及臭味等并不能得到较好的去除。因此，必须进行消毒处理。消毒的目的在于杀灭水中的有害病原微生物(如病原菌、病毒等)，防止水致传染病的发生。在以煤矿矿井水为生活水源水的处理中，目前主要采用氯消毒法，消毒剂主要有液氯、漂白粉、氯胺、次氯酸钠等。

2. 井下水仓混凝沉淀处理

采用井下水仓混凝沉淀处理方式时，应使矿井水在井下水仓停留较长的时间(大于 30 min)，在距离水仓前 50 m 左右的排水沟中投药，并在沟中铺设大块矸石，人为制造水力湍流，使混凝剂充分混合反应；在水仓设置多层挡板，清水溢流后从集水井外排；利用井下主副水仓定期交替清泥，从而取得更好的效果。

3. 氧化塘净化处理

将矿区塌陷坑改造成氧化塘，利用自然条件下的微生物处理原理净化矿井水(图 7-2)。在氧化塘的水面还可放养各种水生生物及种植水面作物，利用生物塘提高矿井水的水质，从而使出水水质达到渔业水域及农灌用水的要求，同时也增加了经济效益。

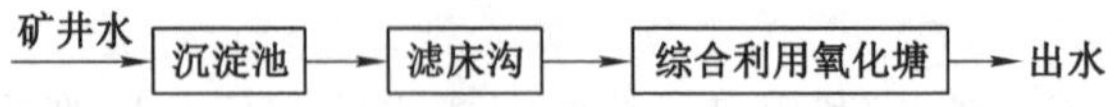

图 7-2　氧化塘净化矿井水的工艺流程

7.2.3　高悬浮物矿井水处理的主要系统单元及构筑物

1. 预沉调节池

在矿井水处理中，煤矿井下矿井水的水质、水量既具有相对的稳定性又存在一定的波动性。在实际运行中，经常会发现井下矿井水中的悬浮物含量有短时异常波动的现象，悬浮物含量瞬时可达平均值的几倍甚至数十倍，为了缓冲、调节水量，均衡水质，确保处理站的安全稳定运行，水处理工艺的前端往往设有调节池，由于该构筑物还具有一定的沉淀作用，故常常被称为预沉调节池。合理设置预沉调节池不仅能保证处理站安全、稳定、灵活运行，而且能优化水处理设备的能力，降低工程投资。

另外，井下涌水一般通过井下排水系统排至地面，而井下排水系统与井下排水处理站的情况往往不一致，通过调节池的设置不仅可协调井下排水系统与井下排水处理站的不同工况，而且可通过池容调节优化水处理设备的能力使之更趋于合理。由此可看出，该构筑物是水处理工艺中较为重要的一个环节，在水处理工艺前端设置预沉调节池是十分必要的。设计中应给予足够的重视。

预沉调节池的池容与井下小时排水量、井下排水时间以及处理站小时处理水量等因素有关。当井下排水系统的设计工况一定时，其井下小时排水量、排水时间就是一定的，此时预沉调节池的池容仅与处理站小时处理水量有关，处理站小时处理水量越大，预沉调节池的池容就越小，反之就越大。在实际计算时，预沉调节池的池容还应结合处理场地的大小、工程投资等因素综合予以考虑，设计中既要防止预沉调节池偏小而造成水处理设备偏大，水处理设备长时间“闲置”的状况，又要防止预沉调节池偏大造成占地面积过大的现象。

2. 混凝沉淀系统

煤矿矿井水的主要污染物为悬浮物，处理悬浮物主要采用混凝沉淀法，这部分矿井煤泥水(矿井水)的主要特征是浓度高，所含固体颗粒细、灰分高，颗粒表面多带有负电荷。颗粒带同号电荷，阻止了颗粒间彼此接近而聚合成大颗粒下沉，同时颗粒同周围水分子发生水化作用，形成水化膜，这也阻止颗粒聚合，使颗粒在水中保持分散状态。此外，煤泥颗粒在水中还受布朗运动的影响。煤泥水在颗粒界面间的相互作用下的性质复杂化，不但有悬浮液的特性，还有胶体的某些性质。因此，该煤泥水集中了最细最难处理的微细粒级颗粒。

混凝处理是目前处理高悬浮物矿井水的主要技术之一。混凝是一项重要的物理化学水处理技术，在水处理、化工、选矿等工艺或行业中是关键的分离过程。特别是在水处理工艺中，混凝技术无论是作为主体澄清工艺，还是作为生化处理前的预处理环节或是生化处理后的深度处理手段，都是一个必不可少的步骤。混凝包括凝聚和絮凝两个过程，凝聚过程主要是指通过加入的絮凝剂与水中胶体颗粒迅速发生电中和、双电层压缩而凝聚脱稳，脱稳颗粒再相互聚结而形成初级微絮凝体。絮凝过程则是促使微絮凝体继续增长形成粗大而密实的沉降絮体。混凝作用过程是水中胶体粒子(胶粒)聚集的过程，也就是胶粒成长的过程，而这个过程是在混凝剂的水解作用下进行的。因此，混凝作用机理与以下 3 个因素有关：胶粒性质、不同混凝剂在不同条件下的水解产物、胶粒与混凝剂水解产物之间的相互作用。胶粒与混凝剂水解产物之间的相互作用有 4 种，即压缩双电层作用、吸附-电中和作用、吸附-架桥作用和卷扫作用。

3. 高密度沉淀池

高密度沉淀池属于水处理领域最先进的技术一族。高密度沉淀池是沉淀技术进化和发展的最新成果，在水处理技术中，属于三代沉淀池中最新的一代。20 世纪二三十年代采用的是第一代沉淀技术——“静态车垫”；20 世纪 50 年代开发了称为“污泥接触层”的第二代沉淀池并投入使用；20 世纪 80 年代，被称为“污泥循环型”的第三代沉淀池登上了历史舞台，以高密度沉淀池为代表。

高密度沉淀池自 20 世纪 90 年代中期从欧洲引入国内，它在传统的平流沉淀池基础上，充分利用了动态混凝、加速絮凝原理和浅池理论对混凝、强化絮凝、斜管沉淀 3 个过程进行优化，通过投加不同的药剂，可以去除部分悬浮物和有机污染物，以降低后续处理构筑物的负荷。高密度沉淀池具有水力负荷高（就相同沉淀面积而言）、沉淀效率高、占地面积小、启动时间短（一般小于 30 min）、出水水质稳定、耐冲击负荷、污泥易于浓缩和脱水等优点，其特点是集良好的机械混合、絮凝、澄清和高效混合于一体，是世界上结构最紧凑的沉淀池，结构简单，减少了土建造价，并且节约安装用地，越来越受到水处理行业的青睐。

4. 砂滤系统设备

重力式无阀滤池，是因过滤过程依靠水的重力自动流入滤池进行过滤或反洗，且滤池没有阀门而得名的。含有一定浊度的原水通过高位进水分配槽由进水管经挡板进入滤料层，过滤后的水由连通渠进入水箱并从出水管排出净化水。当滤层截留物多，阻力变大时，水由虹吸上升管上升，当水位达到虹吸辅助管口时，水便从此管中急剧下落，并将虹吸管内的空气抽走，使管内形成真空，虹吸上升管中水位继续上升。此时虹吸下降管将水封井中的水也吸至一定高度，当虹吸上升管中水与虹吸下降管中上升的水相汇合时，虹吸随即形成，水流便冲出管口流入水封井并排出，反冲洗随即开始。这是因为虹吸流量远远大于进水流量，一旦虹吸形成，进水管来的水立即被带入虹吸管，水箱中水也立即通过连通渠沿着过滤相反的方向自下而上地经过滤池，自动进行冲洗。冲洗水经虹吸上升管流到水封井中排出。当水箱中水位降到虹吸破坏斗缘口以下时，虹吸破坏管就将斗中水吸光，使管口露出水面，空气便大量由破坏管进入虹吸管而破坏虹吸，此时反冲洗就停止，过滤又重新开始。

重力式无阀滤池的运行全部自动进行，操作方便，工作稳定可靠，结构简单，造价也较低，较适用于工矿、小型水处理工程以及在较大型循环冷却水系统中作旁滤池用。该滤池的缺点是冲洗时自耗水量较大。

5. 消毒系统

矿井水净化处理后，若要作为生活用水，则必须经过消毒处理。一般采用二氧化氯消毒，次氯酸钠和液氯采用较少。

7.3 高矿化度矿井水的处理

当地下水与含煤地层中碳酸盐和硫酸盐类岩层接触时，矿物质的溶解使得矿井水中的钙离子、镁离子、碳酸根离子等的含量增多，导致矿化度增大，从而形成高矿化度水。在一些矿区，高矿化度水的存在非常普遍，是矿井水资源化的主要对象。

7.3.1　高矿化度矿井水的特征

高矿化度矿井水的含盐量较高，矿化度大于1 g/L，一般在1～3 g/L之间，个别矿区如靖远矿区的大于4 g/L，这种情况主要是含煤地层中碳酸盐类岩层及石膏层溶解于地下水造成的。在东部沿海，由于地下咸水混入，地下水矿化度增高，且其含量属于我国大部分地区苦咸水含盐量的范围，因此，有些煤矿也称高矿化度矿井水为苦咸水。

高矿化度矿井水主要分布在我国西北的靖远、窑街、华亭、阿干镇、山丹矿区，内蒙古的乌海矿区，东北的抚顺、阜新矿区，以及山东、苏北、两淮的部分矿井。

7.3.2　高矿化度矿井水的处理技术

高矿化度矿井水除采用传统工艺去除悬浮物和消毒外，其关键工序就是脱盐。经过适当的技术处理，脱盐后的水可以作为生活饮用水。

高矿化度矿井水处理的工艺流程一般可分两个部分：第一部分是预处理，主要去除矿井水中的悬浮物，采用常规混凝沉淀技术；第二部分是脱盐处理，使处理后的出水含盐量符合我国生活饮用水卫生标准。

1. 预处理方法

采用一般的处理方法将其所含的悬浮物去除后排入水体，依靠水体的稀释作用降低盐类物质的浓度。若需要作为水资源利用，则须做进一步的深度处理——脱盐。

2. 深度处理的技术方法

(1) 化学方法(离子交换法)

离子交换法是化学脱盐的主要方法，也是一种比较简单的方法，就是利用阴阳离子交换剂去除水中的离子，以降低水的含盐量。此法用在进水含盐量小于500 mg/L时比较经济，可用于高矿化度矿井水经膜分离法处理后的进一步除盐工序。

(2) 膜分离法

膜分离法是利用选择性透过膜分离介质，当膜两侧存在某种推动力(如压力差、浓度差、电位差)时，使溶剂(通常是水)与溶质或微粒分离的方法。

膜分离法的主要特点是：低耗、高效、不发生相变、常温下进行、适用范围广、装置简单、易操作和易控制等。而膜分离法水处理则具有适应性强、效率高、占地面积小、运行经济等特点。

反渗透和电渗析脱盐技术均属于膜分离技术，是我国目前苦咸水脱盐淡化处理的主要方法。但是膜分离法的一个主要问题是膜易污染，为了防止膜污染，这两种技术对进水水质一般均有严格的要求。因此，进水必须经过一般的预处理，即经过沉淀、过滤、吸附和消毒等几个步骤方可。

① 反渗透法

反渗透法是借助半透膜在压力差(一般为30 000 N/cm)作用下进行物质分离的方法。它可有效地去除无机盐类、低分子有机物、病毒和细菌等，适用于含盐量大于4 000 mg/L的水，脱盐处理较经济。此法与电渗析法相比，优点是：产品回收率高，脱盐率和水的纯度高，投资费用低，无污染等；缺点是：操作压力高，能耗大，设备较复杂，对进水水质要求高等。

目前反渗透膜与组件的生产已经相当成熟，膜的脱盐率高于99.3%，透水通量增加，抗污染和抗氧化能力不断提高，销售价格稳中有降；反渗透的给水预处理工艺经过多年探索，基本可保证膜组件的安全运行；高压泵和能量回收装置的效率也在不断提高。以上措施使得反渗透淡化的投资费用不断降低，淡化水的成本明显降低。随着科技的进步，反渗透法将在高矿化度矿井水处理中具有更加广阔的发展前景。

与常规的水处理技术如离子交换、加药、电渗析相比，反渗透装置单位体积内的膜面积大，脱盐率高达99%以上；在分离过程中无相变化及相变化引起的化学反应，能耗低；膜分离过程是清洁的生产过程，不使用化学试剂，不排放再生废液，不污染环境；工艺流程简单，有利于实现水处理的连续化、自动化；结构紧凑、占地面积小，适用于大规模连续供水的水处理系统；水的回收率较高，一般为75%～80%。

但是，在反渗透运行过程中，除了对原水进行严格处理外，还要控制进水 pH，以防止膜的水解，同时要定期清洗膜组件，以避免膜表面污染和结垢阻塞。

② 电渗析法

电渗析脱盐技术简称电渗析法，是在外加直流电场的作用下，利用离子交换膜对溶液中离子的选择透过性，使溶质和溶剂分离的一种物理化学过程。含盐原水经过电渗析器后，便可得到淡化水和浓缩液(浓水)。

电渗析法除盐有两个基本条件：一是离子的带电性——水中离子是带电的，在直流电场中，阴、阳离子作定向迁移，根据同性相斥、异性相吸的原则，阳离子移向阴极，阴离子移向阳极；二是离子交换具有选择透过性——离子交换膜可用于电渗分离，是一种由高分子材料制成的具有离子交换基团的薄膜，分为阳膜和阴膜两类，阳膜只允许水中的阳离子透过而阻挡阴离子，而阴膜只允许水中的阴离子透过而阻挡阳离子。

良好的离子交换膜应具备下列各种条件：a. 具有较高的离子选择透过性；b. 具有低的渗水性；c. 具有较低的膜电阻；d. 化学稳定性良好，能耐高浓度的酸碱和一定的温度；e. 具有高的机械强度和适当的厚度；f. 膜的全部结构应均匀一致，表面光滑。

电渗析法一般的淡化水量为总进水量的50%～70%。当进水含盐量小于4 000 mg/L时，用此法较为经济。

电渗析法除盐的优点是工作介质不需要再生，可连续出水；不需要消耗化学药品，设备简单，操作方便；工艺简单，除盐率高，制水成本低，不污染环境；与离子交换法串联使用可制取纯水等。此法存在的主要问题有：水回收率较低(一般为50%左右)，采用浓水循环工艺虽可使水的回收率提高，但其循环方法及控垢药剂的投加目前尚缺成熟经验；易发生极化结垢，膜寿命短。电渗析的操作电流、电压直接受原水水质、水量的影响，过程稳定性差，电耗较大。另外，必须对原水进行深度预处理，并使铁化合物的含量不超过100 μg/L。

(3) 蒸馏法

使用高温(蒸馏)和低温(冷冻)的处理过程均属热力淡化法。蒸馏法是对含盐的水进行热力脱盐淡化处理的有效方法。采用多效多级蒸发的方法制取淡水并进行盐类浓缩。此法以消耗热能为代价，一般适用于含盐量超过3 000 mg/L矿井水的处理。该方法所制取的淡水可直接利用，主要问题是防止热交换表面结垢。

蒸馏法与其他处理方法不同。其最大的弱点是高能消耗，这也成为阻碍其推广的主要原因。但它有独特的优点：① 这种方法依靠能源加热原水，经蒸发提取淡水，故不需任何化学药品或离子分离膜；② 适应原水的含盐量的范围广，含盐每升数百至数万毫克的矿井水均可处理；③ 对原水的预处理要求低，只需要对悬浮物进行普通预处理即可；④ 由于蒸馏法得到的是蒸馏水，故水质品质高；⑤ 淡化率较高。

为了降低成本，蒸馏法可考虑用煤矸石作为廉价燃料，从而在煤矿区得到广泛推广。若利用煤矸石和低热值煤作燃料，采用蒸馏法处理高矿化度矿井水会受益更多：一是增加煤矸石的利用程度，减少占用土地和征地费用；二是有利于改善矿区大气环境质量、水环境质量和土壤环境质量：三是可以变废为宝，大大降低高矿化度矿井水的处理费用；四是燃烧后的煤矸石仍然可作建筑材料和水泥拌料。

7.3.3　高矿化度矿井水处理的工艺流程

高矿化度矿井水处理的基本工艺流程见图 7-3。该工艺可有效地保证脱盐处理的顺利进行。

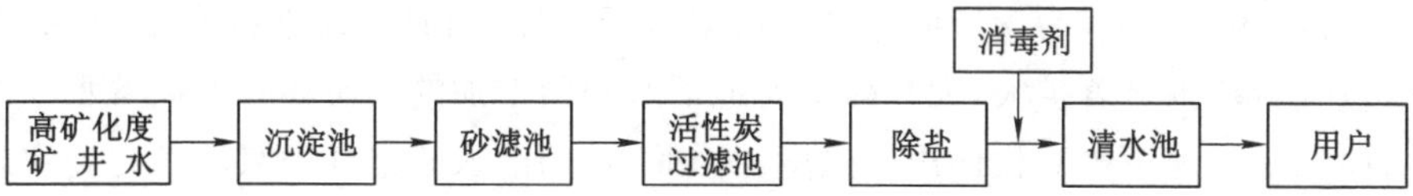

图 7-3　高矿化度矿井水处理的基本工艺流程

反渗透法和电渗析法均属于膜分离技术，对原水水质均有严格的要求，以防膜污染。产生膜污染的因素主要来自 3 个方面——悬浮物、胶体和微粒，溶解性总固体，溶解性有机物。针对这 3 类污染物质，一般有下列几种预处理方法：

（1）利用混凝、沉淀、过滤，去除水中的悬浮固体微粒和胶体物质。

（2）利用活性炭等吸附剂进行过滤，去除水中油类等可溶性有机物。

（3）利用接触氧化等方法，防止产生 $CaCO_3$、$Mg(OH)_2$沉淀等污垢。

（4）利用氯气消毒，杀灭细菌、藻类等微生物。防止这些微生物及其分泌的黏状物质在膜表面产生软垢。

上述这些预处理方法，对于电渗析和反渗透脱盐技术一般都是必要的。

总之，高矿化度矿井水处理是一项较为复杂的系统工程，涉及范围广，影响因素多，投资大。从各种处理工艺及其运行结果来看，用蒸馏法淡化苦咸水，可以充分利用煤矿充裕的低值能源，处理同等规模的苦咸水水量时，投资大体与电渗析法相当，但运行费用要低于电渗析法的，在煤矿处理高矿化度矿井水方面具有广泛的前景；反渗透法优越的性能价格比在煤矿苦咸水淡化中将发挥更大的作用，无论出水水质、电耗、脱盐效率、占地面积、自动化程度都是其他工艺所无法比的 ，但由于一次性投资较大，在目前的煤矿经济条件下，还不可能广泛推广应用；电渗析法是目前处理高矿化度矿井水较为成熟也较为经济的一种方法，虽然还存在一些问题，但仍是应用最广泛的一种技术，我国目前处理高矿化度矿井水大多使用电渗析法。

7.4　酸性矿井水的处理

酸性矿井水主要是由硫化物矿床的氧化产生的，其在演化过程中，对围岩的溶蚀作用会使得水的总硬度偏大，同时，煤层和围岩中的重金属离子会溶入水体，以毒性更强的离子状态存在，对生态环境的影响巨大，所以对于酸性矿井水的处理要高度重视。

7.4.1 酸性矿井水的形成与危害

酸性矿井水是指含硫矿产在开发过程中，由于开采活动等人为因素的影响，地下水酸化而形成的矿井水。其 pH 一般小于 6.5，多介于 2～4 之间。酸性矿井水含 SO_4^{2-}、Fe^{2+}、Fe^{3+}、Mn^{2+} 及其他金属离子，其溶解性总固体和总硬度也因酸的作用而增高。酸性矿井水主要分布在南方川、贵、湘、鄂等的矿区，西北及内蒙古西的部分矿区。

1. 酸性矿井水的形成

酸性矿井水主要起因于富含硫的矿产资源的开采。以煤矿为例，天然状态下，煤层埋藏于地下还原环境，含硫矿物在封闭的体系中是稳定的。而在开发过程中，煤层暴露在空气中破坏了原有的还原环境，为含硫成分的氧化创造了条件；同时受疏干排水影响，地下水位明显下降，包气带范围显著扩大，大气降水对地下水补给增加的同时亦导致地下水中的溶解氧增加，从而加重了地下水氧化作用的强度。因此，水的渗入和空气中氧的参与导致煤层及其顶底板中的硫铁矿、有机硫通过化学和生物作用而形成游离硫酸或硫酸盐，从而使矿井水呈酸性。

2. 酸性矿井水的危害

(1) 污染地表水体

酸性矿井水可污染地表水体，破坏生态环境，含硫酸盐酸性废水不经处理直接排入地表水后，可使受纳水体酸化，降低 pH，危害水生生物，并产生潜在的腐蚀性。这类酸性废水也会破坏土壤结构，降低农作物产量。

(2) 污染地下水系统

酸性矿井水在井下与围岩裂隙水存在一定水力联系，因此有可能在未排放前直接污染地下水。另外，受酸性矿井水污染的地表水，如果直接补给浅层地下水，那么同样会导致地下水受到不同程度的污染。

(3) 腐蚀破坏作用剧烈

酸性矿井水的 pH 较低，因而具有极强的腐蚀性，能腐蚀排水泵、排水管路、井下钢轨和钢丝绳等金属设备。在苏联的布里亚矿区，经精确测量，酸性水的作用 8 h 内使钻杆直径减小 1 mm。在我国的福建龙岩、山西大同和贵州六盘水也不乏酸性水腐蚀水泵配件、管材以及其他坑道设备的实例。酸性矿井水甚至会影响受纳河水下游桥梁的安全。

(4) 恶化井下施工环境

酸性水在向矿井深部排泄的过程中可能发生脱硫酸作用，生成的硫化氢是一种毒性很强的化合物，其含量达万分之一时就能闻到难闻的气味，达万分之二时人的眼睛会受到严重刺激，达千分之一时会导致死亡，达到 6%时有爆炸危险。由此可知，酸性水的形成极有可能对井下工人身体健康造成损害。

(5) 影响自然景观

酸性矿井水在排放过程中会产生 $Fe(OH)_3$ 沉淀，水体两岸和底部可呈令人厌恶的红褐色，从而不仅会破坏当地的自然环境景观，而且会影响附近的旅游观光产业。

7.4.2　酸性矿井水的预防措施

影响酸性矿井水产生速率的主要因素有：水体的pH、温度、溶解氧、水的饱和度、Fe^{3+}化学活动性、暴露的金属硫化物表面面积、酸产生所需的化学活动能和细菌活动等。因此，酸性矿井水的预防必须从影响因素方面加以考虑。

1. 封闭矿坑

封闭矿坑的方法，是通过建筑封闭墙来防止硫化物与空气接触，从而抑制硫的氧化反应。设计时，所有通矿坑的巷道都要采用垒石砌筑的方法加以封闭，要将隔墙做成风门状，这既能阻止空气进入，又能让水流出，为此，可设计一条保留巷道，使其不断被水充满。有时，要在封闭墙下面灌注泥浆帷幕防止漏水，同时为了使巷道在充满水后能释放压力而补打钻孔。

能否采用矿坑封闭墙，应根据现场水文地质勘查情况而确定，关键问题在于是否会发生空气和地下水的泄漏以及能否有效地防止和控制泄漏。

2. 控制矿坑水补给源

在一定的水文地质条件下，尽量减少地下水、地表水和大气降水对矿井水的补给，从而减少酸性废水产出量。具体的控制方式是：在露天煤矿阻止地表水进入采场；对于井工煤矿，阻止断层、塌陷裂缝形成的导水通道渗水；在采空区采取相应的防渗措施以减少酸性水产出量；在塌陷区复垦范围内植树造林以拦截地表水，减少地下水渗滤，控制黄铁矿氧化；在井下回填矸石，控制顶板以防止地面水沿塌陷裂缝浸入老空区，应留好浅部保护煤柱，以防止大气降水沿煤层露头带渗入。以上措施必须建立在对地下水详细调查的基础上。

3. 疏干地下水系统

疏干地下水系统是指在地下水进入矿坑使硫化物发生氧化之前，就将这些地下水排至地表。在有利的水文地质条件下，在开采中和开采后都可以把不断向深井渗透的水源含水层疏干。适合于地下水疏干的岩层条件为：矿层上覆（或下伏）很薄的透水岩层，在含水层和需要开采的矿层之间有较高的水位差，且渗透和补给率很有限。设计疏干量时应以将含水层疏干或抽水量恰好与含水层的补给量基本相当为目的。从经济角度看，钻井疏干与传统的矿山酸性废水处理相比费用较低，而且疏干工程可以和市政或工业供水结合起来，从而达到综合利用的目的。

7.4.3　酸性矿井水的处理技术

1. 中和法

目前，对酸性矿井水的处理方法很多，一般多以石灰石、生石灰等为中和剂进行处理。中和后的水一般可以直接排放或者作为生活和工业用水，若含有其他成分，则可进一步处理以达到回用目的。

(1) 石灰石中和法。该方法是以石灰石为中和剂的处理方法，主要有石灰石滚筒式中和过滤法（图7-4）和升流式膨胀中和过滤法（图7-5）两种。石灰石滚筒式中和过滤法是目前煤矿经常采用的酸性矿井水处理方法。

石灰石中和过滤法均采用石灰石作为中和剂与酸性矿井水中的H_2SO_4进行中和反应，产生微溶的$CaSO_4$和易分解的H_2CO_3。滤料处于不断滚动和摩擦状态，不断产生新的反应

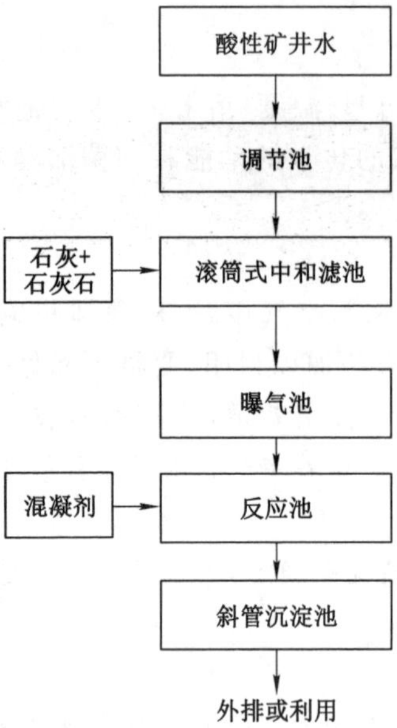

图 7-4　石灰石滚筒式中和过滤法处理工艺流程

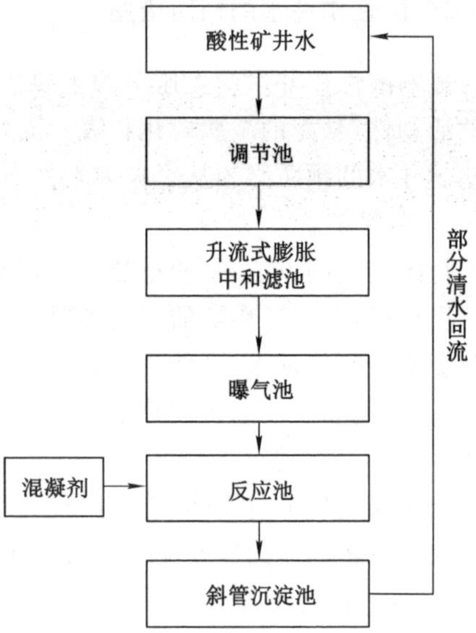

图 7-5　升流式膨胀中和过滤法处理工艺流程

表面，从而使反应能够连续进行。其优点是操作简单、管理方便、处理费用低。其缺点是：在中和出水后的 pH 难以达到排放标准，pH 一般只能维持在 4.0～4.5；对二价铁离子去除效果差。在石灰石滚筒式中和过滤法中，大量 $CaSO_4$ 在滚筒内壁和出水口沉淀，常造成滚筒内径有效尺寸减小，堵塞滚筒出水口，因而需经常清洗，既增加劳动量、降低设备利用率，又需消耗大量的酸而使处理成本提高。

在用石灰石滚筒式中和过滤法处理的过程中，因酸性矿井水中含有大量悬浮物，这些悬浮颗粒常同微溶 $CaSO_4$ 相互包裹结成较大的颗粒而造成滤池堵塞。解决这类问题的办法是对中和出水进行曝气处理。曝气的作用一是驱赶溶解于水中的 CO_2，使出水 pH 升高，达到国家排放标准；二是随着出水 pH 的升高，溶解氧能促使 Fe^{2+} 氧化成 Fe^{3+}，而后生成 $Fe(OH)_3$ 沉淀，从而使铁离子得以去除。

石灰石滚筒式中和过滤法需要在石灰石中掺入部分石灰，这样可增大石灰石的粒径，从而既能保证酸性矿井水通过滚筒时 H_2SO_4 被彻底消耗掉，又能使大颗粒石灰石在随滚筒转动过程中对滚筒产生摩擦作用，使 $CaSO_4$ 难以在内壁产生沉淀。对于升流式膨胀中和过滤法，可以采用部分回流中和后出水的方法稀释原水。

例如，图 7-6 为川埠煤矿采用石灰石滚筒式中和过滤法处理该矿酸性水的工艺流程。酸性矿井水经过耐酸泵提升并进行扬水曝气去除 CO_2 后，进入石灰石滚筒，滚筒直径为 1.0 m，长度为 6.0 m，转速为 12 r/min，处理能力为 50 m^3/h。酸性水在滚筒中与粒径 20～100 mm 石灰石反应，出水在旋流式反应池中进一步与石灰石颗粒接触反应，经沉淀池处理后，出水达标排放。

(2) 生石灰中和法。该法在矿井水处理中采用来源方便、价格便宜的生石灰作为中和剂。使用时需先将生石灰调制成石灰乳后形成熟石灰[$Ca(OH)_2$]，其具体工艺流程如图 7-7 所示。

图 7-6 川埠煤矿采用石灰石滚筒式中和过滤法处理酸性水的工艺流程

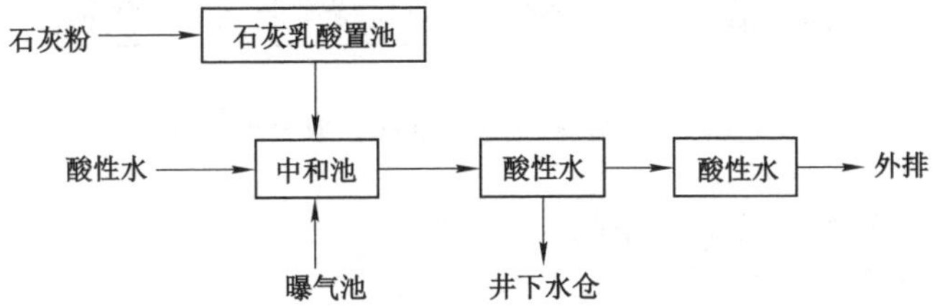

图 7-7 生石灰中和法处理工艺流程

生石灰中和法利用生石灰与酸性矿井水中的 H_2SO_4 反应，生成 $CaSO_4$ 沉淀而使酸性矿井水得到中和。生石灰中和法的优点是操作方便、价格合理。其缺点是：目前反应池一般采用隔板式，由于矿井水中的悬浮物浓度高，这些颗粒将同石灰乳包裹在一起而形成较大颗粒沉淀于池底，从而降低实际利用率。此外，由于不设搅拌器，生石灰在反应池内仅仅靠水力作用与 H_2SO_4 产生反应，混合不均匀，常造成出水 pH 仍然达不到排放标准，故可以在反应池内设置机械搅拌器解决这类问题。

(3) 石灰石-生石灰联合中和法。该法是将石灰石中和法与生石灰中和法经优化组合而形成的一种处理工艺，因而兼具前两种工艺的优点，其工艺流程如图 7-8 所示。废水先流经石灰石滚筒，以中和水中大部分的游离酸，然后用生石灰或石灰乳中和，使水的 pH 进一步提高，一般控制在 8.0 左右。在此条件下铁离子水解并产生沉淀，形成的絮状物可以起混凝作用，从而有利于悬浮固体的去除。

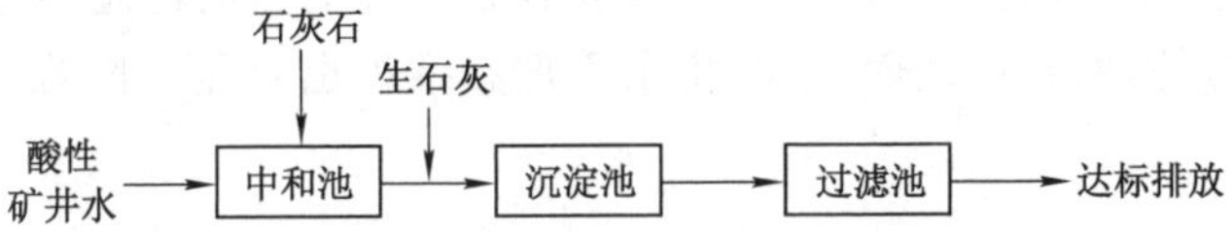

图 7-8 石灰石-生石灰联合中和法处理工艺流程

(4) 石灰乳中和法。石灰乳中和法将生石灰加水，调配成石灰乳状液（约含 5%～10% 的活性氧化钙），再将该液体注入井下酸性水中与 H_2SO_4 进行反应，中和反应在中和池内进行。该方法的优点是设备简单，管理方便，对水量、水质的适应性强；在井下就消耗掉 H_2SO_4，避免了酸性矿井水对排水泵等机电设备的腐蚀。但在处理大水量时，因生石灰的用量大，运转费用较高。

(5) 生物-化学中和法。生物-化学中和法利用氧化亚铁硫杆菌在酸性条件下将 Fe^{2+} 转化成 Fe^{3+}，然后用石灰石进行中和，可同时实现对酸性矿井水的除铁以及中和处理。该法的处理工艺流程如图 7-9 所示。

(6) 粉煤灰中和法。粉煤灰不仅含有碱性氧化物，而且具有一定的吸附特性。该处理方法尚处于试验阶段，但粉煤灰的来源广泛、取材容易、价格低廉，用它处理酸性矿井水，无

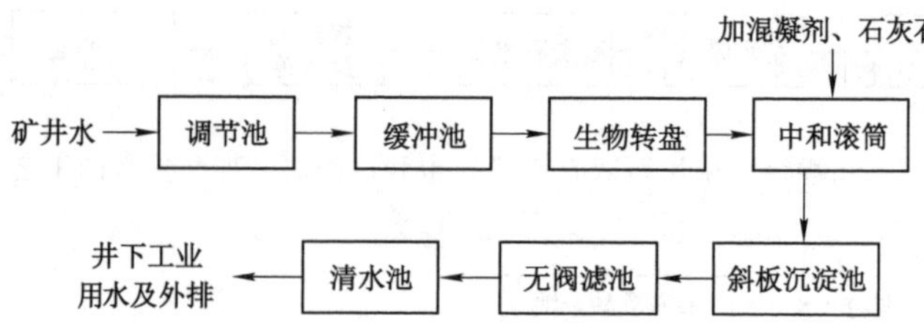

图 7-9　生物-化学中和法处理工艺流程

疑又开辟了一条以废治废、充满希望的环保之路。

2. 人工湿地法

人工湿地法是 20 世纪 70 年代末在国外发展起来的一种污水处理方法。它利用自然生态系统中的物理、化学和生物的三重协同作用，通过过滤、吸附、沉淀、离子交换、植物吸收和微生物分解来实现对污水的高效净化。

与中和法等传统酸性矿井水处理方法相比，人工湿地法的优点主要有：出水水质稳定；对 N、P 等营养物质的去除能力强；基建和运行费用低、技术含量低；运行可靠，易于管理，无须处理污泥，高效低耗；耐冲击负荷能力强，适用于处理间歇排放的污水；具美学价值。

利用湿地生态工程系统处理煤矿酸性矿井水，在客观上和技术上均被论证是可能的，但是在工程上实现这种工艺仍存在很大差距，主要表现在下列几个问题上：

(1) 湿地生态工程系统要求进水的 pH 高于 4.0，当低于 4.0 时意味着要改善基质和腐殖土层并有必要添加石灰石。煤矿酸性水的 pH 一般为 2.0～4.0，为了保持湿地生态工程系统中基质和腐殖土层的特性，以满足植物生长要求，必须添加石灰石，但结果会导致成本提高和工艺复杂化。

(2) 湿地生态工程系统处理酸性水的速度非常慢、停留时间长，一般要求 5～10 d，因此需要占用大量土地。而且将大片塌陷区改造成具有处理能力的湿地生态工程系统，势必耗费巨大的投资。另外，由于占地面积大，将来管理和维护也会非常困难。同时，寒冷地区冬季的处理效果差。

7.4.4　实际案例分析

枣庄矿区朱子埠煤矿酸性矿井水的处理实例如下。

(1) 概况

枣庄矿区朱子埠煤矿是 1959 年简易投产的年生产能力为 30 万 t 的矿井，矿井排水量 3.0 t/min，当时的正常日排水量为 2 500～3 000 t。矿井的含煤地层为石炭系太原组与二叠系山西组，煤层和围岩中含有较多的黄铁矿结核，因此，矿井水呈酸性，pH 为 3.92～3.89，低于国家规定排放标准值 6～9 的要求。自 1976 年开始，枣庄市环保局对朱子埠煤矿实行超标准征收排污费，平均每年征收排污费 13.70 万元，从而给该矿造成严重的负担。1989 年，朱子埠煤矿投资建造酸性矿井水处理站，中和剂采用电石渣（一种碱性废渣，相当于生石灰），1994 年和 1995 年两年投资 8 万元，引进一套酸性水处理自动监测 pH 控制系统，经过半年 100 多次的运行测试，效果良好，pH 数字监测灵敏、可靠，提高了矿井水处理效果，节约了中和剂，处理后的出水达到了工业回用水要求。

(2) 工艺流程

图 7-10 为朱子埠煤矿酸性矿井水处理工艺流程。酸性矿井水经水泵提升至地面，一部分进入调节池，作为配制电石渣碱性水的用水，其余大部分则直接进入静态混合器，与碱性水进行中和反应，出水经沉淀池沉淀处理后，pH 达到排放标准。当需要回用这部分出水时，需要投加聚合氯化铝混凝剂进行混凝沉淀处理，出水进入清水池，可回用于工艺用水。

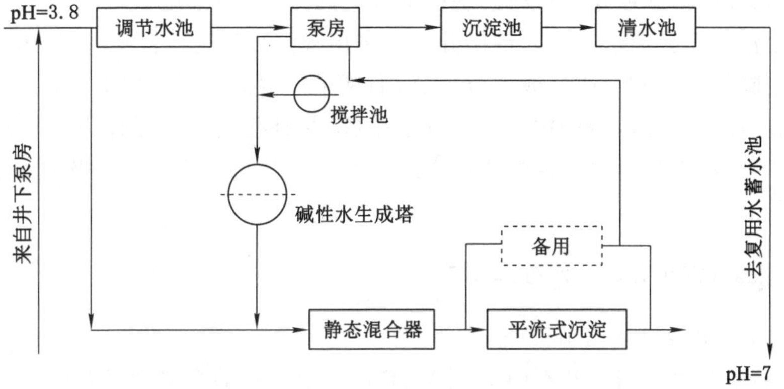

图 7-10　朱子埠煤矿酸性矿井水处理工艺流程

(3) 效益分析

朱子埠煤矿在 1989 年兴建酸性矿井水处理站之前，由于酸性水直接外排，造成严重污染，每年缴纳 13.70 万元的排污费。在该处理站建成后的 1992 年，就免缴排污费 19.80 万元，同时还回用处理后的出水而节约水资源费 7.76 万元，扣除全年水处理运行费 17.60 万元，年创造经济效益 9.96 万元。

此外，酸性矿井水的处理和回用改善了环境，缓和了煤矿与地方农民及环保局的关系，收到了明显的经济效益、环境效益和社会效益。

7.5　含有毒有害元素矿井水的处理

含微量元素或放射性元素的矿井水，虽不多见，但毒害大，应引起足够重视。煤矿生活污水处理技术已经发展成熟，为矿井水的回收利用开辟了一条新的途径。

7.5.1　含有毒有害元素矿井水利用技术

一般地，将含氟矿井水，含铁、锰或某些重金属(如铜、锌、铅)离子矿井水及含放射性元素矿井水统称为含有毒有害元素矿井水。含氟矿井水主要来源于含氟较高的地下水区域或煤与围岩中含有氟矿物萤石 CaF_2 或氟磷灰石的地区。饮用高氟水，容易诱发骨质疏松、氟斑牙等病症。我国北方一些煤矿的矿井水含氟量超过 1 mg/L。含铁、锰矿井水一般是在地下水还原条件下形成的，大多呈现 Fe^{2+}、Mn^{2+} 的低价状态，有铁腥味，容易变混浊，可使地表水的溶解氧降低，这类水需要经过处理后才能使用或外排。含重金属矿井水主要指含有 Cu、Zn、Pb 等元素的矿井水，这些元素的浓度通常符合排放标准，但超过生活饮用水标准，所以不宜直接饮用。在油煤共生地层中的矿井水含油质，含放射性元素矿井水主要指含有超过生活饮用水标准的U、Ra等天然放射性核素及其衰变产物氡Rn的矿井水，还有个别矿井水中含α、β等放射性粒子。

目前含有毒有害元素矿井水的发现量还不多，主要分布在我国华北、东北、西北及华东等部分矿区的少数矿井。根据所含污染物的不同，此类矿井水分别有与其相对应的处理方法。首先应去除悬浮物，然后对其中不符合目标水质的污染物进行处理。对含氟水，可用活性氧化铝吸附加以去除或在电渗析法除盐的同时除氟，主要方法有混凝法、吸附法、离子交换法、电凝聚法和膜分离法等。含油矿井水可采用气浮法处理。含铁、锰等重金属离子的矿井水，可采用曝气充氧和锰矿过滤加以去除，通常采用混凝、沉淀、吸附、离子交换和膜分离等处理方法。此类矿井水经处理后一般直接排放，在有些情况下可作为工业用水。含放射性元素矿井水是煤系所含放射性物质溶入地下水而形成的。含放射性物质的煤矿，其开采受严格限制。

7.5.2 含有毒有害元素矿井水处理工艺

1. 含重金属矿井水的处理工艺

含重金属矿井水是指矿井水中Hg、As、Pb、Cr等元素的含量超过我国生活饮用水卫生标准，对自然环境和人类健康危害最大的一种工业废水。我国大部分矿区的矿井水中不含重金属元素或重金属元素含量很低，只有东北、华北北部、淮南等地区的部分矿井的矿井水所含的铁、锰离子较多，同时也含有少量的重金属离子，且超过生活饮用水的标准。由于无论采用何种方法处理含重金属矿井水均不能分解破坏重金属，所以只能通过转移其存在的位置、改变其物理或化学形态的方法对其进行处理。一般采用的方法有沉降法(如离子交换法、氧化还原法、硫化法等)和分离法(如反渗透法、电渗析法等)，处理后的矿井水可直接排放，而处理遗留物如沉淀污泥或浓缩产物等，还要经过进一步的工序进行处理，以防二次污染。含重金属矿井水的处理工艺流程如图7-11所示。

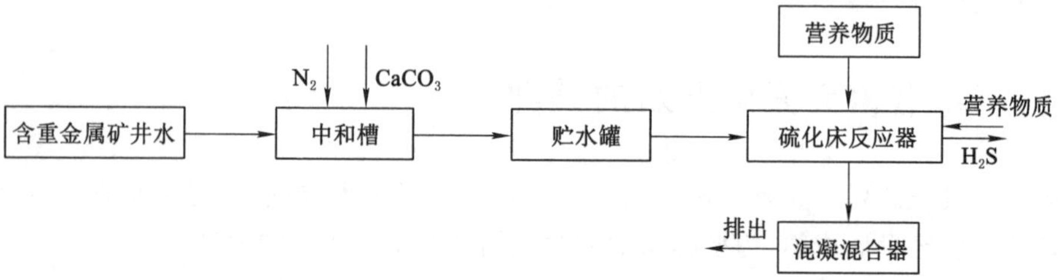

图7-11 含重金属矿井水的处理工艺流程

2. 含放射性元素矿井水的处理工艺

随着人们对矿井污水成分的深入研究，在我国越来越多的矿区发现含放射性元素。据检测，我国矿井污水放射性超标的主要是α粒子，少量为β粒子和γ射线。这些放射性物质会损害人体组织，在体内大量蓄积会引起畸形、突变，诱发癌症等，严重者可导致死亡。因此，矿区应该加强对该类矿井水的综合治理。一般采用的处理方法有化学沉淀法、离子交换法和蒸发法。化学沉淀法(图7-12)多用于低放射性和中放射性废水处理；离子交换法在处理该类废水上的成效已经日益突出；蒸发法虽然耗能较多，但在煤矿区，可以开发利用煤矸石和低热值煤作供热原料。但总体而言,矿井水中的天然放射性核素经历了漫长的地质时期,放射性衰变产物与其母体达到放射性平衡状态,处于低放射性水平,放射性核素的浓度一般低于生活饮用水的标准,不影响生活用水。

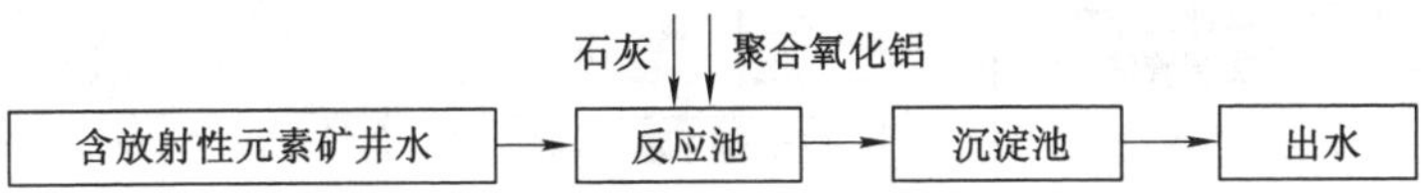

图7-12 用化学沉淀法处理含放射性元素矿井水的工艺流程

3. 高氟矿井水的处理工艺

高氟矿井水是指含氟量超过我国饮用水卫生标准(1.0 mg/L)的矿井水。其主要来源有含氟矿物的溶解、地质构造的影响、人类的生产活动等。在我国,含氟矿井水的分布较为广泛,含氟量一般低于工业废水最高排放浓度,但氟元素的过多摄入又会导致氟中毒,因此,矿区应注重对此类废水的处理。高氟矿井水的处理方法较多,按其原理可分为沉淀法(图7-13)和吸附法。在含氟水量较小的矿区,可采用吸附法;水量较大时可加钙盐并联合使用镁盐、磷酸盐等,形成含氟沉淀而去除。采用上述方法的同时,还应综合考虑除氟的技术可行性和经济可行性,要因地制宜,选择合理的工艺。

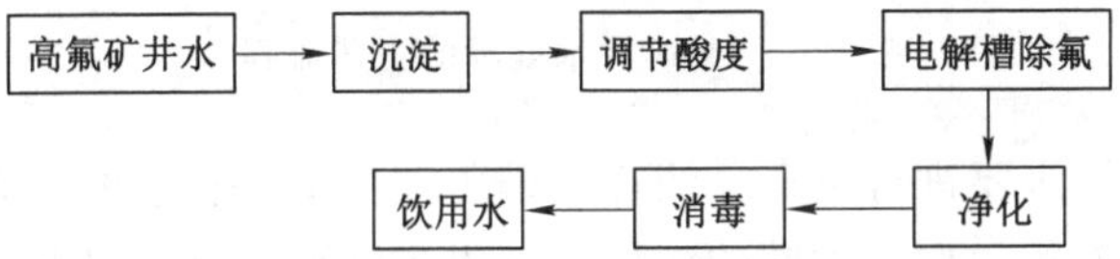

图7-13 用沉淀法对高氟矿井水的工艺流程

4. 含有机污染物矿井水的处理技术

我国矿井水中的有机污染物含量普遍不高,这些污染物主要来自开采过程中人类的生产活动、芳烃类物质的溶入等。一般去除有机污染物的方法主要包括生物预处理法、混凝沉淀法、电解气浮法、吸附处理法、氧化法、生物氧化塘处理法等。

7.5.3 煤泥水处理技术

煤泥水指含有煤泥等轻度污染的矿井水,这类矿井水的水量不稳定,常采用一体化净水器进行处理。该净水器是一种新型重力式、自动冲洗式的一体化净水器,适合的进水浊度不大于3 000 mg/L,出水浊度不大于3 mg/L。该净水器集絮凝、反应、沉淀、排污、反冲、污泥浓缩、集水过滤于一体,可自动排泥、自动反冲洗。处理后的水质可达到生产和生活用水的要求。

7.5.4 煤矿生活污水处理技术

煤矿生活污水的净化装置与工艺主要包括:隔栅、破碎机、砂石捕集器、初级沉淀池、生物净化装置、次级沉淀池、加药剂、消毒、再净化、沉渣加工。在相应流程中各个环节的组合取决于污水的水量、污染组分的浓度和组成,对净化水质量的要求以及其他条件。现以某一矿区为例,说明煤矿生活污水处理技术的实际应用。该矿污水处理的工艺流程如图7-14所示。

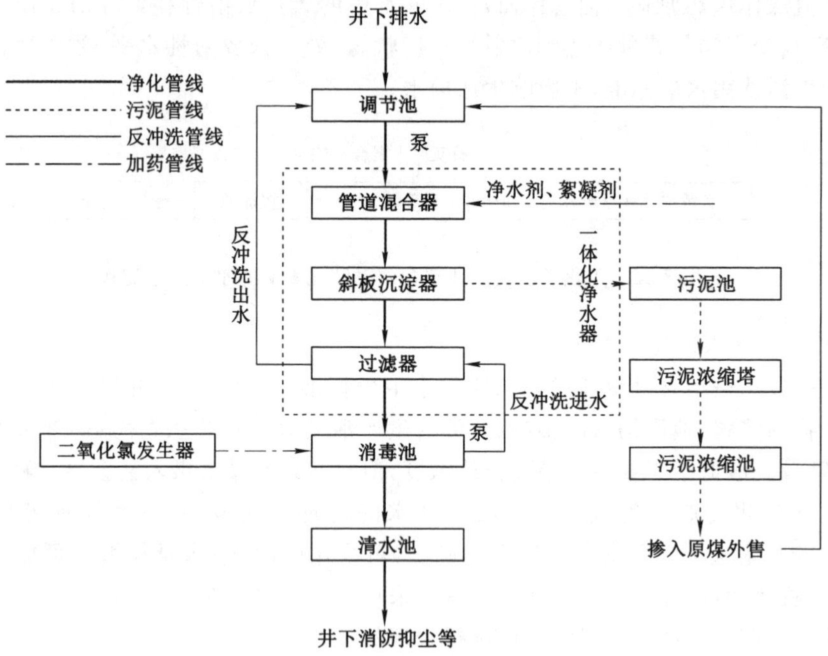

图 7-14　某矿污水处理的工艺流程

含有致病物质的污水要进行消毒。消毒可采用氯化法、臭氧法或者利用强氧化剂以及用灭菌灯照射。采用液氯和次氯酸钠的氯化消毒法在煤炭行业得到极广泛的应用。

7.5.5　煤矿生活污水处理主要系统单元与设备

1. 调节池

调节池可起到均匀水质、调节流量的作用。根据进水量的变化及工艺运行情况，应调节水量，保证处理效果；调节池每年至少清洗1次。清洗调节池时，应根据实际情况，事先制定操作规程，定期检查调节池浮球的运行情况。

2. 一体化净水器系统

(1) 进水过程

当调节池水位高于高液位时，电控柜自动启动调节池水泵，将废水泵入一体化净水器，直至调节池水位低于低液位时，调节池水泵自动停止运行，进水结束。通过调节回流阀控制流量，进水流量不得高于一定标准。

(2) 加药过程

污水进入一体化设备后开启净水剂、絮凝剂加药装置，对废水进行絮凝反应，进水结束后关闭加药装置。

(3) 排水过程

斜板沉淀池的出水会自流进入消毒池。

(4) 排泥过程

定期开启污泥排放阀，污泥排入污泥池后，进行下一步处理。

(5) 反冲洗过程

打开反冲洗进水阀，开启反冲洗水泵，冲洗 15 min 后结束反冲洗，反冲洗的水进入调节池。

3. 消毒及排水过程

一体化净水器的出水进入清水池，清水池安装有二氧化氯发生器及浮球(位于高液位)、反冲洗水泵。二氧化氯发生器可与二级提升泵联动：提升泵运行时，二氧化氯发生器开启，进行消毒；提升泵停止运行，消毒结束。

反冲洗水泵可与浮球联动，当水位高于高液位时，反冲洗水泵自动开启，将处理后达标的水通过出水管网排出站外。

4. 污泥脱水过程

当污泥池水位高于高液位时，电控柜自动启动气动隔膜泵，空压机与之联动，并自动开启，为气动隔膜泵充气，气动隔膜泵将污泥抽至厢式压滤机，污泥经过厢式压滤机进行泥水分离，直至污泥池水位低于低液位，气动隔膜泵、空压机自动停止运行，污泥脱水过程结束。所脱的水流至调节池再一次进行循环处理。

7.6　矿井水资源综合利用

大量未经处理的矿井水直接排放，不仅污染了环境，而且浪费了宝贵的矿井水资源。将矿井水作为矿井水害加以防治，应进行统筹规划，综合开发利用和保护并举，从而实现矿井水资源化。

7.6.1　矿井水资源化概述

未经处理而直接大量外排的矿井水，不仅会造成矿区周围环境的污染，而且会造成大量水资源的浪费。毫无节制地排水不仅大大浪费水资源、增加开发成本，而且会导致地面塌陷、水质恶化等环境问题。

我国煤矿年外排水的资源利用率整体较低。根据对我国北方以排放岩溶水为主的 32 个矿区的统计，矿井总排水量高达 253 m^3/min，其中 60％为岩溶地下水，约占矿区所处岩溶水系统水资源量的 19％。毫无节制地排水不仅大大增加了吨煤开采成本，而且导致诸如地面岩溶塌陷、地下水资源流失、水质恶化和生态系统破坏等一系列环境地质问题。

矿井水资源化是指为解决矿区严重缺水和矿井水环境污染等问题，根据用户对水质和水量的需求，对矿井水进行科学合理的净化处理和分质供水配置，从而使矿井水的排水利用达到经济效益、社会效益和环境效益最优的过程。

矿井水资源化开辟了新水源，减少了淡水资源的总开采量；实现了“优质水优用，差质水差用”的原则，减轻或避免了长距离输水问题；解决了矿区严重缺水问题。

7.6.2　矿井水资源化的形式与可行性分析

1. 矿井水资源化的形式

矿井水资源化的形式有以下 3 种。

(1) 矿井排水经处理后作为水源供给不同用户；

(2) 矿井预先疏水与矿井排水联合作为水源供给不同用户；

(3) 矿井预先疏水，矿井排水与矿区地表水优化配置作为水源供给不同用户。

2. 矿井水资源化可行性分析

(1) 矿区水资源供需平衡计算与分析

矿区水资源供需平衡计算与分析是指在矿区一定区域范围内，就水资源的供给与需求，以及它们之间的余缺关系进行计算与分析的过程。它以矿区现状和供需水发展趋势为基础，为矿区水资源的合理开发利用和矿区经济、社会、生态可持续协调发展提供决策支持。

(2) 矿井水处理方式选择

经矿区水资源供需平衡计算与分析，可以明晰供需矛盾，我国大部分矿区缺水，因此，利用矿井水缓解供需矛盾成为首选。如何合理利用就涉及矿井水处理方式选择。

矿井水处理后几乎可以满足目前各种不同用户的需求。矿井水处理方式一般应按照以下原则进行选择：首先满足矿井生产加工和分选，其次用于矿区生活、工农业生产，还可以用于生态、环保、人工景观等，当然也可以作为回灌、水源热泵等水源。根据不同目的可以选择相应的矿井水处理方式。

(3) 供水工程技术可行性和经济合理性分析

供水工程技术可行性和经济合理性分析即分析水资源储、输、用系统以及水处理构筑物、管路，供水系统等，在技术上是否可行、经济上是否合理。

7.6.3 矿床疏干与排供相结合

我国多数矿床的主要充水含水层，也是当地主要供水水源，尤其在北方更是如此。未来矿床的疏干必然要在保证矿山安全的前提下实行排供结合。

1. 矿井排水的排供结合模式

受多种因素影响，目前我国矿井水的利用率很低。据北方矿床的不完整统计，煤矿矿井水利用率仅为20%～30%，铁矿约为54%。这些矿井水主要用于水质要求不高的农业灌溉和与矿产资源开发利用有关的选矿、发电、炼焦等行业，若用于居民生活或食品医药等领域，则要考虑净化处理。

2. 预先疏干的排供结合模式

在诸多疏干方法中，地表深井排水的预先疏干是一种理想模式，既可减少矿坑涌水量，又可建成供水水源地(如广东石录铜矿)。此外，根据矿山开采规模发展，渐进式地优化深井排水量，使疏干流场处于缓变状态(与突水相比较)，从而减弱疏干对环境的负面影响(如地面岩溶坍塌规模)，同时可减少水中泥沙含量以保护水质。

3. 利用含水层双层结构的排供结合模式

如山东金岭铁矿，在水文地质调查中发现，顶板充水围岩中奥陶系灰岩存在上强下弱的双层含水结构，中间虽有隔水层相隔但两者具统一的地下水位，放水试验验证了中间隔水层的存在。因此，矿方改变了原设计在井下按开采水平各设疏干坑道的全面疏干方案，采用隔水层上部含水段抽水、下部弱含水段疏干的排供方案。开采实践表明，至第五开采水平时已出现明显上下分离的两个降落漏斗。

4. 暗河引流的排供结合模式

如湖南香花岭矿区多金属矿为暗河管道充水矿床，境内分布12条地下暗河，在查明暗河轨迹的基础上，用探洞确定暗河引流段的空间坐标，开拓引流坑道在上游截留暗河河水，累计灌溉农田200公顷，解决了4 000多农民的生活饮水问题，同时减少的矿坑涌水量达98.85%。

7.6.4 矿井排水分质利用

不同煤矿矿井水的水质和排放情况差异较大，回用时应根据利用方向按分质分用、经济方便的原则，适当处理后优先保证矿区用水，尤其要优先考虑井下用水，做到先井下后井上、先矿内后矿外、先生产后生活。应充分发挥矿区现有水利设施的潜能，避免重复建设，其利用方向有：井下消防洒水、洗煤补充用水、热电厂循环冷却用水、绿化道路和防尘洒水、施工用水、矸石山灭火用水、农田灌溉用水及生活用水等。

1. 生活饮用水

矿井水作生活饮用水水源时，主要是洁净矿井水和悬浮物含量符合要求的矿井水。一般而言，含悬浮物矿井水的水质较好，溶解性总固体和总硬度不高，pH接近中性，有机物和有害重金属的含量较低，经混凝、沉淀、过滤、消毒等工艺就可达生活饮用水标准。高矿化度矿井水因溶解性总固体高而不宜饮用，目前比较成熟的脱盐技术即电渗析技术，虽然处理成本较高，但对于严重缺水的地区采用此法仍是可行的。

2. 煤矿井下生产用水

井下生产用水（如井下防尘、洒水、煤层注水等）一般只要减少矿井水中的悬浮物而不需要进行净化处理，矿井水经地面调节池沉淀降低悬浮物含量后即可直接供井下生产使用。

3. 地面工业用水

当矿井水作为工业用水时，除了去除其中的悬浮物外，还要去除可能对工业生产产生危害的有害物质，混凝处理后一般不需再加液氯消毒即可直接用于澡堂、锅炉房、厕所以及地面浇花、打扫卫生等。

4. 农田灌溉

当矿井水用于农田灌溉时，只要求降低悬浮物含量，一般经过沉淀池沉淀就能满足要求。

5. 矿井水回灌

可将清水回灌到地下含水层中，以抬高地下水水位、补充地下水。目前，山西部分矿区在矿井水资源化利用方面取得了一定的成效。

实例1：双鸭山矿区集贤煤矿污水处理。

(1) 工程概况

双鸭山矿区污水处理工程旨在将双鸭山矿区集贤煤矿矿井水净化处理后作为矿区本部和集贤煤矿的生产和生活用水。矿井水处理规模为$2.4\times10^4\ m^3/h$。

(2) 水质特点

矿井水在井下汇流过程中，不仅会受到煤屑和废坑木的污染，而且会受到井下防尘水等的污染，悬浮物多，水呈黑色，属于典型的含悬浮物型矿井水，悬浮物含量为263 mg/L，有机物含量为419 mg/L，铁和氟化物略有超标。

(3) 工艺流程

集贤煤矿污水处理工艺流程如图7-15所示。

实例2：峰峰矿区梧桐庄煤矿矿井水的处理与利用。

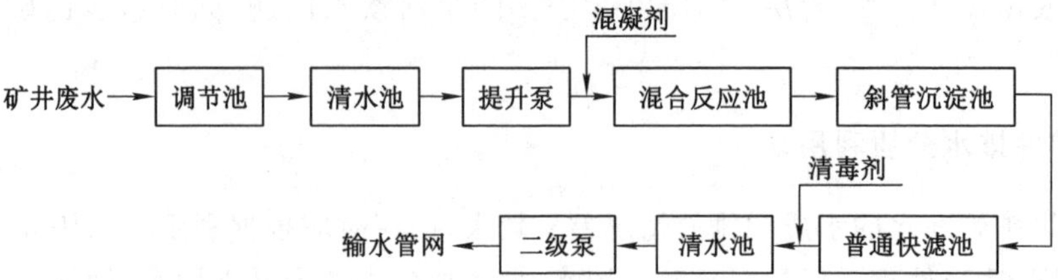

图 7-15　集贤煤矿污水处理工艺流程

峰峰矿区梧桐庄煤矿的矿井涌水主要源自奥陶系灰岩含水层水，补给、径流、排泄条件较差，相对滞流，在长期水岩相互作用下，形成高矿化度、高硬度水质。并且矿井涌水在流经采煤工作面和巷道时，由于带入大量煤粉和岩粉等悬浮颗粒而具有高悬浮物的特性。此外，由于受矿工生产生活的影响，矿井水含有较多的细菌。该煤矿的矿井涌水量为 1 100 m^3/h，原水水质见表 7-1。

表 7-1　矿井水的原水水质

水质指标	指标值	水质指标	指标值	水质指标	指标值
$w(Ca^{2+})$	593.18 mg/L	$w(Cl^-)$	1 665.44 mg/L	矿化度	4 936 mg/L
$w(Mg^{2+})$	111.87 mg/L	$w(SO_4^{2-})$	1 658.34 mg/L	悬浮物含量	1 800 mg/L
$w(K^+ + Na^+)$	1 102.64 mg/L	$w(NO_2^-)$	70.25 mg/L	有机物含量	6.52 mg/L
硬度（$CaCO_3$ 含量）	1 941.94 mg/L	$w(HCO_3^-)$	241.49 mg/L	pH	7.5

由于水资源比较紧张，根据该煤矿生产要求，200 m^3/h 的矿井涌水经过处理后可作为矿井井下消防、防尘等生产用水；125 m^3/h 的矿井涌水经过处理后可作为矿井井上生产、生活用水；剩余 775 m^3/h 的矿井涌水由于矿化度较高，外排会造成生态环境破坏，经过充分研究，对此部分矿井水实施地下深层回灌，将经过处理达到回灌水质要求的矿井水回灌，回灌水的水质不高于回灌目标含水层的水质背景值。

通过矿井水处理试验研究和理论研究，确定矿井水处理工艺。为了降低能耗，矿井水处理工艺分为井下处理工艺和井上处理工艺两部分。矿井原水经过井下混凝、沉淀、石英砂过滤技术处理后，200 m^3/h 的矿井涌水可用于矿井井下生产。900 m^3/h 的矿井涌水用泵抽到地面后，采用井上水处理工艺处理，其中 125 m^3/h 的矿井涌水经井上超滤、反渗透技术处理后可以达到生活用水的水质要求；775 m^3/h 的矿井涌水经过井上活性炭吸附和 ClO_2 消毒处理工艺处理后，可以达到地下水回灌的水质要求。

思考与练习

1. 什么是矿井水？
2. 简述矿井水产生的影响与危害。
3. 简述矿井排水的类型。
4. 矿井水有哪些特征？

5. 高悬浮物矿井水有哪些特征?
6. 简述高悬浮物矿井水的处理技术与工艺流程。
7. 简述高悬浮物矿井水处理的主要系统单元及构筑物。
8. 高矿化度矿井水有哪些特征?
9. 简述高矿化度矿井水的处理技术。
10. 简述高矿化度矿井水处理的工艺流程。
11. 什么是酸性矿井水? 它有哪些危害?
12. 酸性矿井水如何进行预防?
13. 酸性矿井水的处理技术有哪些?
14. 简述含有毒有害元素矿井水的利用技术。
15. 简述含有毒有害元素矿井水的处理工艺。
16. 简述煤矿生活污水处理技术及主要系统单元。
17. 什么是矿井水资源化?
18. 简述矿井水资源化的意义。
19. 矿井水综合利用的途径有哪些?

第8章　矿井水害应急救援

在任何生产活动中都有可能发生事故，尤其是随着现代工业的迅速发展，生产过程中存在巨大能量和有害物质，一旦发生重大事故，往往可造成惨重的生命、财产损失和环境破坏。由于自然和人为、技术等因素，当事故或灾害不可避免的时候，建立重大事故应急救援体系，组织及时有效的救援行动，已成为抵御事故风险或控制灾害蔓延、降低危害后果的关键甚至是唯一手段。

每次矿井水害的发生都会造成巨大的损失，主要包括经济损失、煤矿工作日损失以及人员伤亡，而且和火、瓦斯、冒顶等煤矿灾害相比，水灾害的危害性最大。《煤矿安全监察条例》第二十三条规定：煤矿安全监察机构应当监督煤矿制定事故预防和应急计划，并检查煤矿制定的发现和消除事故隐患的措施及其落实情况。因此，加强对煤矿应急救援预案的监察是煤矿安全监察机构的重要职责之一。煤矿安全监察机构自组建以来，根据《煤矿安全监察条例》等法律法规的要求，坚持预防为主，对煤矿矿井安全生产的条件、设施、装备等进行有效监察，及时发现和消除事故隐患，纠正影响煤矿安全的违法行为，在减少和预防煤矿伤亡事故方面起到了积极作用。

煤矿企业要强化安全管理，就必须制定应急救援预案，并采取一切有效措施，将矿井水害对人身健康危害和财产损失降到最低限度。矿井水害应急救援预案是以企业应急救援理论为指导，针对煤矿企业生产中可能出现的各种水灾害因素提出的一项非常复杂的系统工程，需要矿山安全、工程技术、组织管理、医疗急救等多方面专业人才或专家参与。它通过事前计划和应急措施，充分利用一切可能的力量，在矿井水害发生后，迅速控制灾害发展并尽可能降低对生产的影响，以期提高矿井水害应急救援的效率，降低矿井水害救援的成本。

8.1　矿井水害危险源的辨识

把认识系统中存在的危险并确定其特征的过程称为危险辨识。辨识是危险源研究的第一步，是有效控制事故发生的基础。辨识包括给出恰如其分的危险源的定义及用合理的辨识标准来确认系统中存在的危险源。

为了对矿井水害系统中的危险源进行控制，首先要了解和辨识危险源。根据危险源的结构特点，确定以怎样的辨识依据（标准）来确认矿井水害系统存在的危险源。

8.1.1　危险因素概述

危险因素的调查是井下危险源辨识的基础工作，所以调查工作一定要全面、细致和科学。通常为了区别客体对人体不利作用的特点和效果，将触发危险的因素分为危险因素（强调突发性和瞬间作用）和危害因素（强调在一定时间范围内的累积作用）。有时（本书）对两者不加区分，统称危险因素。危险因素和危害因素的表现形式不同，但从事故发生的本质讲，均可归结为能量的意外释放或有害物质的泄漏及散逸，有危险因素的客体就可看作一个危险源。

8.1.2　危险因素的调查内容

矿井水害包含透水(含地表水灾)等危害。在开展调查工作之前，首先要确定所要调查的系统，这个系统可以是一个企业，也可以是具体的生产单元或工艺系统。由于煤矿井下生产条件复杂，为简化辨识工作，抓住重点，在危险源辨识过程中，应按照井下生产流程进行危险辨识，可将整个井下生产系统分为采掘系统、运输提升系统、通风系统、供电系统、排水系统及辅助作业系统等危险辨识单元。在调查辨识过程中，应坚持"横向到底、不留死角"的原则，对以上系统中的危险场所进行重点辨识，如对危险地质构造的场所——断层、不稳定顶板、突水危险区域等进行辨识。

8.1.3　危险因素的调查方法

为了调查工作简便和全面，根据煤矿井下生产的特点和危险因素存在的情况，可采用以下7种方法进行调查。

(1) 现场观察法：通过对工作环境的现场观察，可发现存在的危险。从事现场观察的人员，要求具有安全技术知识和掌握职业健康安全法规、标准。

(2) 安全检查表法：运用煤矿生产单位已编制好的安全检查表，进行系统的安全检查，可辨识出生产中存在的危险因素。

(3) 问卷调查法：即要求被调查的井下生产系统内的作业人员，根据本岗位的设备情况、操作情况、自身素质情况、作业环境及操作规程的完善情况等，找出本岗位的危险因素。

(4) 资料收集法：查阅生产单位的事故、职业病的记录以及从有关单位、文献资料、专家咨询等方面获取相关危险信息，并加以分析研究，从而辨识出系统中存在的危险因素。

(5) 标准对照法：即依据国内外相关法规和标准(包括煤矿生产安全性评价标准等)，对系统内的安全管理、机械设备、电气设备、作业环境及人员健康状况进行检查评价，找出不符合项。

(6) 工作任务分析法：通过分析工作任务中所涉及的危害，可识别出有关的危险因素。

(7) 事故频次法：即在总结系统内事故教训的基础上，对已发生事故的设施、事故的防范措施及再次发生事故的可能性进行调查。对事故频次较高(大于等于1次/年)的情况进行统计。

上述7种危险因素的辨识方法从切入点和分析过程上都有各自特点，也有各自的适用范围或局限性。因此，在辨识危险源的过程中使用单一方法，还不足以全面地识别其所存在的危险因素，必须综合运用两种以上方法。

8.1.4　危险源辨识的依据

矿井水害危险源是矿井发生水灾害的内因。而任何系统的运行都离不开能量，如果能量失控发生意外释放，就会转化为破坏性力量，从而可能导致系统发生事故，造成破坏性后果。通常，能量失控是矿井水害发生的主要原因。

能量失控转为破坏力的过程一般有化学和物理两种模式。化学模式危险性是化学物质间的反应而产生的能量失控,可能造成火灾和爆炸的后果而形成的。而物理模式危险性产生的破坏力与化学模式的不同,它在正常情况下以物理能的状态出现。物理能可以位能的形式(如高处的物体、高压气体等)出现,也可以动能的形式(如运行中的机械等)出现。正常情况下,物理能若受到控制,则做有用功;反之,失去控制,会成为破坏力。物理模式的危险主要有物理爆炸、机械失控、电气失控等。

根据能量意外释放引发事故理论,考虑我国安全生产的相关法律法规,借鉴其他行业危险源的辨识依据,归纳出矿井水害危险源的辨识依据为地质危险性,包括特殊地质构造(如断层、岩溶、含水陷落柱、采空区、老空区等)的地质资料及安全技术要求等。

综上可知,重大矿井水害危险源有:① 老空水;② 底板受构造破坏段的突水系数大于0.06,正常块段大于0.1的采煤工作面和实际含水层厚度小于安全隔水层厚度的掘进工作面;③ 采掘工作面在导水断层、导水陷落柱、导水钻孔、含水层、灌浆区等附近开采;④ 采掘工作面接近煤层露头并进行上限开采或水体下开采;⑤ 雨季受水威胁的矿井无防治水措施,相邻矿井未按规定留设防水煤(岩)柱等。

8.1.5 矿井水害危险评价与分级

制定矿井水害应急救援预案时,应全面评价矿井水害的危险性。这不仅有利于应急资源的合理调配,也有利于矿井系统风险的有效控制。危险评价方法主要有定性、定量或半定量三大类。其中,定性评价方法有安全检查表法、预先危险性评价法、故障模式和效应分析法、危险可操作性研究、事件树分析法、事故树分析法以及事故因果图分析法;半定量评价方法包括概率风险评价法、打分的检查表法、MES 法(一种风险评价方法,其中,M 表示控制措施的状态,E 为暴露的频繁程度,S 为事故的可能后果)等;定量分析方法有反向传播神经网络风险评价法、模糊评价法和系统综合评价法等。具体评价方法本书不予介绍。

8.2 矿井水害应急救援预案的编制

8.2.1 矿井水害应急救援预案编制的目的

矿井水害应急救援预案编制的目的,就是利用事前计划和应急措施,在发生重大矿井水害之后,能迅速控制水灾害发展并尽可能排除水灾害,保护现场人员和场外人员的安全。这不仅可将矿井水害对人员生命安全、财产和环境造成的损失降至最低限度,而且能有效地提高应急行动的效率。

8.2.2 矿井水害应急救援预案编制的要求

矿井水害的应急救援应在预防为主的前提下,贯彻“统一指挥、分级负责、区域为主、煤矿自救与社会救援相结合”的原则。按照分类,分级制定预案内容,上一级预案的编制应以下一级预案为基础。

预案编制应体现科学性、实用性、权威性的编制要求。在全面调查的基础上,实行领导与专家相结合的方式,开展科学分析和论证,制定出严密、统一、完整的矿井水害应急救援预案;矿井水害应急救援预案应符合矿井的客观实际情况,具有实用性,便于操作,可起到准确、迅速控制水情的作用;预案应明确救援工作的管理体系、救援行动的组织指挥权限和各级救援组织的职责、任务等一系列的行政管理规定,以保证救援工作的统一指挥,制定的预案要经相应级别、相应管理部门的批准后实施。

预案在编制和实施过程中不能损害相邻单位利益。如有必要可将本矿的预案情况通知相邻地域,以便在发生重大矿井水害时能取得相互支援。预案编制要有充分的依据,要根据煤矿危险源辨识、风险评价、安全现状评价、应急准备与响应能力评估等方面调查分析的结果展开。同时要对预案本身在实施过程中可能带来的风险进行评价。

切实做好预案编制的组织保障工作。矿井水害应急救援预案的编制小组由矿山安全、工程技术、组织管理、医疗急救等各方面的专业人员或专家组成,他们应熟悉所负责的各项内容。

预案要形成一个完整的文件体系。它应包括总预案、程序、说明书(指导书)、记录(对应急行动的记录)等四级文件体系。

预案编制完成后要认真履行修改、审核、批准、评审、发布、实施等管理程序。

8.2.3　矿井水害应急救援预案编制的步骤

矿井水害应急救援预案编制的过程可分为下面 6 个步骤(图 8-1):① 成立编制小组,指定负责人;② 可信水灾害和代表性水灾害辨识;③ 危险分析和应急能力评估;④ 应急救援预案的编制;⑤ 应急救援预案的评审与发布;⑥ 应急救援预案的实施。

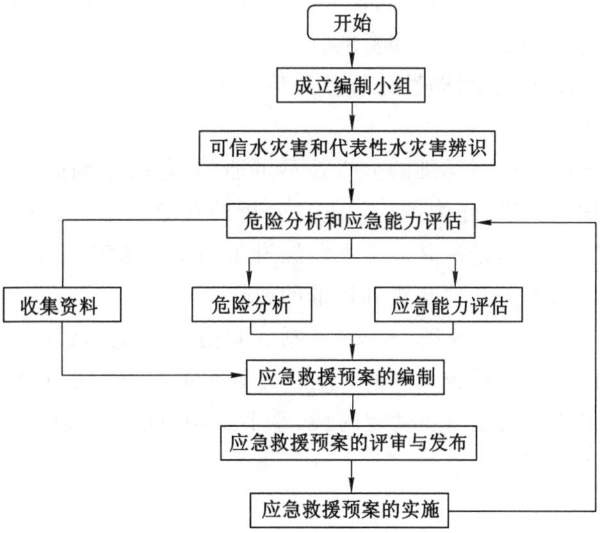

图 8-1　矿井水害应急救援预案的编制流程

8.2.3.1　成立编制小组

矿井水害的应急救援行动涉及不同部门、不同专业领域的应急各方,需要他们在相互信任、相互了解的基础上进行密切的配合。因此,应急救援预案的成功编制需要煤矿各个相关职能部门和有关各方的积极参与,并达成一致意见,尤其是应寻求与危险直接相关的各方进行协作。

成立矿井水害应急救援预案编制小组是将企业各有关职能部门、各类专业技术部门有效结合起来的最佳方式，可有效地保证应急救援预案的准确性和完整性，而且可为矿井水害应急各方提供一个非常重要的协作与交流的机会，有利于统一应急各方的不同观点和意见。

依据矿井水害危害程度的级别，设置分级应急救援组织机构。其组成人员应包括主要负责人、现场指挥人员及有关管理人员。其主要职责为：① 组织制定矿井水害应急救援预案；② 负责人员与资源配置、应急队伍的调动；③ 确定现场指挥人员；④ 协调矿井水害现场的有关工作；⑤ 批准预案的启动与终止；⑥ 明确矿井水害状态下各级人员的职责；⑦ 矿井水害信息的上报工作；⑧ 接受集团公司的指令和调动；⑨ 组织应急救援预案的演练；⑩ 负责保护矿井水害现场及相关数据。

预案编制小组的成员确定后，必须确定小组的领导人员，明确编制计划，最终保证整个预案编制工作的组织实施。

8.2.3.2 可信水灾害和代表性水灾害辨识

矿井水害的原因事件、中间事件以及潜在水灾害是复杂多样的。在编制应急救援预案时，如果将这些因素都作为考虑的要素，那么不仅会影响制定预案的效果，而且也会干扰水灾害的预防。因此，编制该预案时应考虑可性水灾害和代表性水灾害的辨识。

8.2.3.3 危险分析和应急能力评估

1. 危险分析

危险分析是应急救援预案编制的基础和关键。危险分析的结果不仅有助于确定需要重点考虑的危险因素、提供划分预案编制优先级别的依据，而且可为应急救援预案的编制、应急准备和应急响应提供必要的信息和资料。

危险分析包括危险识别、脆弱性分析和风险分析。

(1) 危险识别

要调查所有的危险并进行详细的分析是不可能的，危险识别的目的是将煤矿中可能存在的重大危险因素识别出来，作为下一步危险分析的对象。危险识别应分析矿井所处地区的地理、气象等自然条件，总结矿井历史上曾经发生的重大水灾害，识别出可能发生的灾害。危险识别还应符合国家有关法律法规和标准的要求。

危险分析结果应提供：① 地理、人文(包括人口分布)、地质、气象等信息；② 煤矿功能布局(包括主要目标)及交通情况；③ 重大危险源分布情况以及水量大小与层位；④ 重大水灾害类别及对周边的影响分析；⑤ 特定时段、季节影响(如人流高峰期、度假季节等)；⑥ 可能影响应急救援的不利因素。

(2) 脆弱性分析

脆弱性分析要确定的是一旦发生水灾害，矿井中哪些地方容易受到破坏。脆弱性分析结果应提供许多重要的信息，包括受水灾害严重影响的区域以及该区域的影响因素(如地形、水位等)，预计位于脆弱带的人员数量，可能遭受的财产破坏以及可能的环境影响等。

(3) 风险分析

风险分析是指根据脆弱性分析的结果，评估水灾害发生时对矿井造成破坏(或伤害)的可能性，以及可能导致的实际破坏(或伤害)的程度，通常可能会选择对最坏的情况进行分析。

风险分析可以提供下列信息：发生水灾害和环境异常（如洪涝）或同时发生多种紧急事故的可能性；对人员造成的伤害类型（急性、延时或慢性的）和相关的高危人群；对财产造成的破坏类型（暂时、可修复或永久的）；对环境造成的破坏类型（可恢复或永久的）。

要做到准确分析水灾害发生的可能性是不太现实的，一般不必过度地将精力集中到对水灾害发生的可能性进行精确的定量分析上，可以用相对性的词汇（如低、中、高）来描述发生水灾害的可能性，但关键是要在充分利用现有数据和技术的基础上进行合理的评估。

2. 应急能力评估

依据危险分析的结果，对已有的应急资源和应急能力进行评估，包括矿井应急资源的评估和企业应急资源的评估，从而明确应急救援的需求和不足。应急资源包括应急人员、应急设施（备）、装备和物资等；应急能力包括人员的技术、经验和接受的培训等。应急资源和应急能力将直接影响应急行动的速度、有效性。制定应急预案时应当在评价与潜在危险相适应的应急资源和应急能力的基础上，选择最现实、最有效的应急策略。

8.2.3.4　应急救援预案的编制

应急救援预案的编制必须基于矿井水害风险的分析结果、矿井应急资源的需求和现状以及有关的法律法规要求。此外，编制应急救援预案时应充分收集和参阅已有的应急救援预案，尽可能地减少工作量和避免应急救援预案的重复和交叉，并确保与其他相关应急救援预案的协调性和一致性。

预案编制小组在设计应急救援预案编制格式时还应充分考虑以下几点：

(1) 合理组织。应合理地组织应急救援预案的章节，以便每个读者都能快速地查找到各自所需要的信息，避免从一堆不相关的信息中去查找。

(2) 连续性。保证应急救援预案每个章节及其组成部分在内容上的相互衔接，避免内容出现明显的位置不当。

(3) 一致性。保证应急救援预案的每个部分都采用相似的逻辑结构。

(4) 兼容性。应急救援预案应尽量采取与上级机构一致的格式，以便各级应急救援预案能更好地协调和对应。

8.2.3.5　应急救援预案的评审与发布

1. 应急救援预案的评审

为了确保应急救援预案的科学性、合理性以及与实际情况的符合性，应急救援预案编制单位或管理部门应依据我国有关应急的方针、政策、法律、法规、规章、标准和其他有关应急救援预案编制的指南性文件与评审检查表，组织开展预案评审工作，以取得政府有关部门和应急机构的认可。应急救援预案的评审包括内部评审和外部评审两类。

(1) 内部评审

内部评审是指在编制小组成员内部实施的评审。应急救援预案管理部门应要求预案编制单位在预案初稿的编写工作完成后，组织编写成员在内部对其进行评审，保证应急救援预案的语言简洁流畅、内容完整。

(2) 外部评审

外部评审是由本矿或外矿同级机构、上级机构、社区公众及有关政府部门实施的评审。外部评审的主要作用是确保应急救援预案被相关各阶层接受。根据评审人员的不同，又可分为同级评审、上级评审和政府评审。

2. 应急救援预案的发布

矿井水害应急救援预案经政府评审通过后，应由本级政府分管煤矿的最高行政官员签署发布，并报送上级政府有关部门和应急机构备案。

8.2.3.6 应急救援预案的实施

实施应急救援预案是矿井应急管理工作的重要环节。应急救援预案经批准发布后，煤矿所有应急机构应进行以下工作：

(1) 应急救援预案的宣传、教育和培训。各应急机构应广泛宣传应急救援预案，使大家了解应急救援预案中的有关内容。同时，应积极组织应急救援预案的培训工作，使各类应急人员熟悉或了解该预案中与其承担职责和任务相关的工作程序、标准等内容。

(2) 应急资源的定期检查与落实。应急机构应根据应急救援预案的要求，定期检查并落实本部门应急人员的准备状况，识别额外的应急资源需求，保持所有应急资源的可用状态。

(3) 应急演习和培训。各应急机构应积极参加应急演习和培训工作，及时发现应急救援预案、工作程序和应急资源准备中的缺陷与不足，分清相关机构和人员的职责，改善不同机构和人员之间的协调性问题，检验应急人员对应急救援预案、工作程序的了解程度和操作技能，评估应急培训效果，分析培训需求，并促进公众、媒体对应急救援预案的理解，争取他们对应急工作的支持，使应急救援预案有机地融入矿井安全保障工作之中，从而真正将应急救援预案的要求落到实处。

(4) 应急救援预案的实践。各应急机构在水灾害应急响应的实际工作中，应积极运用应急救援预案，开展应急决策，指挥和调控相关机构和人员的应急行动，从实践中检验应急救援预案的实用性，检验各应急机构之间的协调能力和应急人员的实际操作技能，发现应急救援预案、工作程序、应急资源准备中可能的缺陷和不足，以便修订、更新相关的应急救援预案和工作程序。

(5) 应急救援预案的信息化。应急救援预案的信息化将使应急救援预案更易于管理和查询。在预案实施过程中，应考虑充分利用现代计算机及信息技术，实现应急救援预案的信息化，尤其是应急救援预案的支持附件包含大量的信息和数据，这是应急救援预案信息化的主体内容，可为应急工作发挥重要的信息支持作用。

(6) 水灾害回顾。应急救援预案管理部门应积极收集矿井或其他单位以往各类水灾害应急的有关信息，积极开展水灾害回顾工作，评估应急过程的不足和缺陷，吸取经验和教训，从而为预案的修订和更新工作提供参考依据。

8.3 矿井水害应急救援预案的内容

应急救援预案是整个应急管理系统的反映，它不仅包括事故发生过程中的应急响应和救援措施，而且包括事故发生前的各种应急准备和事故发生后的紧急恢复，以及预案的管理与更新等。因此，一个完善的应急预案按照相应的过程可分为 6 个一级关键要素，即预案编制的方针与原则、应急策划、应急准备、应急响应、现场恢复以及预案管理与评审改进。

8.3.1　预案编制的方针与原则

应急救援预案首先要有明确的方针和原则作为指导应急救援工作的纲领。方针与原则反映了应急救援工作的优先方向、政策、范围和总目标，要体现保护人员安全优先，防止和控制水灾害蔓延优先，保护环境优先；同时体现损失控制、预防为主、常备不懈、统一指挥、高效协调以及持续改进的思想。

8.3.2　应急策划

应急策划是矿井水害应急救援预案编制的基础，是应急准备、应急响应的前提条件，同时又是一个完整预案文件体系的一项重要内容。在矿井水害应急救援预案中，应明确矿井的基本情况以及危险分析与风险评价、资源分析、法律法规要求分析等结果。

(1) 基本情况。这主要包括矿井的地址、经济性质、从业人数、隶属关系、主要产品、产量等内容，以及周边区域的单位、社区、重要基础设施、道路等情况。

(2) 危险分析与风险评价。内容包括危险目标及其危险特性、对周围的影响等。

(3) 资源分析。即根据确定的危险目标，明确其危险特性及对周边的影响以及应急救援所需资源；危险目标周围可利用的安全、个体防护的设备、器材及其分布；上级救援机构或相邻单位可利用的资源。

(4) 法律法规要求分析。法律法规是开展应急救援工作的重要前提保障。应列出国家、省、市及应急各部门职责要求以及应急救援预案、应急准备、应急救援有关的法律法规，作为编制预案的依据。

8.3.3　应急准备

应急救援预案能否在应急救援中成功地发挥作用，不仅仅取决于应急救援预案本身的完善程度，还取决于应急准备是否充分。应急准备应依据应急策划的结果开展，在矿井水害应急救援预案中应明确包括下列内容。

1. 组织机构设置、组成人员和职责划分

为保证应急救援工作的迅速反应、协调有序，必须依据重大矿井水害危害程度的级别，建立完善的应急机构组织体系，包括当地政府的应急管理领导机构、应急响应中心以及各有关机构部门等。应急救援中承担任务的所有应急组织，应明确各自相应的职责、负责人以及联系方式。

2. 应急资源准备

针对危险分析所确定的主要水灾害危险，明确应急资源所需要的装备是应急响应的保障。应根据潜在事故的性质和后果分析，合理组建专业的社会救援力量，配备应急救援中所需要的消防装备、救援机械和设备、检测仪器、堵漏材料、交通工具、个体防护设备、医疗设备和药品、生活保障物资等，并定期检查、维护和更新，保证这些装备始终处于良好的状态。

在矿井水害应急救援预案中，应明确其资源配备情况，包括各类应急力量的组成及分布情况，各种重要应急设备、物资的准备情况，上级救援机构或周边可用的应急资源，应急救援保障所需要的技术资料等。

3. 应急保障

应急保障分为内部保障和外部保障两种。

依据现有资源的评估结果,内部保障的内容有:确定应急队伍,包括抢修、现场救护、医疗、治安、交通管理、通信、供应、运输、后勤等人员,消防设施配置图、工艺流程图、现场平面布置图和周围地区图、气象资料、煤矿安全技术说明书、互救信息等的存放地点、保管人,应急通信系统,应急电源、照明,应急救援装备、物资、药品等,煤矿运输车辆的安全、器材及人员防护装备,保障制度目录,责任制,值班制度,其他有关制度。

依据对外部应急救援能力的分析结果,外部保障包括互助的方式,请求政府、集团公司协调应急救援力量,应急救援信息咨询以及专家信息等。

4. 教育、培训与演习

为了全面提高应急能力,应急预案应对公众教育、应急训练和演习作出相应规定。在矿井水害应急救援预案中,应确定应急预案教育培训,应急预案演习,应急训练,教育、培训、演习的实施与效果评估以及互助协议等内容。

(1) 应急预案教育培训。公众意识和自我保护能力是减少重大事故伤亡的不可忽视的一个主要方面。作为应急救援的一项内容,该培训应对公众日常教育作出规定,尤其是位于井下一线的人员,使他们了解潜在危险的性质,掌握必要的自救知识,了解预先指定的备用疏散路线和集合地点。煤矿单位应依据对从业人员能力的评估和社区或周边人员素质的分析结果,确定以下内容:应急救援人员的培训,员工应急响应的培训,社区或周边人员应急响应知识的宣传。

(2) 应急预案演习。应急预案演习是对应急能力的综合检验。应急预案演习包括桌面演习和实战模拟演习。演习能使应急人员进入“实战”状态,熟悉各类应急处理和整个应急行动的程序,明确自身的职责,提高协同作战的能力。煤矿应依据现有资源的评估结果制订演习计划,演习计划包括:演习准备,演习范围与频率,演习组织。

(3) 应急训练。应急训练的基本内容主要包括基础培训与训练、专业训练、战术训练及其他训练等。基础培训与训练的目的是保证应急人员具备良好的体能、战斗意识和作风,明确各自的职责,熟练掌握个人防护装备和通信装备的使用。

(4) 教育、培训、演习的实施与效果评估。依据教育培训、演习计划,确定以下内容:实施的方式,效果评估方式,效果评估人员,预案改进、完善。

(5) 互助协议。当有关的应急力量与资源相对薄弱时,应事先寻求与邻近区域救援力量签订正式的互助协议,并做好相应的安排,作出互救的规定。

8.3.4 应急响应

应急响应包括应急救援过程中一系列需要明确并实施的核心应急功能和任务,这些核心功能和任务具有一定的独立性,但相互之间有密切联系,构成了应急响应的有机整体。应急响应的核心功能和任务如下所述。

(1) 通信信息管理。内容包括报警、接警、通知、通信等联络方式的更新和管理。

(2) 预案分级响应条件。依据矿井水害的类别、危害程度的级别,从业人员的评估结果和可能发生的水灾害现场情况的分析结果,设定预案分级响应的启动条件。

(3) 指挥与控制。建立分级响应、统一指挥、协调和决策的程序。

(4) 水灾害发生后应采取的应急救援措施。根据煤矿安全技术要求，确定要采取的紧急处理措施、应急方案，并确认应急处理措施、方案；保护重要记录资料和重要设备。

(5) 警戒与治安。为保障现场应急救援工作的顺利开展，在事故现场周围建立警戒区域，这对维护现场秩序是十分必要的，所以预案中应规定警戒划分区域，实现交通管制，建立维护现场治安秩序的程序。

(6) 水害事态监测与评估。水害事态监测与评估在应急救援和应急恢复中具有关键的作用。在应急救援过程中必须对水害事故的事态及影响进行动态观测，建立可对事故现场及场外进行监测和评估的程序。

(7) 人员紧急疏散、安置。依据对可能发生灾害的场所、设施及周围情况的分析结果，要确定以下内容：现场人员的清点和撤离方式、方法，非现场人员紧急疏散的方式、方法，抢救人员在撤离前、撤离后的报告，周边区域的单位、社区人员疏散的方式、方法。

(8) 危险区的隔离。依据可能发生的矿井水害类别、危害程度的级别，要确定危险区的设定方法，水灾害现场隔离区的划定方式、方法，灾害现场隔离方法以及现场周边区域的道路隔离或交通疏导办法。

(9) 医疗与卫生。对受伤人员现场救护、救治以及合理快速的送医救治，是减少现场人员伤亡的关键。依据水灾害的分类、分级，附近疾病控制与医疗救治机构的设置和处理能力而制定具有可操作性的处置方案，该方案应包括接触人群检伤分类方案及执行人员，依据检伤结果对患者进行分类，现场紧急抢救方案，接触者医学观察方案，患者转运及转运中的救治方案，患者治疗方案，入院前和医院救治机构确定及处置方案以及药物、器材储备信息。

(10) 公共关系。发生重大水灾害事故后，不可避免地会引起新闻媒体和公众的关注。因此，应依据水灾害进展、影响、救援情况等信息发布要求明确以下内容：水灾害信息发布程序，媒体、公众信息发布程序以及公众咨询、接待、安抚受害人员家属的规定。

(11) 应急人员安全。应急预案中应明确：应急人员安全防护措施、个体防护等级、现场安全监测的规定，应急人员进出现场的程序，应急人员紧急撤离的条件和程序。

(12) 消防与抢险。消防与抢险是应急救援的核心内容之一，其目的是尽快地控制事故的发展，防止事故扩大和蔓延，从而最终控制事故，并积极营救事故现场的受伤人员。

8.3.5　现场恢复

现场恢复也可称为紧急恢复，也就是水灾害应急救援的结束。救援结束后应立即着手现场恢复工作，有些可实现立即恢复，有些适合短期恢复或长期恢复。矿井水害应急救援预案中应明确：现场保护与现场清理方案；水灾害现场的保护措施；水灾害现场处理工作的负责人和专业队伍；水灾害应急救援终止程序；水灾害应急救援工作结束的程序；通知本单位相关部门、周边地区及人员水灾害危险已解除的程序；恢复正常状态程序；现场清理和受影响区域连续监测程序；水灾害调查与后果评价程序。

8.3.6　预案管理与评审改进

在矿井水害应急救援预案中，应定期进行应急演练，或在应急救援后对预案进行评审，以完善预案。预案中应明确预案制定、修改、更新、批准和发布的规定，应急演练、应急救援后和定期对预案进行评审的规定以及应急行动记录要求等内容。

8.4 矿井水害应急救援技术实施

水灾害是矿山开采行业的主要危害之一，并且突发性强，危害性大。因此，应重在预防，兼顾储备救灾装备。概括性地讲，必须定期收集、调查和核对相邻煤矿和废弃的老窑情况，并在井上、下工程对照图上标出其井田位置、开采范围、开采年限、积水情况；水文地质条件复杂的矿井，必须针对主要含水层(段)建立地下水动态观测系统；进行地下水动态观测并制定相应的“探、防、堵、截、排”综合防治技术措施；煤矿企业每年雨季前必须对防治水工作进行全面的检查；雨季受水威胁的矿井，应制定雨季防治水措施，并组织抢险队伍，储备足够的防洪抢险物资。

8.4.1 地面防治水

(1) 煤矿企业必须查清矿区及其附近地面水流系统的汇水、渗漏情况，疏水能力以及有关水利工程情况，掌握当地历年降水量和最高洪水位资料，建立疏水、防水和排水系统。

(2) 当井口附近或塌陷区内外的地表水体可能溃入井下时，必须采取措施，并遵守下列规定：① 严禁开采煤层露头的防水煤柱；② 在容易积水的地点应修筑沟渠，排泄积水；修筑沟渠时，应避开露头、裂隙和导水岩层；特别低洼地点不能修筑沟渠排水时，应填平压实；如果范围太大无法填平时，可建排洪站排水，以防止积水渗入井下；③ 当矿井受河流、山洪和滑坡威胁时，必须采取修筑堤坝、泄洪渠和防止滑坡的措施；④ 排到地面的矿井水，必须妥善处理，避免再渗入井下；⑤ 对漏水的沟渠和河床，应及时堵漏或改道，地面裂缝和塌陷地点也必须填塞，填塞工作必须有安全措施，以防止人员陷入塌陷坑内；⑥ 每次降大到暴雨时和降雨后，必须派专人检查矿区及其附近地面有无裂缝、老窑陷落和岩溶塌陷等现象，发现漏水情况，必须及时处理。

(3) 使用中的钻孔，必须安装孔口盖。报废的钻孔必须及时封孔。

8.4.2 井下防治水

(1) 相邻矿井的分界处，必须留设防水煤柱。矿井以断层分界时，必须在断层两侧留设防水煤柱。

(2) 井巷出水点的位置及涌水量，有积水的井巷及采空区的积水范围、标高和积水量，必须标绘在采掘工程平面图上。在水淹区域应标出探水线的位置，采掘到探水线位置时，必须探水前进。

(3) 在水淹区积水面以下的煤岩层中的采掘工作，应在排除积水以后进行；如果无法排除积水，必须编制设计，按管理权限报县级以上煤炭主管部门，经审批后，方可进行。

(4) 井田内有与河流、湖泊、溶洞、含水层等有水力联系的导水断层、裂隙(带)、陷落柱时，必须查出其确切位置，并按规定留设防水煤(岩)柱。巷道不得不穿过上述构造时，必须探水前进。如果前方有水，那么应超前预注浆封堵加固，必要时，要预先建筑防水闸门或采取其他防治水措施。

(5) 采掘工作面或其他地点发现有挂红、挂汗、空气变冷、雾气、水叫、顶板淋水加大、顶板来压、底板鼓起或产生的裂隙渗水、水色发浑、有臭味等突水预兆时，必须停止作业，采取措施，立即报告调度室，发出警报，撤出所有受水威胁地点的人员。

(6) 矿井必须做好采区、工作面水文地质探查工作，选用物探、钻探、化探和水文地质试验等手段查明构造发育情况及导水性，主要含水层厚度、岩性、水质、水压以及隔水层的岩性和厚度等。

(7) 当煤层顶板有含水层和水体存在时，应当观测“二带”(垮落带、裂缝带)的发育高度。当导水裂缝带范围内的含水层或老空积水影响安全开采时，必须超前探放水并建立疏排水系统。

(8) 当承压含水层与开采煤层之间的隔水层能承受的水压大于实际水压时，可以“带压开采”，但必须制定安全措施，并按管理权限报县级以上煤炭主管部门审批。

(9) 当承压含水层与开采煤层之间的隔水层能承受的水压小于实际水压时，开采前必须采取下列措施，并按管理权限报县级以上煤炭主管部门审批：① 采取疏水降压的方法，把承压含水层的水压降到隔水层能承受的安全水压以下，并制定安全措施；② 承压含水层不具备疏水降压条件时，必须采取建筑防水闸门、注浆加固底板、留设防水煤柱、增加抗灾强排能力等防水措施。

(10) 当煤系底部有强岩溶承压含水层时，主要运输巷和主要回风巷必须布置在不受水威胁的层位中，并以石门分区隔离开采。

(11) 水文地质条件复杂或有突水淹井危险的矿井，必须在井底车场周围设置防水闸门。在其他有突水危险的地区，只有在其附近设置防水闸门后，方可掘进。防水闸门必须灵活可靠，并保证每年进行2次关闭试验，其中1次应在雨季前进行，关闭闸门所用的工具和零配件必须有专人保管、专门地点存放，不得挪用丢失。

(12) 主要排水设备应符合下列要求：① 水泵必须有工作、备用和检修3类；工作水泵的能力，应能在20 h内排出矿井24 h的正常涌水量(包括充填水及其他用水)，备用水泵的能力应不小于工作水泵能力的70%，且工作和备用水泵的总能力，应能在20 h内排出矿井24 h的最大涌水量；检修水泵的能力应不小于工作水泵能力的2.5倍；水文地质条件复杂的矿井，可在主泵房内预留可安装一定数量水泵的位置。② 必须有工作和备用2类水管，工作水管应能配合工作水泵在20 h内排出矿井24 h的正常涌水量，且工作和备用水管的总能力，应能配合工作和备用水泵在20 h内排出矿井24 h的最大涌水量。③ 配电设备应同工作、备用以及检修泵相适应，并能够同时开动工作。④ 有突水淹井危险的矿井，可另行增建具有抗灾强排能力的泵房。主要泵房至少有2个出口，一个出口利用斜巷通到井筒，并应高出泵房底板7 m以上；另一个出口通到井底车场，在此出口通路内，应设置易于关闭的既能防水又能防火的密闭门。泵房和水仓的连接通道，应设置可靠的控制闸门。⑤ 主要水仓必须有主仓和副仓，当一个水仓清理时，另一个水仓能正常使用。⑥ 水泵、水管、闸阀、排水用的配电设备和输电线路，必须经常检查和维护；在每年雨季以前，必须全面检修1次，并对全部工作水泵和备用水泵进行1次联合排水试验，发现问题，要及时处理；水仓、沉淀池和水沟中的淤泥，应及时清理，每年雨季前必须清理1次。

8.4.3　应急救援预案中的救援途径分析

矿井淹没后应当尽快排水复矿，根据矿井水文地质条件，一般可采取先堵后排、先排后堵、边排边堵以及只排不堵4种模式，对具体复矿模式，应在进行具体技术经济分析后确定。

我国中东部煤矿区经过多年的大规模开采，浅部煤炭资源逐渐枯竭，开采深度正逐步加大。深部矿井的透水淹井事件仍时有发生，给国家和人民造成了不可估量的损失。因此，学好矿井水文地质学这门课，大有益处。

思考与练习

1. 矿井水害危险源辨识的依据有哪些？
2. 矿井水害应急救援预案编制的步骤是什么？
3. 矿井水害应急救援预案中的救援途径有哪些？

参考文献

[1] BEAR J. Hydraulics of ground water[M]. New York:McGraw-Hill,1929.

[2] DOMENICO P A,SCHWARTZ F W. Physical and chemical hydrogeology[M]. 2nd ed. [S. l:s. n.],1998.

[3] MEINZER O E. The occurrence of ground water in the United States, with a discussion of principles[R]. US Geological Survey,1923.

[4] ZHANG B,ZHANG L,TONG Z B,et al. Analysis of blockage in heat-exchanger of crude oil stabilizer station[J]. Advanced materials research,2013,864/865/866/867:1213-1218.

[5] ZHANG B,TONG Z B. An analysis of influencing factors on strata pressure of sidetracking well[J]. International journal of petroleum science and technology,2014,8(2):38-42.

[6] ZHANG B. Synthesis of Au nanoparticles decorated carbon nanotubes as an electrochemical sensor for phenol determination in petrochemical wastewater[J]. International journal of electrochemical science,2020,15:6177-6187.

[7] ЛЕБЕДЕВ А В. Методы изученя баланса грунтовых вод[R]. Госгеолтехиздат,1963.

[8] 阿利托夫斯基,康诺波梁采夫. 地下水动态研究方法指南[M]. 植宝山,张可迁,孙昌淑,译. 北京:地质出版社,1956.

[9] 曹剑锋,冶雪艳,王福刚,等. 河南境内黄河流域地下水系统划分与系统分析[J]. 吉林大学学报(地球科学版),2002,32(3):251-254.

[10] 曹剑峰,迟宝明,王文科. 专门水文地质学[M]. 3 版. 北京:科学出版社,2006.

[11] 柴崎达雄. 地下水盆地管理:理论与实践[M]. 王秉忱,周文辅,闵连太,等译. 北京:地质出版社,1982.

[12] 陈葆仁,洪再吉,汪福炘. 地下水动态及其预测[M]. 北京:科学出版社,1988.

[13] 陈梦熊. 参加国际水文科学大会地下水论文会的报导[J]. 水文地质工程地质,1983,10(2):37-41.

[14] 陈梦熊,许志荣. 地下水系统的基本概念与研究方法[C]//地质矿产部科技顾问委员会,河南省地质矿产局环境水文地质总站. 地下水系统研究论文选编,1984:1-13.

[15] 陈梦熊. 地下水系统理论的引进与实践[J]. 中国科学院院刊,1993,8(2):147-148.

[16] 陈书平,张慧娟. 矿井水文地质[M]. 北京:煤炭工业出版社,2011.

[17] 陈引锋. 矿井水文地质[M]. 徐州:中国矿业大学出版社,2018.

[18] 房佩贤. 专门水文地质学[M]. 修订版. 北京:地质出版社,1996.

[19] 弗里泽,彻里. 地下水[M]. 吴静方,译. 北京:地震出版社,1987.

[20] 高宗军,郭健斌,魏久传.水文地质学[M].徐州:中国矿业大学出版社,2011.
[21] 郭东屏,张石峰.渗流理论基础[M].西安:陕西科学技术出版社,1994.
[22] 国家安全生产监督管理总局,国家煤矿安全监察局.煤矿安全规程[M].北京:煤炭工业出版社,2016.
[23] 国家煤矿安全监察局.中国煤矿水害防治技术[M].徐州:中国矿业大学出版社,2011.
[24] 国家煤矿安全监察局.煤矿防治水细则[M].北京:煤炭工业出版社,2018.
[25] 侯光才,梁永平,尹立河,等.鄂尔多斯盆地地下水系统及水资源潜力[J].水文地质工程地质,2009,36(1):18-23.
[26] 胡达克.水文地质学原理[M].3版.郭清海,王知悦,译.北京:高等教育出版社,2010.
[27] 虎维岳.矿山水害防治理论与方法[M].北京:煤炭工业出版社,2005.
[28] 黄德发.焦作煤田矿井地下水防治[M].北京:煤炭工业出版社,2011.
[29] 霍崇仁,王禹良.水文地质学[M].北京:水利电力出版社,1988.
[30] 李华奇.矿井防治水[M].北京:煤炭工业出版社,2012.
[31] 李玉杰,田晓红.矿井水害防治[M].郑州:黄河水利出版社,2016.
[32] 刘伟韬,武强.深部开采断裂滞后突水机理及数值仿真技术[M].北京:煤炭工业出版社,2010.
[33] 孟召平,高延法,卢爱红.矿井突水危险性评价理论与方法[M].北京:科学出版社,2011.
[34] 裴源生.地下水水位匀速升降条件下土壤水分运动和给水度的研究[J].水文地质工程地质,1983,10(4):1-7.
[35] 沈照理,许绍倬.关于地下水地质作用[J].地球科学,1985,10(1):99-106.
[36] 沈照理.水文地球化学基础[M].北京:地质出版社,1993.
[37] 王大纯,张人权,史毅虹,等.水文地质学基础[M].北京:地质出版社,1995.
[38] 王心义,李世峰,许光泉.专门水文地质学[M].徐州:中国矿业大学出版社,2011.
[39] 王秀兰,刘忠席.矿山水文地质[M].北京:煤炭工业出版社,2007.
[40] 王永红,沈文.中国煤矿水害预防及治理[M].北京:煤炭工业出版社,1996.
[41] 王增银.供水水文地质学[M].武汉:中国地质大学出版社,1995.
[42] 吴玉华,张文泉,赵开全.矿井水害综合防治技术研究[M].徐州:中国矿业大学出版社,2009.
[43] 仵彦卿.地下水系统的基本概念与组成[J].西安地质学院学报,1990,12(4):88-91.
[44] 武强,黄晓玲,董东林,等.评价煤层顶板涌(突)水条件的"三图-双预测法"[J].煤炭学报,2000,25(1):60-65.
[45] 武强,董书宁,张志龙.矿井水害防治[M].徐州:中国矿业大学出版社,2007.
[46] 武强,崔芳鹏,赵苏启,等.矿井水害类型划分及主要特征分析[J].煤炭学报,2013,38(4):561-565.
[47] 肖长来,梁秀娟,王彪.水文地质学[M].北京:清华大学出版社,2010.
[48] 薛禹群,吴吉春.地下水动力学[M].3版.北京:地质出版社,2010.
[49] 俞启香.矿井灾害防治理论与技术[M].2版.徐州:中国矿业大学出版社,2008.
[50] 张博,苗月,孙景新,等.三元驱采油污水处理絮凝剂的筛选[J].现代化工,2015,

35(2):81-83.
[51] 张博.油污土壤中石油烃含量的测定方法[J].黑龙江科技大学学报,2019,29(1):110-114.
[52] 张人权,高云福,王佩仪.层状土重力释水机制初步探讨[J].地球科学,1985,10(1):21-27.
[53] 张人权,梁杏,靳孟贵.水文地质学基础[M].6版.北京:地质出版社,2011.
[54] 张寿全,陈梦熊,黄巍,等.从系统理论看现代水文地质学的几个基本概念[J].水文地质工程地质,1993,20(3):3-7.
[55] 张蔚榛,张瑜芳.土壤释水性和给水度数值模拟的初步研究[J].水文地质工程地质,1983,10(5):18-28.
[56] 张正浩.煤矿水害防治技术[M].北京:煤炭工业出版社,2010.
[57] 赵铁锤,商登莹.华北地区奥灰水综合防治技术[M].北京:煤炭工业出版社,2006.
[58] 郑坤灿.水处理实习指导教程[M].北京:化学工业出版社,2008.
[59] 郑世书.专门水文地质学[M].徐州:中国矿业大学出版社,1999.
[60] 中国煤炭工业劳动保护科学技术学会.瓦斯灾害防治技术[M].北京:煤炭工业出版社,2007.